Web前端开发技术

朱立 刘瑞新 主编 / 孙立友 副主编

清华大学出版社

北京

内容简介

本书按照《Web前端开发职业技能等级标准》，以 HTML＋CSS＋JavaScript 为主线编写，书中实例应用流行的 HTML5 和 CSS3。本书共包括 12 章。第 1 章～第 3 章介绍网站制作的基本技术，包括 HTML 语言、基本网页内容和结构元素等；第 4 章～第 7 章介绍 CSS，包括网页格式和布局技术等；第 8 章和第 9 章介绍 JavaScript 脚本语言技术；第 10 章～第 12 章介绍 JavaScript 框架技术 jQuery。本书提供 PPT 课件、微课、源代码、企业实战案例等配套资源。

本书适合应用型本科、高职高专院的校软件技术、移动应用开发等专业的课程教学，对于培训机构和一般开发者也具有较高的参考价值。

图书在版编目(CIP)数据

Web 前端开发技术/朱立，刘瑞新主编. —北京：清华大学出版社，2021.9 (2023.1 重印)
ISBN 978-7-302-54585-9

Ⅰ. ①W… Ⅱ. ①朱… ②刘… Ⅲ. ①超文本标记语言－程序设计 ②网页制作工具 ③JAVA 语言－程序设计 Ⅳ. ①TP312.8 ②TP393.092.2

中国版本图书馆 CIP 数据核字(2019)第 296142 号

责任编辑：刘翰鹏
封面设计：常雪影
责任校对：李　梅
责任印制：朱雨萌

出版发行：清华大学出版社
网　　址：http://www.tup.com.cn，http://www.wqbook.com
地　　址：北京清华大学学研大厦 A 座　　**邮　　编**：100084
社 总 机：010-83470000　　**邮　　购**：010-62786544
投稿与读者服务：010-62776969，c-service@tup.tsinghua.edu.cn
质量反馈：010-62772015，zhiliang@tup.tsinghua.edu.cn
课件下载：http://www.tup.com.cn，010-83470410
印 装 者：三河市龙大印装有限公司
经　　销：全国新华书店
开　　本：185mm×260mm　　**印　　张**：18.5　　**字　　数**：446 千字
版　　次：2021 年 9 月第 1 版　　**印　　次**：2023 年 1 月第 3 次印刷
定　　价：54.00 元

产品编号：084799-01

FOREWORD 前言

随着移动互联网技术的迅速发展和移动互联网应用的快速普及，用户体验的要求越来越高，网站开发的难度也越来越大。在这种情况下，Web前端技术成为热门技术，越来越受到开发者的重视。

本书基于《Web前端开发职业技能等级标准》，深入浅出地介绍了Web前端设计技术的基础知识。本书围绕Web标准的三大关键技术（HTML、CSS和JavaScript/jQuery）介绍前端网页设计与开发的必备知识及相关应用。其中，HTML负责网页内容和结构，CSS负责网页外观及布局，JavaScript/jQuery负责网页行为和功能。目前，很多高校的计算机专业和IT培训班都将HTML+CSS+JavaScript+jQuery作为教学内容之一，这对培养学生的前端设计与开发能力具有非常重要的意义。

本书内容是校企合作的成果，以HTML+CSS+JavaScript为主线，实例应用流行的HTML5和CSS3。各个章节通过二维码配套案例，前言最后的二维码对应企业提供的综合案例，可在学习全书后进行演练。各章节内容相对独立，各章节的案例与综合案例关系密切。本书提供PPT课件、微课、源代码等配套资源。

本书采用"任务驱动、模块设计"的编写模式。本书的"任务"来自企业的真实问题，解决问题时，将它分解成一系列的子问题；每一个子问题的解决过程就是一个模块的学习过程。每个模块学习一组概念、锻炼一组技能；全部模块加起来，即完成一种知识的学习，形成一种相应的能力。

在任务驱动学习的具体实施中，以网站建设和网页设计为中心，以实例为引导，把介绍知识与实例设计、制作、分析融于一体，自始至终贯穿于本书之中。

本书包含12章。第1章～第3章介绍网站制作的基本技术，包括HTML语言、基本网页内容和结构元素等；第4章～第7章介绍CSS，包括网页格式和布局技术等；第8章和第9章介绍JavaScript脚本语言技术；第10章～第12章介绍JavaScript框架技术jQuery。本书结构清晰，循序渐进，每个部分又相对独立，方便读者根据自己的需要选择学习。内容兼顾基础知识和流行的新技术、新应用，案例工程性突出，实用性强。

本书适合应用型本科、高职高专院校的软件技术、移动应用开发等专业的课程教学，对于培训机构和一般开发者也具有较好的参考价值。本书具有以下特点。

(1) 满足零基础读者使用需求,采用可视化开发模式,方便易学。

(2) 本书通过一个完整的牛道云企业网站的讲解,将相关知识点分解到各个章节中案例的具体制作环节中,针对性和可操作性较强。

(3) 语言通俗易懂,简单明了,读者能够轻松掌握有关知识。

(4) 知识结构安排合理,循序渐进,适合教师教学与学生自学。

本书基于北京信息职业技术学院相关专业的教学实践进行编写,北京起步科技有限公司给予了技术支持。北京信息职业技术学院朱立、刘瑞新担任主编,孙立友担任副主编,负责全书编写策划和定稿;朱立编写了第1、2、5、6、7章,刘瑞新编写了第8～12章,孙立友编写了第3、4章。

参加编写的人员都是具有多年计算机教学与培训经验的教师。但由于作者水平有限,书中难免有不足之处,恳请读者提出宝贵意见和建议。

编　者

2021年2月

综合案例-网站开发

CONTENTS 目录

第1章

HTML5基础知识

随着 Internet 风靡世界，Web 页面作为展现 Internet 风采的重要载体受到越来越多用户的重视。Web 页面是由 HTML(hypertext markup language，超文本标记语言)组织起来的、由浏览器解释显示的一种文本文件。通过浏览器访问到的 Web 页面，通常是在 HTML 基础上形成的。本章将介绍有关 HTML5 的概念及其基本语法。HTML5 基础知识学习导图如图 1-1 所示。

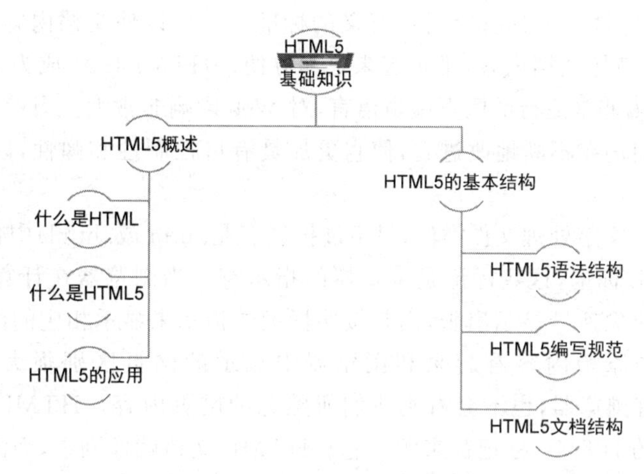

图 1-1　HTML5 基础知识学习导图

1.1　HTML5 概述

HTML 是构成 Web 页面(page)、表示 Web 页面的符号标签语言。通过 HTML，将需要表达的信息按某种规则写成 HTML 文件，再通过专用的浏览器进行识别，将这些 HTML 文件翻译成人们阅读的信息形式，就是所见到的网页。

1.1.1 什么是 HTML

HTML 的本质是指创建 HTML 文档需要遵循的一组规范或者标准，遵循这些规范所创建的文档可以在浏览器中显示为网页的外观。HTML 之所以被称为标记语言，是因为可以通过在文档中插入特定的 HTML 标记来说明该文档应该显示或打印成什么内容，不同的 HTML 标记可以被浏览器解释为文字、图形、动画、声音、表格或链接等。

HTML5 发展历程如图 1-2 所示。

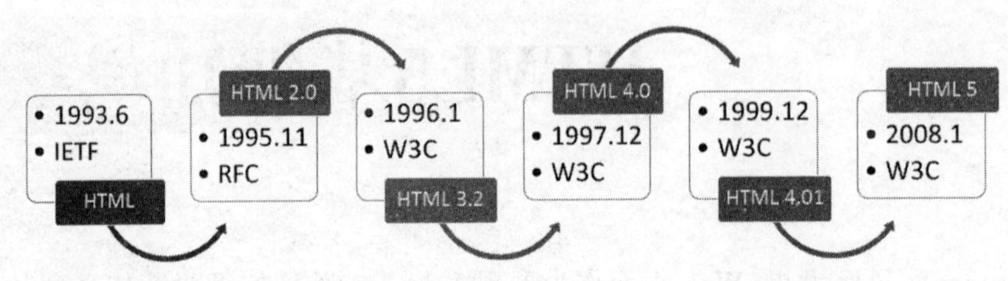

图 1-2　HTML5 发展历程

HTML 规范最早源于 SGML(standard general markup language，标准通用化标记语言)，它由 Web 的发明者 Tim Berners-Lee 和其同事 Daniel W. Connolly 于 1990 年创立。这些规范经过了万维网联盟(W3C，world wide web consortium)的多次修订，其中最著名的就是 HTML4.01，这是一个具有跨时代意义的标准。它可以使文档内容与样式分离，不会像 HTML3.2 一样破坏文档内容，维护起来更加方便。HTML4.01 成为 20 世纪 90 年代以后相当长一段时期内非常流行的网页编辑语言，对 Web 影响非常大。当然 HTML4.01 也存在缺陷和不足，人们仍在不断地改进它，使它更加具有可控制性和弹性，以适应网络上的应用需求。

HTML 文档(与文字处理文件类似，只不过扩展名是.htm 或.html)中包含类似“< hr/>”和“< b >”的 HTML 标记，这些标记是浏览器的指示符。当浏览器在计算机屏幕上显示网页时，不会将标记或尖括号显示出来，而是按照标记的指示来显示相应的内容、格式等。

HTML 文档的原始内容看起来和浏览器中显示的网页区别很大，换句话说，只有 HTML 文档而没有浏览器，也不会看到我们所熟悉的网页内容。HTML 文档也叫作源文档，用来构建网页的 HTML 标记都来源于它。HTML 文档就像剧本，而浏览器就像一个舞台，通过组织角色表演才能把剧本变成现实。当打开 HTML“剧本”时，浏览器必须按照 HTML 文档中的 HTML 标记，以正确的颜色、大小及位置在计算机屏幕上显示文字“台词”，这个过程类似于“表演”过程。原始的 HTML“剧本”通过在浏览器中“表演”才完成了我们熟悉的网页内容。

如果“剧本”需要图形等额外资源，浏览器还必须从 Web 服务器上获取该图形等资源文件并将其显示出来。尽管 HTML“剧本”是作为永久性文件存在的，但用户在计算机屏幕上看到的浏览器中显示的网页只有在“表演”期间才存在。也就是说，HTML 文档是“剧本”，而浏览器中显示的网页是“表演”的结果。当然，大多数情况下，“网页”通常既指 HTML 文档，又指屏幕上显示出来的网页。

2001 年，W3C 发布 XHTML1.0，它是一种在 HTML4.01 基础上优化和改进的新语言，相比 HTML4.01 语法更为严格，版本更为纯净，并且它还能在当时所有的浏览器上被解释，成为更标准的标记语言。XHTML1.0的目的是基于XML应用，它的可扩展性和灵活性可适应未来网络更多的应用需求。不过XHTML并没有成功，大多数的浏览器厂商认为XHTML作为一个过渡的标准并没有太大必要，所以XHTML并没有成为主流，而HTML5因此孕育而生。

1.1.2 什么是HTML5

HTML5的前身名为Web Applications1.0。2004年，Web Hypertext Application Technology Working Group（WHATWG）组织成立，重走HTML的路线，开始创建HTML5。他们从两个方面对HTML进行扩展，分别是Web Form2.0和Web Apps1.0，之后将这两个版本合并成为HTML5。2006年，W3C选择开发HTML5，成立了自己的HTML5工作团队，团队包括Google、IBM、Microsoft、Apple、Mozilla、Nokia、Opera，以及其他数百个开发商。它是在WHATWG研发的HTML5的基础上进行研究的。2008年，W3C发布了HTML5的草案，这是HTML5的最初版本。2010年，HTML5的视频播放器开始取代Flash的地位，并得到Google的大力支持，提高了HTML5的知名度。

2011年，迪士尼、亚马逊、Pandora电台相继使用了HTML5编写的应用以及音乐播放器，使用户可以离线使用，获得了用户的好评。2012年，Linkedln推出了95%都是基于HTML5开发的iPad应用。HTML5还支持大容量文件上传。flickr就使用它提高了上传速度。2013年，大部分手机开始支持HTML5的应用。终于，经过8年的艰辛研究，在2014年10月29日，W3C宣布HTML5的标准规范制定完成。

1. HTML5的特性

HTML4.0主要用于在浏览器中呈现富文本内容和实现超链接，HTML5继承了这些特点，但更侧重于在浏览器中实现Web应用程序。对于网页的制作，HTML5主要有两方面的改动，即实现Web应用程序和更好地用于呈现内容。

1）实现Web应用程序

HTML5引入新的功能，以帮助Web应用程序的创建者更好地在浏览器中创建富媒体应用程序，这是当前Web应用的热点。以前多媒体应用程序目前主要由Ajax和Flash来实现，HTML5的出现增强了这种应用。HTML5用于实现Web应用程序的功能如下。

（1）绘画的canvas元素，该元素就像在浏览器中嵌入一块画布，程序可以在画布上绘画。

（2）更好的用户交互操作，包括拖放、内容可编辑等。

（3）扩展的HTML DOM API(application programming interface，应用程序编程接口)。

（4）本地离线存储。

（5）Web SQL数据库。

（6）离线网络应用程序。

（7）跨文档消息。

（8）Web Workers优化JavaScript执行。

2）更好地呈现内容

基于Web表现的需要，HTML5引入了可以更好地呈现内容的元素，主要有以下几项。

（1）用于视频、音频播放的video元素和audio元素。

(2) 用于文档结构的 article、footer、header、nav、section 等元素。

(3) 功能强大的表单控件。

2. HTML5 元素

根据内容类型的不同,可以将 HTML5 的标签元素分为 7 类,见表 1-1。

表 1-1 HTML5 的内容类型

内容类型	描　述
内嵌	向文档中添加其他类型的内容,例如 audio、video、canvas 和 iframe 等
流	在文档和应用的 body 中使用的元素,例如 form、h1 和 small 等
标题	段落标题,例如 h1、h2 和 hgroup 等
交互	与用户交互的内容,例如音频和视频的控件、button 和 textarea 等
元数据	通常出现在页面的 head 中,设置页面其他部分的表现和行为,例如 script、style 和 title 等
短语	文本和文本标签元素,例如 mark、kbd、sub 和 sup 等
片段	用于定义页面片段的元素,例如 article、aside 和 title 等

其中的一些元素如 canvas、audio 和 video,在使用时往往需要其他 API 来配合,以实现细粒度控制,但它们也可以直接使用。

1.1.3 HTML5 的应用

HTML5 主要应用于前端的 Web 开发,开发制作周期短,成本低。相对来讲,原生移动 APP 开发成本比较高,周期也较长。HTML5 应用范围非常广泛,目前主要应用于移动应用程序和游戏,重要原因在于 HTML5 技术可以进行跨平台使用。

1. HTML5 的应用领域

Web 时代已被移动端主导,不管是在手机上还是在 Pad 上,随处可以见到 HTML5 网站、HTML5 应用软件和 HTML5 游戏,HTML5 已成为移动端开发的主流语言。HTML5 的适用范围、使用领域,以及出现的形式也非常广泛和丰富。HTML5 在移动应用方面的优势主要体现在以下三个方面。

1) 响应式网站

HTML5 是一种可以被众多终端和端浏览器支持的跨平台语言。在 HTML5 诞生之后,网页设计中最大的改变就是响应式网页设计的出现。响应式网页就是一个网站的网页能够兼容多个终端,而不是为每个终端做一个特定的版本。网页产品会随着浏览器宽度的变化进行网页内部元素的重组,适应各种终端不同的屏幕变化,如图 1-3 所示。无论用户正在使用笔记本电脑还是平板电脑,页面都可以自动切换分辨率、图片尺寸及相关脚本功能等,以适应不同设备的屏幕尺寸要求。

图 1-3 众多终端和端浏览器

2) HTML5 移动应用

HTML5 完全可以实现类似智能手机 APP 端的应用,只是受到网速以及智能设备性能等因素的限制。HTML5 Web 应用还处于萌芽阶段。相比于手机上的 APP,更多的优势是针对开发人员的,开发 HTML5 Web APP 具有开发快速、极强的跨平台性能等特点,可以实现一次开发,多个手机平台同时适用。

3) 微信小程序

HTML5 移动应用最典型的就是微信小程序。小程序是一种不需要下载安装即可使用的应用。小程序一方面实现了应用"触手可及"的梦想,用户扫一扫或者搜一下即可打开应用而不必安装;另一方面体现了"用完即走"的理念,即用户在使用完之后可以不用卸载,也就不用关心是否安装太多应用占用内存等问题。

基于以上优势,HTML5 的应用领域非常广泛。现行的主流浏览器,如 Google、IE、Firefox、Opera、Safari,国内的傲游、QQ、乐视、百度等都宣称支持 HTML5。因为 HTML5 在安全、性能、Web 开发等方面优势明显,微软、谷歌、苹果这样的一线厂商也全面支持 HTML5。由于具有跨平台、无须下载安装、快速 Web 应用开发的优势,HTML5 在游戏、物联网、微信、营销等领域的应用异常火热,已经成为首选的开发技术,如图 1-4 所示。

图 1-4 HTML5 应用领域

2. 搭建支持 HTML5 的浏览器环境

尽管各主流厂商的最新版浏览器都对 HTML5 提供了很好的支持,但 HTML5 毕竟是一种全新的 HTML 标签语言,许多功能必须在搭建完成相应的浏览环境后才可以正常浏览。因此,在正式执行一个 HTML5 页面之前,必须先搭建支持 HTML5 的浏览器环境,并检查浏览器是否支持 HTML5 标签。

Google 公司开发的 Chrome 浏览器在稳定性和兼容性方面都比较出色，本书所有的应用实例均在 Windows 7 操作系统下的 Chrome 浏览器中运行。

【例 1-1】 制作简单的 HTML5 文档检测浏览器是否支持 HTML5。本例文件 1-1.html 在 Chrome 浏览器中的显示效果，如图 1-5 所示。

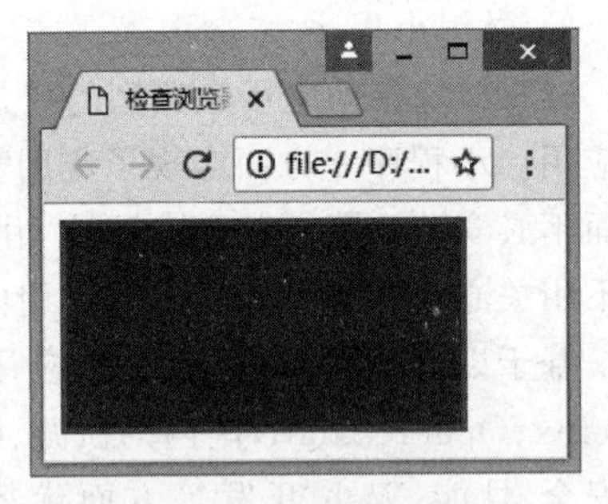

图 1-5 例 1-1 页面显示效果

代码如下：

```
<!doctype html>
<html>
  <head>
    <meta charset="gb2312">
    <title>检查浏览器是否支持 HTML5</title>
  </head>
  <body>
    <canvas id="my" width="200" height="100" style="border: 3px solid #f00;
background-color:#00f"><!--HTML5 的 canvas 画布标签--> 该浏览器不支持 HTML5
    </canvas>
  </body>
</html>
```

说明：在 HTML 页面中插入一段 HTML5 的 canvas 画布标签，当浏览器支持该标签时，将显示一个矩形；反之，则在页面中显示“该浏览器不支持 HTML5”的提示。

注：例 1-1 中部分标签、符号的含义详见 1.2.3 小节中的说明。

1.2 HTML5 的基本结构

每个网页都有其基本的结构，包括 HTML 的语法结构、文档结构、标签的格式以及代码的编写规范等，如图 1-6 所示。

```
<!doctype html>--------------- 文档版本说明
<html> ------------------------- 网页文档开始
  <head>------------------------- 文档头部开始
   网页头部的内容
  </head>------------------------ 文档头部结束
  <body>------------------------- 文档主体开始
   网页 主体的内容
  </body>------------------------ 文档主体结束
</html> ------------------------ 网页文档结束
```

图 1-6 HTML5 的基本结构

1.2.1 HTML5 语法结构

1. 标签

HTML 文档由标签和受标签影响的内容组成。标签能产生所需要的各种效果，其功能类似于一个排版软件，将网页的内容排成理想的效果。标签(tag)是用一对尖括号“<”和“>”括起来的单词或单词缩写，各种标签的效果差别很大，但总的表示形式却大同小异，大多数标签都成对出现。在 HTML 中，通常标签都是由开始标签和结束标签组成的，开始标签用“<标签>”表示，结束标签用“</标签>”表示。其格式为

```
<标签>受标签影响的内容 </标签>
```

例如，一级标题标签< h1 >表示为

```
<h1>学习网页制作</h1>
```

需要注意以下两点。

(1) 每个标签都要用“<”和“>”括起来，如< p >、< table >，以表示这是 HTML 代码而非普通文本。注意，“<”和“>”与标签名之间不能留有空格或其他字符。

(2) 在标签名前加上符号“/”便是其结束标签，表示该标签内容结束，如</h1 >。标签也有不用</标签>结尾的，称之为单标签，如换行标签< br >。

2. 属性

标签仅规定这是什么信息，但是要想显示或控制这些信息，就需要在标签后面加上相关的属性。标签通过属性制作出各种效果，通常都是以“属性名="值"”的形式来表示，用空格隔开后，还可以指定多个属性，并且在指定多个属性时不用区分顺序。其格式为

```
<标签 属性 1="属性值 1" 属性 2="属性值 2" ... >受标签影响的内容 </标签>
```

例如，一级标题标签< h1 >用属性 align 表示文字的对齐方式，格式为

```
<h1 align="left">学习网页制作</h1>
```

3. 元素

元素是指包含标签在内的整体，不仅包含标签本身，还包括被标签影响的内容。元素的内容就是开始标签与结束标签之间的内容。没有内容的 HTML 元素被称为空元素，空元素没有结束标签，是在开始标签中关闭的。

例如，以下代码片段：

```
<h1>学习网页制作</h1>          <!--该 h1 元素为有内容的元素-->
<br>                           <!--该 br 元素为空元素，在开始标签中关闭-->
```

1.2.2 HTML5 编写规范

页面的 HTML 代码书写必须符合 HTML 规范，这是用户编写拥有良好结构文档的基础，这些文档可以很好地工作于所有的浏览器，并且可以向后兼容。

1. 标签的规范

(1) 标签分单标签和双标签，双标签往往成对出现，所有标签(包括空标签)都必须关闭，如< br/>、< img/>、< p >... </p >等。

(2) 标签名和属性建议都用小写字母。

(3) 多数 HTML 标签可以嵌套，但绝对不允许交叉。

(4) HTML 文件一行可以写多个标签，但标签中的一个单词不能分两行写。

2. 属性的规范

(1) 可以根据需要使用某个标签的所有属性，也可以只用其中的几个属性。在使用时，属性之间没有顺序。

(2) 属性值都要用半角双引号括起来。

(3) 并不是所有的标签都有属性,如换行标签< br >就没有。

3. 元素的嵌套

(1) 块级元素可以包含行级元素或其他块级元素,但行级元素不能包含块级元素,它只能包含其他的行级元素。

(2) 有几个特殊的块级元素只能包含行级元素,不能再包含块级元素,这几个特殊的标签是:< h1 >、< h2 >、< h3 >、< h4 >、< h5 >、< h6 >、< p >、< dt >。

4. 代码的缩进

HTML 代码并不要求在书写时缩进,但为了文档的结构性和层次性,建议初学者使用标记时首尾对齐,内部的内容可向右缩进几格。

1.2.3 HTML5 文档结构

HTML5 文档是一种纯文本格式的文件,文档的基本结构为

```
<!doctype html>
<html>
  <head>
    <meta charset="gb2312">
    <title>文档标题</title>
  </head>
  <body>
    网页内容
  </body>
</html>
```

1. 文档类型

在编写 HTML5 文档时,要求指定文档类型,用于向浏览器说明当前文档使用的是哪种 HTML 标准。文档类型声明的格式为

```
<!doctype html>
```

这行代码称为 doctype 声明。doctype 是 document type(文档类型)的简写。要建立符合标准的网页,doctype 声明是必不可少的关键部分。doctype 声明必须放在每一个 HTML 文档的最顶部,在所有代码和标签之前。

2. HTML 文档标签< html >… </html >

HTML 文档标签的格式为

```
<html>HTML 文档的内容 </html>
```

< html >处于文档的最前面,表示 HTML 文档的开始,即浏览器从< html >开始解释,直到遇到</html >为止。每个 HTML 文档均以< html >开始,以</html >结束。

3. HTML 文档头部标签< head >… </head >

HTML 文档包括头部(head)和主体(body)。HTML 文档头部标签的格式为

```
<head>头部的内容 </head>
```

文档头部内容在开始标签< html >和结束标签</html >之间定义，其内容可以是标题名或文本文件地址、创作信息等网页信息说明。

4. 网页头部标签

在网页的头部，通常存放一些介绍页面内容的信息，例如页面标题、描述、关键词、链接的 CSS 样式文件和客户端的 JavaScript 脚本文件等。其中，页面标题及页面描述称为页面的摘要信息。摘要信息的生成在不同的搜索引擎中会存在比较大的差别，即使是同一个搜索引擎也会由于页面的实际情况而有所不同。一般情况下，搜索引擎会提取页面标题标签中的内容作为摘要信息的标题，而描述则常来自页面描述标签的内容或直接从页面正文中截取。如果希望自己发布的网页能被百度、谷歌等搜索引擎搜索，那么在制作网页时就需要注意编写网页的摘要信息。

1）< title >标签

< title >标签是页面标题标签，它将 HTML 文件的标题显示在浏览器的标题栏中，用以说明文件的用途，这个标签只能应用（嵌套）于< head >与</head >之间。< title >标签是对文件内容的概括，一个好的标题能使读者从中判断出该文件的大概内容。

网页的标题不会显示在文本窗口中，而是通过窗口的名称显示出来，每个文档只允许有一个标题。网页的标题能给浏览者带来方便，如果浏览者喜欢该网页，将它加入书签中或保存到磁盘上，标题就作为该页面的标志或文件名。另外，使用搜索引擎时显示的结果也是页面的标题。

< title >标签位于< head >与</head >中，用于标示文档标题，格式为

```
<title>标题名 </title>
```

微课：title 和 meta 标签

例如，新浪网站的主页，对应的网页标题为

```
<title>新浪首页</title>
```

打开网页后，将在浏览器窗口的标题栏中显示"新浪首页"网页标题。在网页文档头部定义的标题内容不在浏览器窗口中显示，而是在浏览器的标题栏中显示。尽管文档头部定义的信息很多，但能在浏览器标题栏中显示的信息只有标题内容。

2）< meta >标签

< meta >标签是元信息标签，在 HTML 中是一个单标签。该标签可重复出现在头部标签中，用来指明本页的作者、制作工具、所包含的关键字以及其他一些描述网页的信息。

< meta >标签有两大属性：HTTP 标题属性（http-equiv）和页面描述属性（name）。不同的属性又有不同的参数值，这些参数值就实现了不同的网页功能。本节主要讲解 name 属性，用于设置搜索关键字和描述。< meta >标签的 name 属性的语法格式为

```
<meta name="参数" content="参数值">。
```

name 属性主要用于描述网页摘要信息，与之对应的属性值为 content。content 中的内容主要是便于搜索引擎查找信息和分类信息。

name 属性主要有 keywords 和 description 两个参数。

（1）keywords（关键字）。keywords 用来告诉搜索引擎网页使用的关键字。例如，国内著名的新浪网，其主页的关键字设置如下。

```
<meta name="keywords" content="新浪,新浪网,SINA,sina,sina.com.cn,新浪首页,门户,资讯"/>
```

(2) description(网站内容描述)。description 用来告诉搜索引擎网站主要的内容。例如,新浪网网站主页的内容描述设置如下。

```
<meta name="description" content="新浪网为全球用户 24 小时提供全面及时的中文资讯,内容覆盖国内外突发新闻事件、体坛赛事、娱乐时尚、产业资讯、实用信息等,设有新闻、体育、娱乐、财经、科技、房产、汽车等 30 多个内容频道,同时开设博客、视频、论坛等自由互动交流空间。"/>
```

当浏览者通过百度搜索引擎搜索"新浪"时,就可以看到搜索结果中显示出网站主页的标题、关键字和内容描述,如图 1-7 所示。

图 1-7 页面摘要信息

3) <link>标签

<link>标签是关联标签,用于定义当前文档与 Web 集合中其他文档的关系,建立一个树状链接组织。<link>标签并不将其他文档实际链接到当前文档中,只是提供链接该文档的一个路径。link 标签最常用来链接 CSS 样式文件,格式如下。

```
<link rel="stylesheet" href="外部样式表文件名.css" type="text/css">
```

4) <script>标签

<script>标签是脚本标签,用于为 HTML 文档定义客户端脚本信息。此标签可在文档中包含一段客户端脚本程序。此标签可以在文档中的任何位置,但通常在<head>标签内,以便于维护,格式为

```
<script type="text/javascript" src="脚本文件名.js"></script>
```

【例 1-2】 制作 H5 创新学院页面摘要信息。由于摘要信息不能显示在浏览器窗口中,因此这里只给出本例文件 1-2.html 的代码。

代码如下:

```
<!doctype html>
<html>
<head>
  <meta charset="gb2312">
  <title>H5 APP 创新学院</title>
```

```
  <meta name= "keywords" content= "mobile apps, landing page, responsive website,
marketing...移动 APP,登录页面,响应性网站,市场营销。" />
  <meta name= "description" content= "Mobile Apps Landing Page for Marketing.用于
营销的移动应用登录页面。"/>
</head>
<body>
</body>
</html>
```

说明：位于头部的摘要信息不会在网页上直接显示，而是通过浏览器内部起作用。

5. HTML 文档编码

HTML5 文档直接使用 meta 元素的 charset 属性指定文档编码，格式为

```
<meta charset="gb2312">
```

为了被浏览器正确解释和通过 W3C 代码校验，所有的 HTML 文档都必须声明它们所使用的编码语言。文档声明的编码应该与实际的编码一致，否则就会呈现为乱码。对于中文网页的设计者来说，用户一般使用 gb2312(简体中文)。

6. HTML 文档主体标签< body >... </body >

微课：body 标签和注释

HTML 文档主体标签的格式为

```
<body>
    网页的内容
</body>
```

主体位于头部之后，以< body >为开始标签，</body >为结束标签。它定义网页上显示的主要内容与显示格式，是整个网页的核心，网页中要真正显示的内容都包含在主体中。

7. 注释

注释的作用是方便阅读和调试代码，便于后期维护和修改。当浏览器遇到注释时会自动忽略注释内容。访问者在浏览器中看不见这些注释，只有在用文本编辑器打开文档源代码时才可见。

注释标签的格式为

```
<!-- 注释内容 -->
```

注释并不局限于一行，长度不受限制。结束标签与开始标签可以不在一行上。以下代码将在页面中显示段落的信息，而加入的注释不会显示在浏览器中，如图 1-8 所示。

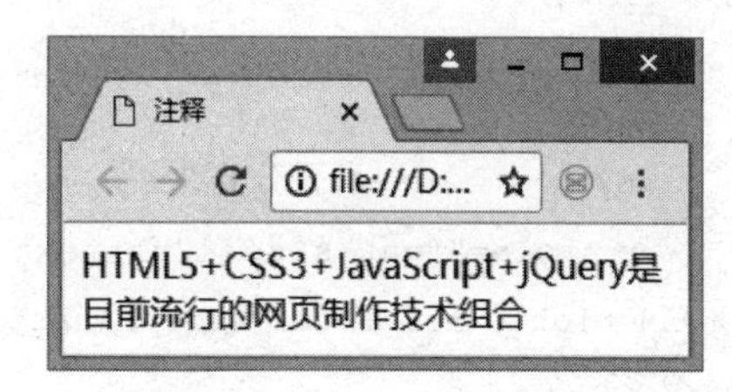

图 1-8　注释页面显示效果

```
<!--这是一段注释。注释不会在浏览器中显示。-->
<p>HTML5+CSS3+JavaScript+jQuery 是目前流行的网页制作技术组合</p>
```

8. 特殊符号

由于大于号“>”和小于号“<”等已作为 HTML 的语法符号，因此如果要在页面中显示这些特殊符号，就必须使用相应的 HTML 代码表示，这些特殊符号对应的 HTML 代码被称为字符实体。常用的特殊符号及对应的字符实体见表 1-2。这些字符实体都以“&”开头，以“;”结束。

表 1-2 常用的特殊符号及对应的字符实体

特殊符号	字符实体	示　例
空格		H5 创新学院 咨询热线：400-811-6666
大于(>)	>	3>2
小于(<)	<	2<3
引号('')	"	HTML 属性值必须使用成对的 "括起来
版权号(©)	©	Copyright ©H5 创新学院

【例 1-3】 制作 H5 创新学院页面的版权信息。页面中包括版权符号、空格，本例文件 1-3.html 在浏览器中显示的效果如图 1-9 所示。

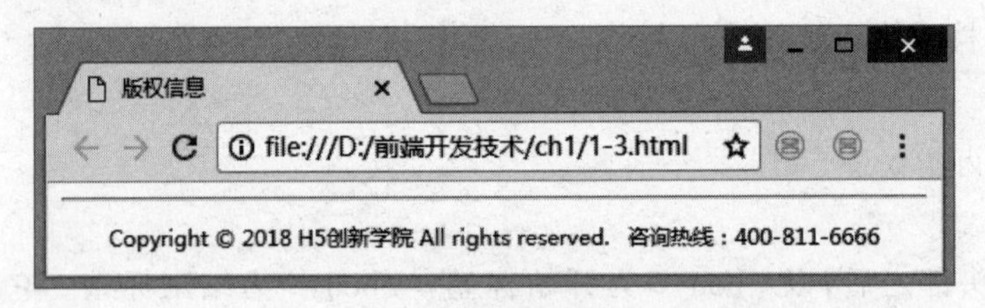

图 1-9 H5 创新学院页面的版权信息

代码如下：

```
<!doctype html>
<html>
<head>
<title>版权信息</title>
</head>
<body>
  <hr>       <!--水平分隔线-->
  <p style="font-size:12px; text-align:center">Copyright &copy; 2018 H5 创新学院
All rights reserved.   咨询热线：400-811-6666 </p>
</body>
</html>
```

案例：制作一个基本的 H5 页面

说明：HTML 语言忽略多余的空格，最多只空一个空格。在需要空格的位置，既可以用“ ”插入一个空格，也可以输入全角中文空格。另外，这里对段落使用了行内 CSS 样式 style="font-size:12px;text-align:center"来控制段落文字的大小及对齐方式。

习题 1

1. 常见的浏览器有哪些？各有什么特点？
2. 什么是 HTML？举例说明 HTML 文档的源文件和网页显示结果的关系。
3. 简述 HTML 文档的基本结构及语法规范。
4. 制作购物商城的版权信息，如图 1-10 所示。

图 1-10　题 4 图

第2章 编辑网页元素

随着网络技术的发展，网页内容的表现形式更加多种多样，比较常见的包括文本、超链接、图像、列表等。本章将重点介绍如何在页面中添加与编辑这些网页元素，如图 2-1 所示。

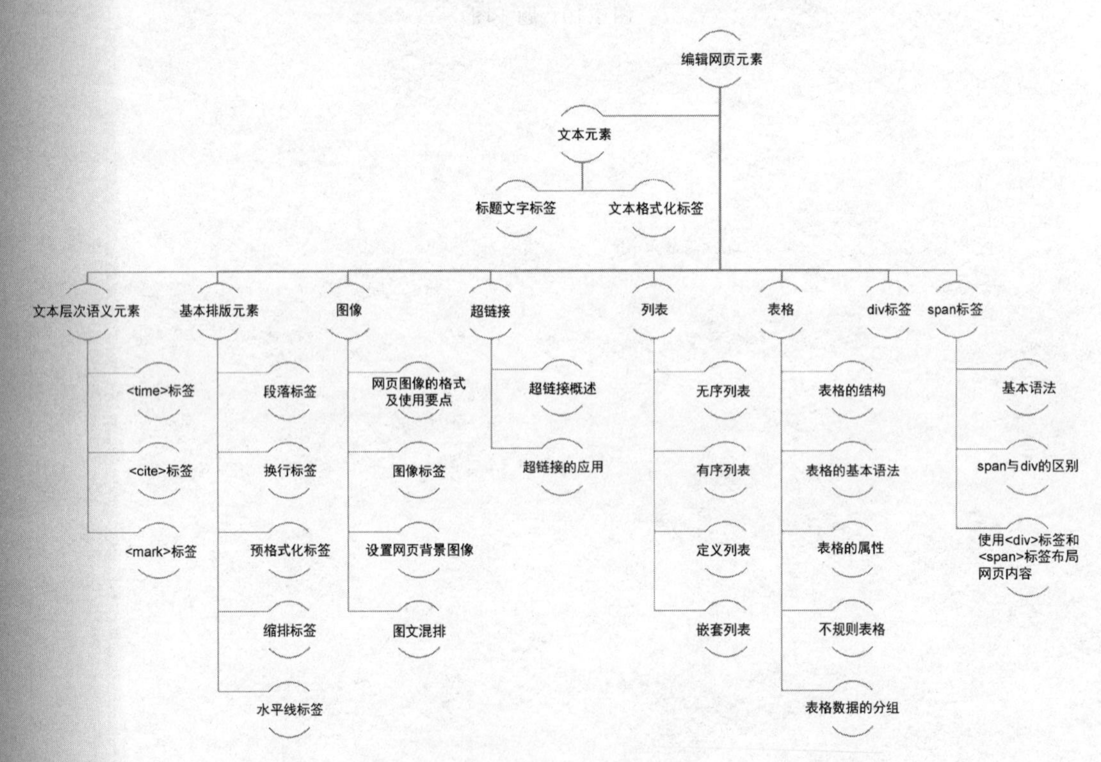

图 2-1　网页元素学习导图

2.1　文本元素

在网页制作过程中，通过文本与段落的基本排版即可制作出简单的网页。以下讲解常用的文本与段落排版所使用的标签。

2.1.1 标题文字标签

微课：文本元素

在页面中，标题是一段文字内容的核心，所以总是用加强的效果来表示。网页中的信息可以分为主要点、次要点，可以通过设置大小不同的标题，增加文章的条理性。标题文字标签的格式为

```
<h# align="left|center|right"> 标题文字 </h#>
```

“#”用来指定标题文字的大小，取 1～6 之间的整数值，成对出现的标题文字标签中的数字必须一致。#取 1 时文字最大，取 6 时文字最小。例如：

```
<h1 align="center "> 茶叶的分类 </h1>
```

属性 align 用来设置标题在页面中的水平对齐方式，包括 left(左对齐)、center(居中)或 right(右对齐)，默认为 left。

<h#>...</h#>标签默认显示宋体，在一个标题行中无法使用不同大小的字号。

【例 2-1】 列出 HTML 中的各级标题。本例文件 2-1.html 在浏览器中显示的效果如图 2-2 所示。

代码如下：

```
<!doctype html>
<html>
  <head>
    <title>标题示例</title>
  </head>
  <body>
    <h1>一级标题</h1>
    <h2>二级标题</h2>
    <h3>三级标题</h3>
    <h4>四级标题</h4>
    <h5 align="right">五级标题右对齐</h5>
    <h6 align="center">六级标题居中</h6>
  </body>
</html>
```

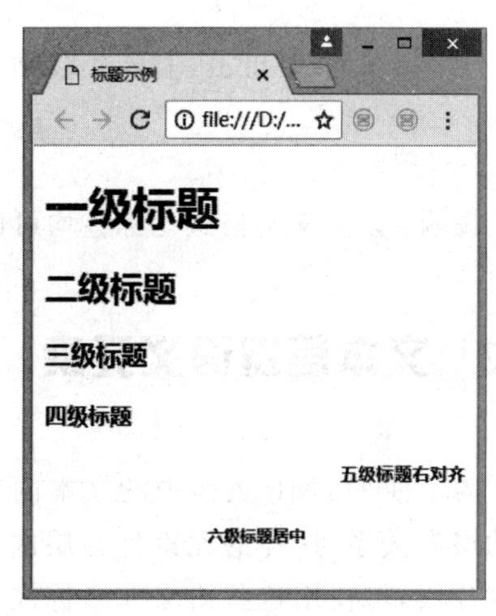

图 2-2 各级标题

2.1.2 文本格式化标签

在网页中，有时需要为文字设置粗体、斜体或下画线效果，这时就需要用到 HTML 中的文本格式化标记，使文字以特殊的方式显示。常用文本格式化标签见表 2-1。

表 2-1 常用的文本格式化标签

标 签	显 示 效 果
<b></b>和<strong></strong>	文字以粗体方式显示(b 定义文本粗体，strong 定义强调文本)
<i></i>和<em></em>	文字以斜体方式显示(i 定义斜体字，em 定义强调文本)
<s></s>和<del></del>	文字以加删除线方式显示(HTML5 不赞成使用 s)
<u></u>和<ins></ins>	文字以加下划线方式显示(HTML5 不赞成使用 u)

【例 2-2】 使用文本格式化标签设置文字样式。本例文件 2-2.html 在浏览器中的显示效果如图 2-3 所示。

代码如下：

```
<!doctype html>
<html>
  <head>
    <title>使用文本格式化标签设置文字样式
    </title>
  </head>
  <body>
    <p>正常显示的文本</p>
    <p><b>使用 b 标签定义的加粗文本</b></p>
    <p><strong>使用 strong 标签定义的强调文
本</strong></p>
    <p><i>使用 i 标签定义的倾斜文本</i></p>
    <p><em>使用 em 标签定义的强调文本</em></p>
    <p><del>使用 del 标签定义的删除线文本
    </del></p>
    <p><ins>使用 del 标签定义的下划线文本</ins></p>
  </body>
</html>
```

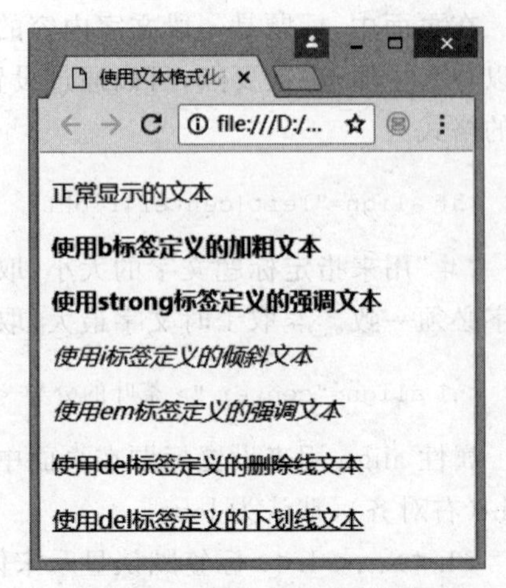

图 2-3 例 2-2 页面显示效果

说明：以上文本格式化标签均可使用<span>标签配合 CSS 样式替代。

2.2 文本层次语义元素

为了使 HTML 页面中的文本内容更加生动形象，常使用一些特殊的元素突出文本之间的层次关系，这样的元素称为层次语义元素。文本层次语义元素通常用于描述特殊的内容片段，可使用这些语义元素标注出重要信息，例如名称、评价、注意事项、日期等。

2.2.1 <time>标签

<time>标签是 HTML5 中的新标签，标签用于定义公历的时间（24 小时制）或日期，时间和时区偏移是可选的。<time>标签不会在浏览器中呈现任何特殊效果，但是能以机器可读的方式对日期和时间进行编码。例如，用户能够将生日提醒或排定的事件添加到用户日程表中，搜索引擎也能够生成更智能的搜索结果。<time>标签的属性见表 2-2。

表 2-2 <time>标签的属性

属 性	描 述
datetime	规定日期/时间，否则由元素的内容给定日期/时间。datetime 属性中的日期与时间需要用 T 来分隔
pubdate	指示<time>标签中的日期/时间是文档（或<article>标签）的发布日期

【例 2-3】　使用< time >标签设置日期和时间。本例文件 2-3. html 在浏览器中的显示效果如图 2-4 所示。

代码如下：

```
<!doctype html>
<html>
  <head>
    <meta charset="gb2312">
    <title>time 标签的使用</title>
  </head>
  <body>
    <p>我每天早上<time>8:00</time>上班</p>
    <p>产品发布会将于<time datetime="2018-01-10T8:30">1 月 10 日 8 点 30 分</time>召开
</p>
    <time datetime="2018-01-03" pubdate="pubdate">
      本消息发布于 2018 年 1 月 3 日
    </time>
  </body>
</html>
```

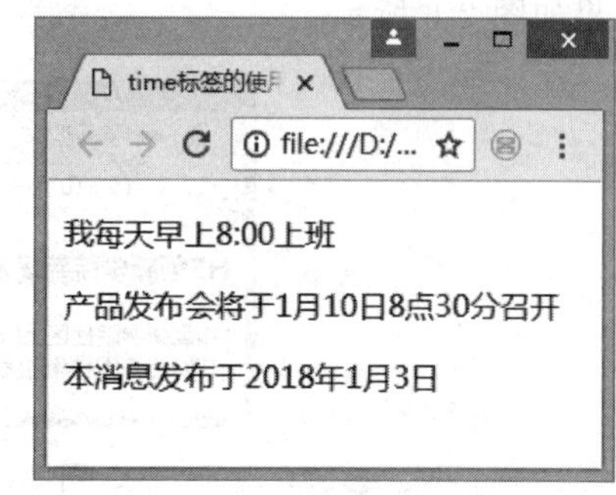

图 2-4　< time >标签示例

说明：页面表达日期时间可以直接用数字书写，< time >标签的作用是为搜索引擎和其他引擎提供特殊的解析和展示，它主要用于机器识别，可以提高开发解析效率。

2.2.2　< cite >标签

< cite >标签可以创建一个引用标记，用于对文档参考文献的引用说明。一旦在文档中使用了该标记，被标记的文档内容将以斜体的样式展示在页面中，以区别于段落中的其他字符。

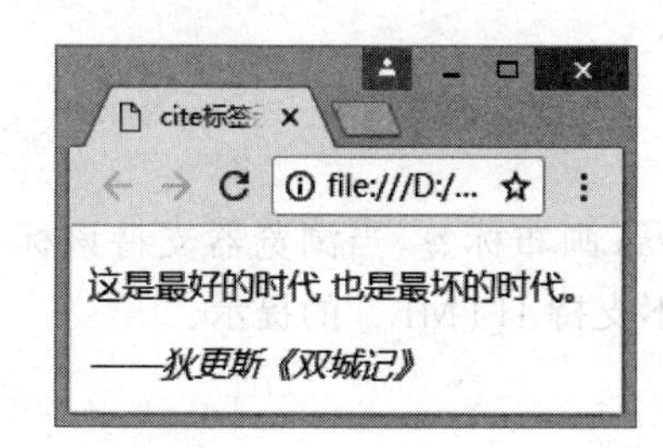

图 2-5　< cite >标签示例

【例 2-4】　使用< cite >标签设置文档引用说明。本例文件 2-4. html 在浏览器中的显示效果如图 2-5 所示。

代码如下：

```
<!doctype html>
<html>
  <head>
    <meta charset="gb2312">
  <title>cite 标签示例</title>
  </head>
  <body>
    <p>这是最好的时代 也是最坏的时代。</p>
    <cite>——狄更斯《双城记》</cite>
  </body>
</html>
```

2.2.3　< mark >标签

< mark >标签用来定义带有记号的文本，其主要功能是在文本中高亮显示某个或某几

个字符，旨在引起用户的注意。

【例 2-5】 使用< mark >标签设置文本高亮显示。本例文件 2-5. html 在浏览器中的显示效果如图 2-6 所示。

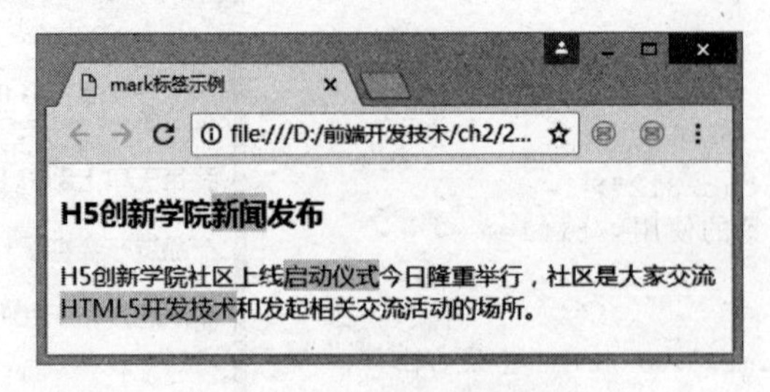

图 2-6 < mark >标签示例

代码如下：

```
<!doctype html>
<html>
  <head>
    <meta charset="gb2312">
    <title>mark 标签示例</title>
  </head>
  <body>
    <h3>H5 创新学院<mark>新闻</mark>发布</h3>
    <p>H5 创新学院社区上线<mark>启动仪式</mark>今日隆重举行，社区是大家交流<mark>
HTML5 开发技术</mark>和发起相关交流活动的场所。</p>
  </body>
</html>
```

说明：在 HTML 页面中插入一段 HTML5 的 canvas 画布标签，当浏览器支持该标签时，将显示一个矩形；反之，则在页面中显示“该浏览器不支持 HTML5”的提示。

2.3 基本排版元素

段落和水平线属于最基本的排版元素。在网页制作过程中，通过段落的排版即可制作出简单的网页。以下讲解基本的排版元素。

2.3.1 段落标签

在网页中要把文字有条理地显示出来，离不开段落标记，就如同用户平常写文章一样，整个网页也可以分为若干个段落，而段落的标签就是< p >。段落标签< p >是 HTML 格式中特有的段落元素，在 HTML 格式里不需要在意文章每行的宽度，不必担心文字是不是太长而被截掉，它会根据窗口的宽度自动转到下一行。段落标签的格式为

```
<p align="left|center|right"> 文字 </p>
```

格式中的“|”表示“或者”，即多项选其一。

【例 2-6】 列出包含< p >标签的多种属性。本例文件 2-6. html 在浏览器中的显示效果如图 2-7 所示。

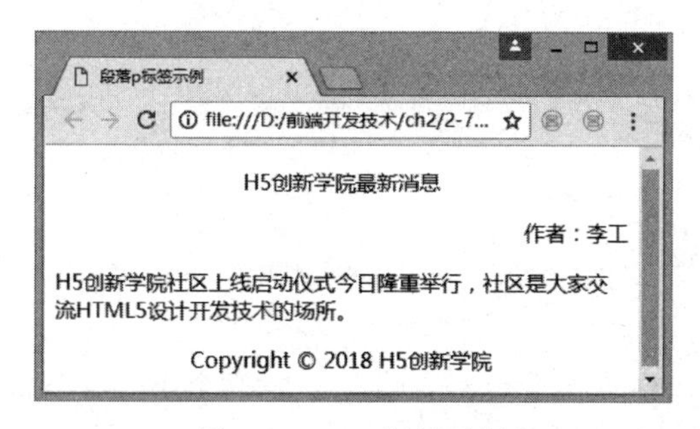

图 2-7 < p >标签示例

代码如下：

```
<!doctype html>
<html>
  <head>
    <title>段落 p 标签示例</title>
  </head>
  <body>
    <p align="center">H5 创新学院最新消息</p>
    <p align="right">作者：李工</p>
    <p align="left">H5 创新学院社区上线启动仪式今日隆重举行，社区是大家交流 HTML5 设计
开发技术的场所。</p>
    <p align="center">Copyright &copy; 2018 H5 创新学院</p>
  </body>
</html>
```

说明：段落标签会在段落前后加上额外的空行，不同段落间的间距等于连续加了两个换行标签< br/>，用以区别文字的不同段落。

2.3.2 换行标签

在 HTML 中，一个段落中的文字从左到右顺序排列，到浏览器窗口的右端后自动换行。如果希望某段文本强制换行显示，就需要使用换行标签< br/>。

< br/>标签将打断 HTML 文档中正常段落的行间距和换行。< br/>放在任意一行中的任意位置都会使该行从该位置换行，如果< br/>放在一行的末尾，则下一行开始的文字、图像、表格等仍在下一行显示，而又不会在行与行之间留下空行，即< br/>是强制文本换行。换行标签的格式为

```
文字 <br/>
```

浏览器解释时，从该标签处换行。换行标签单独使用，可以使页面清晰、整齐。

图 2-8 < br/>标签示例

【例 2-7】 制作天地环保公司联系方式的页面。本例文件 2-7. html 的显示效果如图 2-8 所示。

代码如下：

```
<!doctype html>
<html>
  <head>
    <title>br 标签示例</title>
  </head>
  <body>
    <h2>联系方式</h2>
    QQ：34565588<br/>
    微信号：ligong2018<br/>
    邮箱：ligong2018@163.com<br/><br/>    <!--两个<br/>标签相当于一个段落标签-->
    电话：+86-10-5979-8677 <br/>
    联系人：李工<br/>
  </body>
</html>
```

说明：用户可以使用段落标签< p >制作页面中“邮箱”和“电话”之间的较大空隙，也可以使用两个< br/>标签实现这一效果。

2.3.3 预格式化标签

< pre >标签可定义预格式化的文本。预格式化就是保留文字在源代码中的格式，页面中显示的效果和源代码中的效果完全一致。被包围在< pre >标签中的文本通常会保留空格和换行符，而文本也会呈现为等宽字体。< pre >标签的一个常见应用就是用来表示计算机的源代码。预格式化标签的格式为

```
<pre>文本块</pre>
```

【例 2-8】 < pre >标签的基本用法。本例文件 2-8.html 在浏览器中显示的效果如图 2-9 所示。

代码如下：

```
<!doctype html>
<html>
  <head>
    <title>pre 标签示例</title>
  </head>
  <body>
    <pre>
      这是
      预格式文本。
      它保留了        空格
      和换行。
    </pre>
    <p>pre 标签很适合显示计算机代码：</p>
    <pre>
    for i = 1 to 10
        print i
    next i
```

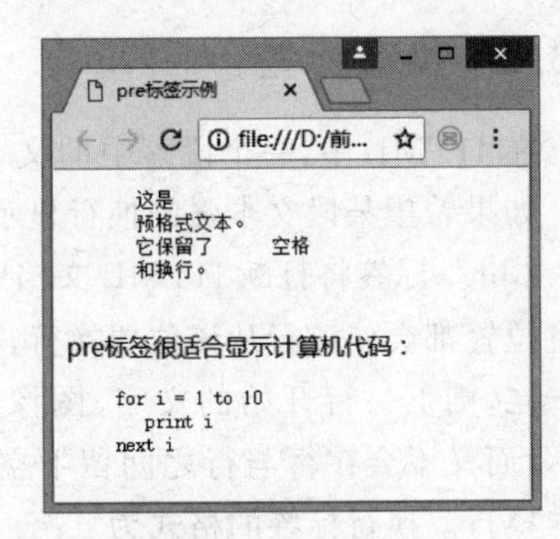

图 2-9 < pre >标签示例

```
    </pre>
  </body>
</html>
```

说明：< pre >所定义的块里不允许包含可以导致段落断开的标签，例如< h # >、< p >等标签。

2.3.4 缩排标签

< blockquote >标签可定义一个块引用。< blockquote >与</blockquote >之间的所有文本都会从常规文本中分离出来，经常会在左、右两边缩进，而且有时会使用斜体。也就是说，块引用拥有它们自己的空间。缩排标签的格式为

```
<blockquote>文本</blockquote>
```

【例 2-9】 < blockquote >标签的基本用法。本例文件 2-9. html 在浏览器中的显示效果如图 2-10 所示。

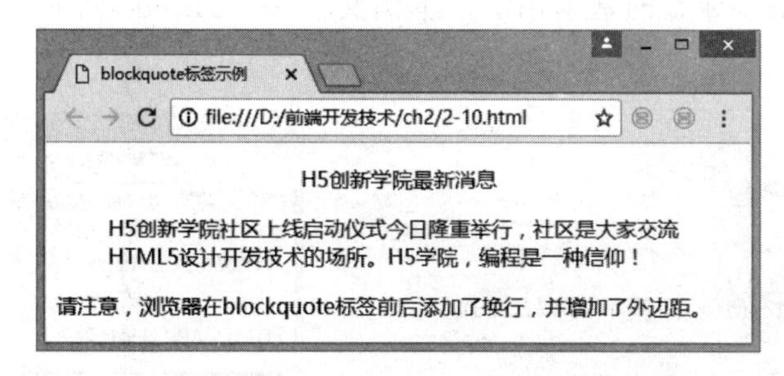

图 2-10 < blockquote >标签示例

代码如下：

```
<!doctype html>
<html>
  <head>
  <title>blockquote 标签示例</title>
</head>
<body>
  <p align="center">H5 创新学院最新消息</p>
  <blockquote>
  H5 创新学院社区上线启动仪式今日隆重举行，社区是大家交流 HTML5 设计开发技术的场所。
H5 学院，编程是一种信仰！
  </blockquote>
  请注意，浏览器在 blockquote 标签前后添加了换行，并增加了外边距。
  </body>
</html>
```

说明：浏览器会自动在< blockquote >标签前后添加换行，并增加外边距。

2.3.5 水平线标签

在网页中常常能看到一些水平线将段落与段落之间隔开，使文档结构清晰、层次分明。这些水平线可以通过插入图片实现，也可以简单地通过标签来完成。< hr/>就是创建横跨

网页水平线的标签。水平线标签的格式为

```
<hr align="left|center|right" size="横线粗细" width="横线长度" color="横线色彩"
noshade= "noshade"/>
```

<hr/>是单标签，在网页中输入一个<hr/>，就添加了一条默认样式的水平线。<hr/>标签的常用属性见表 2-3。

表 2-3 <hr/>标签的常用属性

属 性	描 述
align	设置水平线的对齐方式，有 left、right、center 三种选择，默认为 center(居中对齐)
size	设置水平线的粗细，以像素为单位，默认为 2 像素
color	设置水平线的颜色，可通过颜色名称、十六进制＃RGB、rgb(r,g,b)设置
width	设置水平线的宽度，可以是确定的像素值，也可以是浏览器窗口的百分比，默认为 100％
noshade	设置线段是否显示阴影

【例 2-10】 <hr/>标签的基本用法。本例文件 2-10.html 在浏览器中的显示效果如图 2-11 所示。

代码如下：

```
<!doctype html>
<html>
  <head>
  <title>blockquote 标签示例</title>
  </head>
<body>
  <p align="center">H5 创新学院最新消息
  </p>
  <blockquote>
  H5 创新学院社区上线启动仪式今日隆重举行,
社区是大家交流 HTML5 设计开发技术的场所。
H5 学院,编程是一种信仰!
  </blockquote>
  请注意,浏览器在 blockquote 标签前后添加了换行,并增加了外边距。
</body>
</html>
```

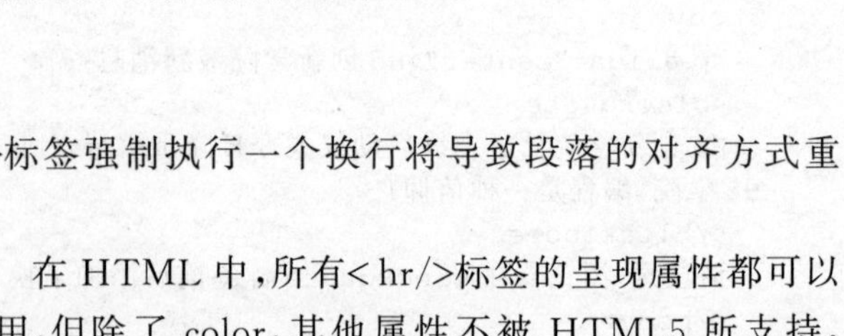

图 2-11 <hr/>标签示例

说明：从图 2-11 中可以看到，<hr/>标签强制执行一个换行将导致段落的对齐方式重新回到默认值设置。

在 HTML 中，所有<hr/>标签的呈现属性都可以使用，但除了 color，其他属性不被 HTML5 所支持，因此不推荐使用。要想更灵活地控制并美化外观，可以通过 CSS 去实现。

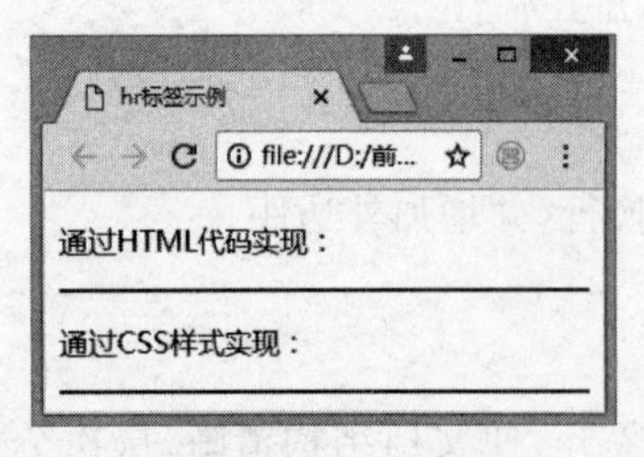

图 2-12 对比效果

【例 2-11】 使用两种方法控制水平线的外观。本例文件 2-11.html 在浏览器中显示的效果如图 2-12 所示。

代码如下：

```
<!doctype html>
<html>
  <head>
    <title>hr 标签示例</title>
  </head>
  <body>
    <p>通过 HTML 代码实现：</p>
    <hr noshade="noshade" color="blue"/>
    <p>通过 CSS 样式实现：</p>
    <hr style="height:2px;border-width:0;background-color:blue"/>
  </body>
</html>
```

案例：制作H5创新学院课程简介页面

说明：代码中的 style="height:2px;border-width:0;background-color:blue"表示水平线为高度 2px 无边框、无阴影的蓝色实线，恰好与<hr/>标签设置的显示效果一致。

2.4 图像

图像是美化网页最常用的元素之一。HTML 的一个重要特性就是可以在文本中加入图像，既可以把图像作为文档的内在对象加入，又可以通过超链接的方式加入，还可以将图像作为背景加入到文档中。

2.4.1 网页图像的格式及使用要点

1. 常用的网页图像格式

虽然有很多种计算机图像格式，但由于受网络带宽和浏览器的限制，在网页上常用的图像格式有 3 种：GIF、PNG 和 JPG。

(1) GIF。GIF 最突出的地方就是它支持动画，同时 GIF 也是一种无损的图像格式，也就是说修改图片之后，图片质量几乎没有损失。再加上 GIF 支持透明（全透明或全不透明），因此很适合在互联网上使用。但 GIF 只能处理 256 种颜色。在网页制作中，GIF 格式常常用于 Logo、小图标及其他色彩相对单一的图像。

(2) PNG。PNG 包括 PNG-8 和真色彩 PNG（PNG-24 和 PNG-32）。相对于 GIF，PNG 最大的优势是体积更小，支持 alpha 透明（全透明、半透明、全不透明），并且颜色过渡更平滑，但 PNG 不支持动画。同时需要注意的是 IE6 可以支持 PNG-8，但在处理 PNG-24 的透明时会显示为灰色。通常，图片保存为 PNG-8 会在同等质量下获得比 GIF 更小的体积，而半透明的图片只能使用 PNG-24。

(3) JPG。JPG 所能显示的颜色比 GIF 和 PNG 要多得多，可以用来保存超过 256 种颜色的图像，但是 JPG 是一种有损压缩的图像格式，这就意味着每修改一次图片都会造成一些图像数据的丢失。JPG 是特别为位图图像（照片）设计的文件格式，网页制作过程中类似于照片的图像，比如横幅广告（banner）、商品图片、较大的插图等都可以保存为 JPG 格式。

2. 使用网页图像的要点

高质量的图像因其图像体积(数据量)过大,不适合网络传输。在网页设计中选择的图像一般不超过 8KB,如必须选用较大图像时,可先将其分割成若干小图像,显示时再通过表格将这些小图像拼合起来。

如果在同一网页文件中多次使用相同的图像,最好使用相对路径查找该图像。网页所用图像文件的相对路径是相对于网页文件而言的,从网页文件所在目录依次向下直到图像文件所在的位置。例如,网页文件 X.Y 与 A 文件夹在同一目录下,图像文件 B.A 在目录 A 下的 B 文件夹中,那么图像文件 B.A 对于网页文件 X.Y 的相对路径则为 A/B/B.A,如图 2-13 所示。

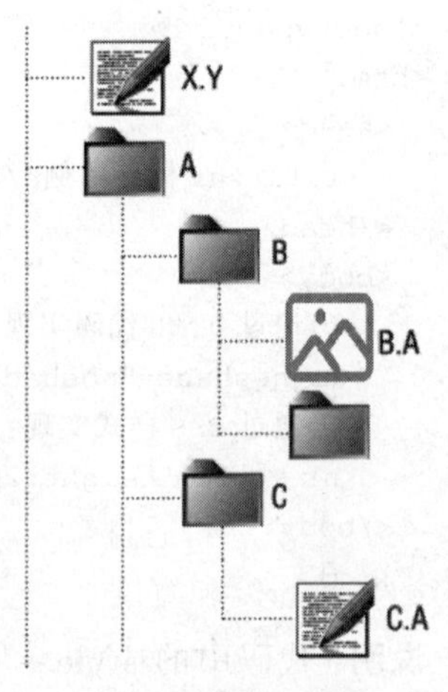

图 2-13 相对路径

微课：图像标签

2.4.2 图像标签

在 HTML 中,用< img >标签在网页中添加图像,图像以嵌入的方式添加到网页中。图像标签的格式为

```
<img src="图像文件名" alt="替代文字" title="鼠标悬停提示文字" width="图像宽度"
height="图像高度" border="边框宽度" hspace="水平空白" vspace="垂直空白"
align="环绕方式|对齐方式" />
```

标签中的属性说明见表 2-4,其中 src 是必需的属性。

表 2-4 图像标签的常用属性

属性	说明
src	指定图像源,即图像的 URL 路径
alt	如果图像无法显示,在图像位置代替图像的说明文字
title	为浏览者提供额外的提示或帮助信息,方便用户使用
width	指定图像的显示宽度(像素数或百分数),通常设为图像的真实大小以免失真。若需要改变图像大小,最好事先使用图像编辑工具进行修改。百分数是指相对于当前浏览器窗口的百分比
height	指定图像的显示高度(像素数或百分数)
border	指定图像的边框大小,用数字表示,默认单位为像素,默认情况下图片没有边框,即 border=0
hspace	设定图片左侧和右侧的空白像素数(水平边距)
vspace	设定图片顶部和底部的空白像素数(垂直边距)
align	指定图像的对齐方式,设定图像在水平(环绕方式)或垂直方向(对齐方式)的位置,包括 left(图像居左,文本在图像的右边)、right(图像居右,文本在图像的左边)、top(文本与图像在顶部对齐)、middle(文本与图像在中央对齐)或 bottom(文本与图像在底部对齐)

需要注意的是,在 width 和 height 属性中,如果只设置了其中的一个属性,则另一个属性会根据已设置的属性按原图等比例显示。如果对两个属性都进行了设置,且其比例和原图大小的比例不一致,那么显示的图像会相对于原图变形或失真。

1. 图像的替换文本说明

有时由于网络过忙或者用户在图片还没有完全下载就单击了浏览器的停止键，导致用户不能在浏览器中看到图片，这时，替换文本说明就十分必要了。替换文本说明应该简洁而清晰，能为用户提供足够的图片说明信息，在无法看到图片的情况下也可以了解图片的内容信息。

在使用< img >标签时，最好同时使用 alt 属性和 title 属性，避免因图片路径错误带来错误的信息；同时，增加了鼠标提示信息，方便了浏览者的使用。

2. 调整图像大小

在 HTML 中，通过< img >标签的 width 和 height 属性来调整图像大小，其目的是通过指定图像的高度和宽度加快图像的下载速度。默认情况下，页面中显示的是图像的原始大小。如果不设置 width 和 height 属性，浏览器就要等到图像下载完毕才显示网页，从而延缓了其他页面元素的显示。

width 和 height 的单位可以是像素，也可以是百分比。百分比表示显示图像大小为浏览器窗口大小的百分比。例如，设置产品图像的宽度和高度时，代码为

```
<img src="images/prod.jpg" width="200" height="150">
```

3. 图像的边框

在网页中显示的图像如果没有边框，会显得有些单调，可以通过< img >标签的 border 属性为图像添加边框，添加边框后的图像显得更加醒目、美观。

border 属性的值用数字表示，单位为像素。默认情况下图像没有边框，即 border＝0。图像边框的颜色不可调整，默认为黑色。当图片作为超链接使用时，图像边框的颜色和文字超链接的颜色一致，默认为深蓝色。

【例 2-12】 图像的基本用法。本例文件 2-13.html 在浏览器中正常显示的效果如图 2-14 所示。当显示的图像路径错误时，效果如图 2-15 所示。

图 2-14 正常显示的图像效果

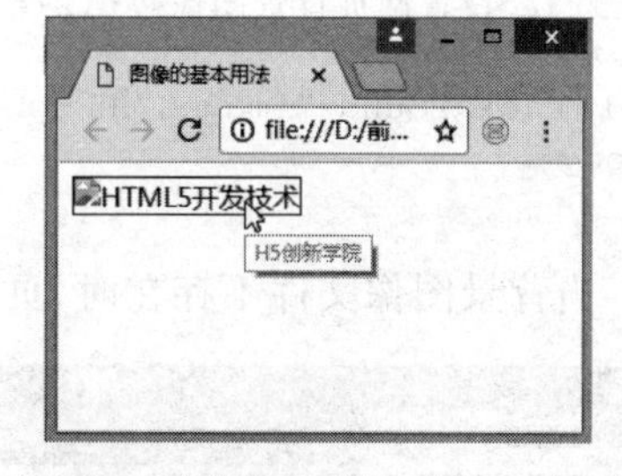

图 2-15 图像路径错误时的显示效果

代码如下：

```
<!doctype html>
<html>
  <head>
    <title>图像的基本用法</title>
  </head>
  <body>
  <img src="images/H5 school logo.png" width="260" height="114" border="1" alt=
```

```
"HTML5 开发技术" title="H5 创新学院"/>
  </body>
</html>
```

说明：当显示的图像不存在时，页面中图像的位置将显示出网页图片丢失的信息，但由于设置了 alt 属性，因此在图像占位符的左上角显示出替代文字“HTML5 开发技术”；同时，由于设置了 title 属性，因此在替代文字附近还显示出提示信息“H5 创新学院”。

2.4.3 设置网页背景图像

在网页中可以利用图像作为背景，就像在照相时选取背景一样。但是要注意不要让背景图像影响网页内容的显示，因为背景图像只是起到渲染网页的作用。此外，背景图片最好不要设置边框，这样有利于生成无缝背景。

背景属性将背景设置为图像。属性值为图片的 URL。如果图像尺寸小于浏览器窗口，那么图像将在整个浏览器窗口进行复制，格式为

```
<body background="背景图像路径">
```

设置网页背景图像应注意以下要点。

(1) 背景图像是否增加了页面的加载时间，背景图像文件大小不应超过 10KB。

(2) 背景图像是否与页面中的其他图像搭配良好。

(3) 背景图像是否与页面中的文字颜色搭配良好。

【例 2-13】 设置网页背景图像。本例文件 2-14.html 在浏览器中的显示效果如图 2-16 所示。

代码如下：

```
<!doctype html>
<html>
  <head>
    <meta charset="gb2312">
    <title>设置网页背景图像</title>
  </head>
  <body background="images/H5 school logo.png">
  </body>
</html>
```

说明：当背景图像文件不存在时，页面中的背景将显示为空白，如图 2-17 所示。

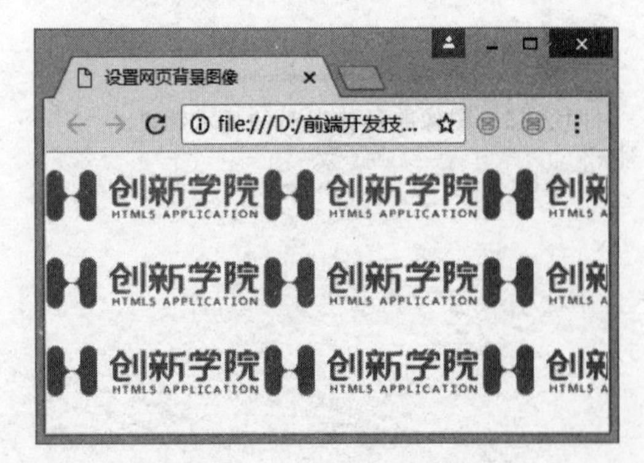

图 2-16 设置网页背景图像

图 2-17 网页背景图像不存在

2.4.4　图文混排

图文混排是指设置图像与同一行中的文本、图像、插件或其他元素的对齐方式。在制作网页时往往要在网页中的某个位置插入一个图像，使文本环绕在图像的周围。

<img>标签的 align 属性用来指定图像与周围元素的对齐方式，实现图文混排效果，其取值见表 2-5。

表 2-5　图像与周围元素的对齐方式

align 的取值	说　　明
left	在水平方向向上左对齐
center	在水平方向向上居中对齐
right	在水平方向向上右对齐
top	图片顶部与同行其他元素顶部对齐
middle	图片中部与同行其他元素中部对齐
bottom	图片底部与同行其他元素底部对齐

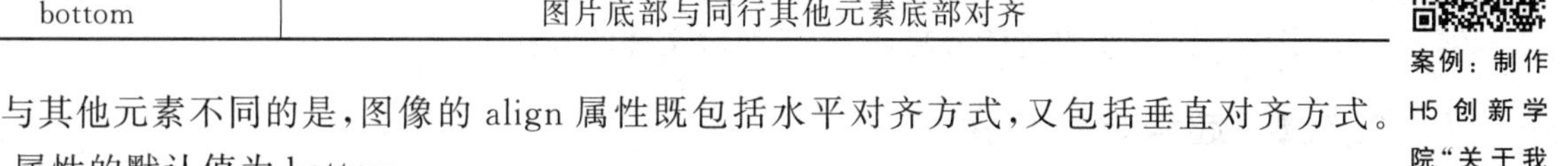

案例：制作H5创新学院“关于我们”图文混排页面

与其他元素不同的是，图像的 align 属性既包括水平对齐方式，又包括垂直对齐方式。align 属性的默认值为 bottom。

2.5　超链接

微课：超链接

HTML 的核心就是能够轻而易举地实现互联网上的信息访问、资源共享。HTML 可以链接到其他的网页、图像、多媒体、电子邮件地址、可下载的文件等。

2.5.1　超链接概述

1. 超链接的定义

超链接(hyperlink)是指从一个网页指向一个目标的连接关系，这个目标可以是另一个网页，也可以是相同网页上的不同位置，还可以是一个图片、一个电子邮件地址、一个文件，甚至是一个应用程序。

超链接是一个网站的精髓，超链接在本质上属于网页的一部分，通过超链接将各个网页链接在一起后，才能真正构成一个网站。

超链接除了可链接文本外，也可以链接各种媒体，如声音、图像和动画等，通过它们可以将网站建设成一个丰富多彩的多媒体世界。当网页中包含超链接时，其外观为彩色(一般为蓝色)且带下划线的文字或图像。单击这些文本或图像，可跳转到相应位置。鼠标指针指向超链接时，将变成手形指针图案。

2. 超链接的分类

根据超链接目标文件的不同，超链接可分为页面超链接、锚点超链接、电子邮件超链接等；根据超链接单击对象的不同，超链接可分为文字超链接、图像超链接、图像映射等。

3. 路径

创建超级链接时必须了解链接与被链接对象的路径。在一个网站中，路径通常有3种表示方式：绝对路径、根目录相对路径和文档目录相对路径。

(1) 绝对路径。绝对路径是包括通信协议名、服务器名、路径及文件名的完全路径。如连接清华大学首页，绝对路径是 http://www.tsinghua.edu.cn/publish/thu2018/index.html。如果站点之外的文档在本地计算机上，比如连接D盘book目录下default.html文件，那么它的路径就是 file:///D:/book/default.html，这种完整地描述文件位置的路径也是绝对路径。

(2) 根目录相对路径。根目录相对路径的根是指本地站点文件夹(根目录)，以"/"开头，路径是从当前站点的根目录开始计算。比如一个网页链接或引用站点根目录下images目录中的一个图像文件a.gif，用根相对路径表示就是/images/a.gif。

(3) 文档目录相对路径。文档目录相对路径是指当前文档所在的文件夹，也就是以当前文档所在的文件夹为基础开始寻找路径。文档目录相对路径适合于创建网站内部链接。它以当前文件所在的路径为起点，进行相对文件的查找。

2.5.2 超链接的应用

1. 创建超链接

可以通过<a>标签在HTML中创建超链接。<a>标签的使用有以下两种方式。

① 通过使用href属性创建指向另一个文档的超链接。

② 通过使用name属性创建文档内的书签。

创建超链接的语法格式为

```
<a href="url" title="指向链接时显示的文字" target="窗口名称">热点文本 </a>
```

href属性定义了这个链接所指的目标地址，也就是路径。如果要创建一个不链接到其他位置的空超链接，可用符号"#"代替URL。

target属性设定链接被单击后打开窗口的方式，有以下4种方式。

① _blank：在新窗口中打开被链接的文档。

② _self：默认。在相同的框架中打开被链接的文档。

③ _parent：在父框架集中打开被链接的文档。

④ _top：在整个窗口中打开被链接的文档。

2. 在同一网站的不同页面中使用超链接

如果在当前页面与其他相关页面之间建立超链接，根据目标文件与当前文件的目录关系，有4种方法。注意，应该尽量采用相对路径。

(1) 链接到同一目录内的网页文件。格式为

```
<a href="目标文件名.html">热点文本 </a>
```

其中，"目标文件名"是链接所指向的文件。

(2) 链接到下一级目录中的网页文件。格式为

```
<a href="子目录名/目标文件名.html">热点文本 </a>
```

（3）链接到上一级目录中的网页文件。格式为

```
<a href="../目标文件名.html">热点文本 </a>
```

其中，“../”表示退到上一级目录中。

（4）链接到同级目录中的网页文件。格式为

```
<a href="../子目录名/目标文件名.html">热点文本 </a>
```

表示先退到上一级目录中，然后再进入目标文件所在的目录。

【例 2-14】 制作网站页面之间的链接，链接分别指向注册页和登录页。本例文件 2-15.html 在浏览器中的显示效果如图 2-18 所示。

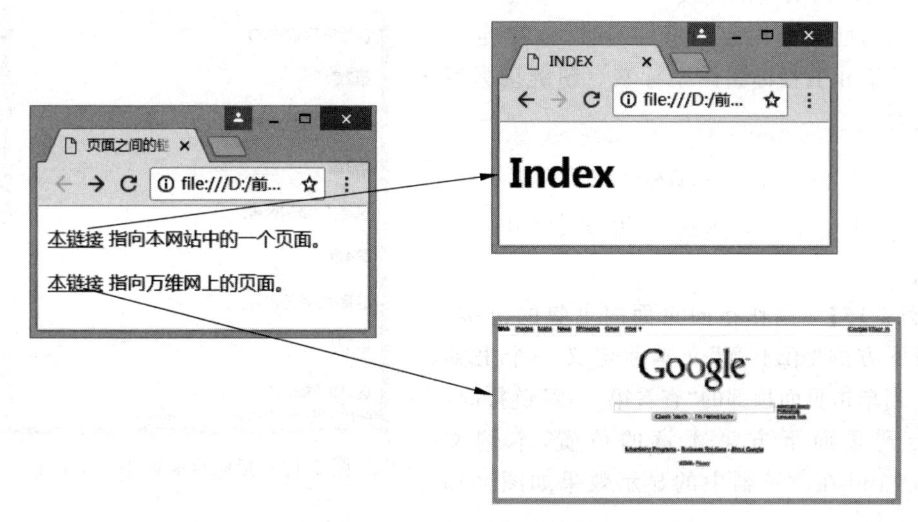

图 2-18　页面之间的链接

代码如下：

```
<!doctype html>
<html>
  <head>
    <meta charset="gb2312">
    <title>页面之间的链接</title>
  </head>
  <body>
    <p><a href="index.html">本链接</a> 指向本网站中的一个页面。</p>
    <p><a href="http://www.google.com/">本链接</a> 指向万维网上的页面。</p>
  </body>
</html>
```

3. 书签链接

HTML 中的链接的专业叫法是“锚点(anchor)”。书签链接也叫锚点链接，常常用于内容庞大烦琐的网页，通过单击书签链接能指向页面里的特定段落，便于浏览者快速查看网页内容。书签类似于我们阅读书籍时的目录页码或章回提示，其功能类似于固定船的锚，所以

书签也称锚记或锚点。

书签就是用<a>标签对网页元素作的一个记号，锚点与链接可以在同一个页面，也可以在不同的页面。在实现锚点链接之前，需要先创建锚点，格式为

```
<a name="记号名(锚点名称)">锚(显示在页面的文本)</a>
```

其中，记号名或称锚点名称可以是数字或英文字母，也可以是两者的混合。在同一页面中可以有多个锚点，但名称不能相同。使用 id 属性替代 name 属性，锚点同样有效。

(1) 页面内书签的链接

要在当前页面内实现书签链接，需要定义超链接标签和书签标签两个标签。超链接标签的格式为

```
<a href="#记号名(锚点名称)">热点文本</a>
```

即单击“热点文本”，将跳转到“记号名”开始的网页元素。

【例 2-15】 制作指向页面内书签的链接。在页面下方的“第 4 章”文本前定义一个书签“C4”。当单击页面顶部的“查看第 4 章”链接时，将跳转到页面下方第 4 章的位置，本例文件 2-16.html 在浏览器中的显示效果如图 2-19 所示。

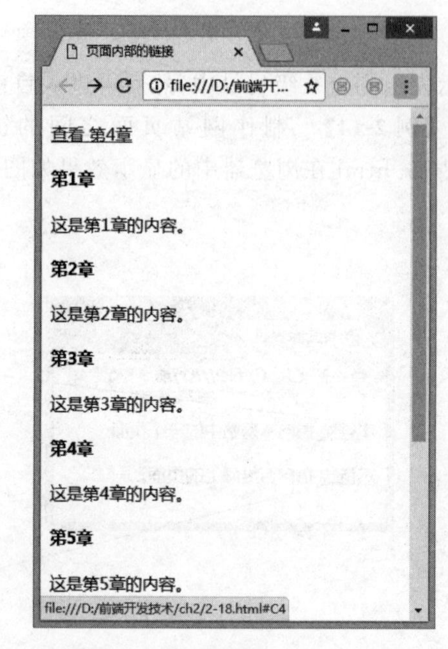

图 2-19 指向页面内书签的链接

代码如下：

```
<!doctype html>
<html>
  <head>
  <meta charset="gb2312">
  <title>页面内部的链接</title>
</head>
<body>
    <p><a href="#C4">查看 第 4 章</a></p>
    <h4>第 1 章</h4>
    <p>这是第 1 章的内容。</p>
    <h4>第 2 章</h4>
    <p>这是第 2 章的内容。</p>
    <h4>第 3 章</h4>
    <p>这是第 3 章的内容。</p>
    <h4><a name="C4">第 4 章</a></h4>                <!--设置了一个名为 C4 的锚点-->
    <p>这是第 4 章的内容。</p>
    <h4>第 5 章</h4>
    <p>这是第 5 章的内容。</p>
```

```
    <h4>第 6 章</h4>
    <p>这是第 6 章的内容。</p>
  </body>
</html>
```

说明：从图 2-19 中可以看出，书签不会以任何特殊的方式显示，它对页面用户是不可见的。

注意：如果将链接写成 href="#"或者 href=""，这样的链接通常称为空链接，有回到页面顶部的作用。

(2) 其他页面书签的链接

书签链接还可以在不同页面间进行链接。当单击书签链接标题，页面会根据链接中的 href 属性所指定的地址，将网页跳转到目标地址中书签名称所表示的内容。要在其他页面内实现书签链接，需要定义两个标签：一个为当前页面的超链接标签；另一个为跳转页面的书签标签。当前页面的超链接标签的格式为

```
<a href="目标文件名.html #记号名">热点文本 </a>
```

即单击“热点文本”将跳转到目标页面“记号名”开始的网页元素。

【例 2-16】 制作指向其他页面书签的链接。在页面 info.html 的“联系我们”文本前定义一个书签 custom，当单击当前页面 2-17.html 中的“联系我们”链接时，将跳转到页面 info.html 中的联系我们位置，如图 2-20 所示。

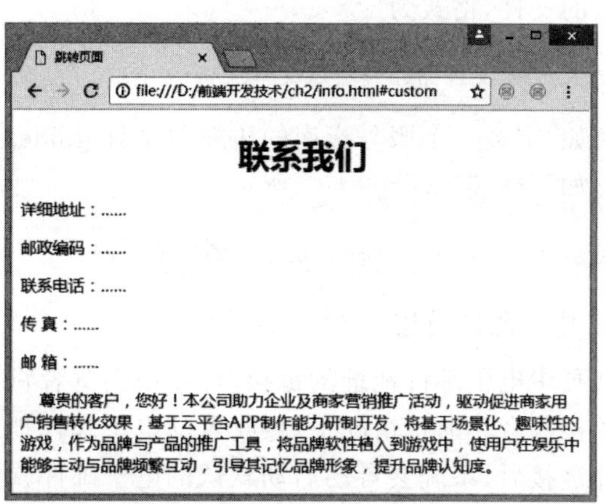

图 2-20 指向其他页面书签的链接

代码如下：

```
<!doctype html>
<html>
  <head>
    <title>指向其他页面书签的链接</title>
  </head>
  <body>
      <img src="images/logo.png">                <!--网站 logo 图片-->
      <a href="register.html">[免费注册]</a>   <!--链接到同一目录内的网页文件-->
```

```
    <a href="login.html">[会员登录]</a>        <!--链接到同一目录内的网页文件-->
    <a href="info.html# contact">[联系我们]</a>
                                     <!--链接到页面 info.html 内的书签 custom-->
  </body>
</html>
```

跳转页面 info.html 的代码省略。

4. 图像超链接

图像也可作为超链接热点，单击图像可跳转到被链接的文本或其他文件，格式为

```
<a href="URL"> <img src="图像文件名" /></a>
```

例如，制作网站首页图像的超链接如图 2-21 所示，代码如下。

```
<a href="index.html">                <!-- 单击图像则打开 index.html -->
  <img src="images/logo.png" alt="网站首页" title="牛 刀"/>
</a>
```

5. 下载文件链接

当需要在网站中下载资料时，就需要为资料提供下载链接。如果超链接指向的不是一个网页文件，而是其他文件，如 zip、rar、mp3、exe 文件等，单击链接时就会下载相应的文件，格式为

```
<a href="文件路径">热点文本 </a>
```

例如，下载一个服务指南的压缩包文件 guide.rar，可以建立如下链接。

图 2-21 图像超链接

```
服务指南:<a href="guide.rar">下载</a>
```

6. 电子邮件链接

案例：制作 H5 创新学院下载专区页面

网页中电子邮件地址的链接，可以使浏览者将有关信息以电子邮件的形式发送给电子邮件的接收者。通常情况下，接收者的电子邮件地址位于网页页面的底部。当用户单击电子邮件链接后，系统会自动启动默认的电子邮件软件，打开一个邮件窗口，格式为

```
<a href="mailto:E-mail 地址">热点文本 </a>
```

例如，E-mail 地址是 angel@163.com，可以建立如下链接。

```
电子邮件:<a href="mailto:angel@163.com">联系我们</a>
```

2.6 列表

列表是以结构化、易读性更强的方式提供信息的方法。不但方便用户快速查找到重要的信息，还可以使文档结构更加清晰明确。在制作网页时，列表经常被用于写提纲和品种说

明书。通过使用列表标签可以使内容在网页中条理清晰、层次分明、格式美观地表现出来。本节将重点介绍列表标签的使用。

列表的存在形式主要分为：无序列表、有序列表、定义列表、嵌套列表。

2.6.1　无序列表

微课：无序列表和定义列表

无序列表就是列表中列表项的前导符号没有一定的顺序，而是用黑点、圆圈、方框等一些特殊符号标识，类似于 Word 文档处理软件中的项目符号。

当创建一个无序列表时，主要使用 HTML 的< ul >(unordered list，无序列表)标签和< li >(list item，列表项)标签来标记。其中，< ul >标签标识一个无序列表的界限；< li >标签标识一个无序列表项。格式为

```
<ul type="符号类型">
  <li type="符号类型 1">第一个列表项
  <li type="符号类型 2">第二个列表项
    …
</ul>
```

从浏览器上看，无序列表的项目作为一个整体，与上下段文本间各有一行空白；表项向右缩进并左对齐，每行前面有项目符号。

< ul >标签的 type 属性用来定义一个无序列表的前导字符，如果省略了 type 属性，浏览器默认显示为 disc 前导字符。type 取值可以为 disc(实心圆)、circle(空心圆)、square(方框)。设置 type 属性的方法有以下两种。

(1) 在 ul 后指定符号的样式，可设定 ul 中所有< li >标签的前导符号，例如：

```
<ul type="disc">               符号为实心圆点●
<ul type="circle">             符号为空心圆点○
<ul type="square">             符号为方块■
<ul img src="mygraph.gif">     符号为指定的名为"mygraph.gif"的图片文件
```

(2) 在 li 后指定符号的样式，可以设置该 li 的项目符号。格式与< ul >标签完全一样，只是将 ul 换成 li。

【例 2-17】 使用无序列表显示文章分类。本例文件 2-18.html 的浏览效果如图 2-22 所示。

代码如下：

```
<!doctype html>
<html>
  <head>
    <meta charset="gb2312">
    <title>饮料的无序列表</title>
  </head>
  <body>
    <ul type="circle">    <!--列表样式为空心圆点-->
      <li>咖啡</li>
      <li>茶</li>
```

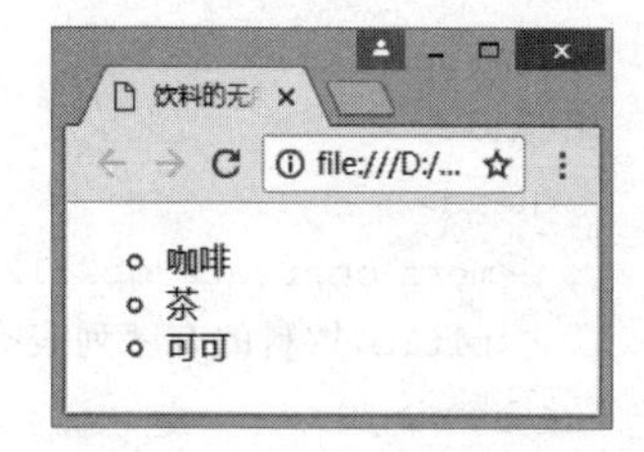

图 2-22　无序列表

```
      <li>可可</li>
    </ul>
  </body>
</html>
```

说明：在上面的示例中，由于在 ul 后指定符号的样式为 type＝"circle"，因此每个列表项都显示为空心圆点。

2.6.2 有序列表

微课：有序列表

有序列表是一个有特定顺序的列表项的集合。在有序列表中，各个列表项有先后顺序，它们之间以编号来标记。使用 ol(ordered lists，有序列表)标签可以建立有序列表，表项都的标签仍为<li>，格式为

```
<ol type="符号类型">
  <li type="符号类型 1">表项 1
  <li type="符号类型 2">表项 2
   …
</ol>
```

在浏览器中显示时，有序列表整个表项与上下段文本之间各有一行空白；表项向右缩进并左对齐；各表项前带顺序号。

有序的符号标识包括：阿拉伯数字、小写英文字母、大写英文字母、小写罗马数字、大写罗马数字。<ol>标签的 type 属性用来定义一个有序列表的符号样式，在 ol 后指定符号的样式，可设定直到</ol>之前的表项加重记号，格式为

```
<ol type="1">          序号为数字
<ol type="A">          序号为大写英文字母
<ol type="a">          序号为小写英文字母
<ol type="I">          序号为大写罗马字母
<ol type="i">          序号为小写罗马字母
```

在 li 后指定符号的样式，可设定该表项前的加重记号，格式只需把 ol 改为 li。

【例 2-18】 使用有序列表显示环保学堂注册步骤。本例文件 2-19.html 的浏览效果如图 2-23 所示。

代码如下：

```
<!doctype html>
<html>
  <head>
    <meta charset="gb2312">
    <title>饮料的有序列表</title>
  </head>
  <body>
    <ol type="I">
      <li type="A">咖啡</li>
      <li>牛奶</li>
```

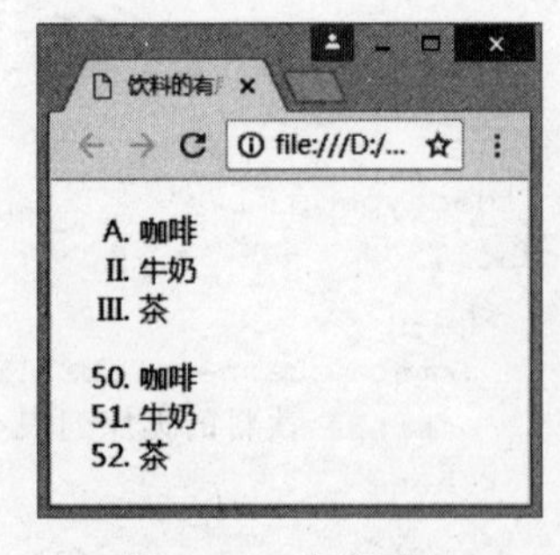

图 2-23 有序列表

```
    <li>茶</li>
  </ol>

  <ol start="50">
    <li>咖啡</li>
    <li>牛奶</li>
    <li>茶</li>
  </ol>
</body>
</html>
```

说明：在上面的示例中，由于在 ol 后指定列表样式为大写罗马字母，因此每个列表项显示为大写罗马字母。start 属性用来规定有序列表的序号起始值。

2.6.3　定义列表

定义列表又称为释义列表或字典列表。定义列表不是带有前导字符的列项目，而是一列实物，以及与其相关的解释。当创建一个定义列表时，主要用到 3 个 HTML 标签：<dl>标签、<dt>标签和<dd>标签。格式为

```
<dl>
  <dt>... 第一个标题项 ... </dt>
  <dd>... 对第一个标题项的解释文字 ... </dd>
  <dt>... 第二个标题项 ... </dt>
    ...
  <dd>... 对第二个标题项的解释文字 ... </dd>
</dl>
```

在<dl>、<dt>和<dd>3 个标签组合中，<dt>是标题，<dd>是内容，<dl>可以看作是承载它们的容器。当出现多组这样的标签组合时，应尽量使用一个<dt>标签配合一个<dd>标签的方法。如果<dd>标签中内容较多，可以嵌套<p>标签使用。

【例 2-19】 使用定义列表显示环保学堂联系方式。本例文件 2-20.html 的浏览效果如图 2-24 所示。

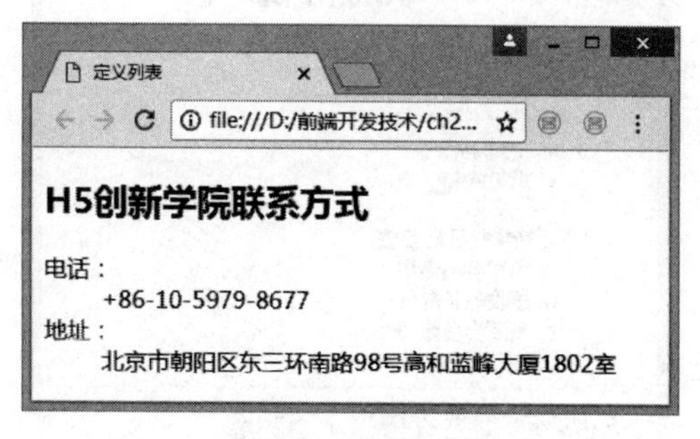

图 2-24　定义列表

代码如下：

```
<!doctype html>
```

```
<html>
  <head>
    <meta charset="gb2312">
    <title>定义列表</title>
  </head>
  <body>
    <h2>H5 创新学院联系方式</h2>
      <dl>
        <dt>电话：</dt>
        <dd> +86-10-5979-8677 </dd>
        <dt>地址：</dt>
        <dd>北京市朝阳区东三环南路 98 号高和蓝峰大厦 1802 室</dd>
      </dl>
  </body>
</html>
```

说明：在上面的示例中，< dl >列表中每一项的名称不再是< li >标签，而是用< dt >标签进行标记，后面跟着由< dd >标签标记的条目定义或解释。默认情况下，浏览器一般会在左边界显示条目的名称，并在下一行缩进显示其定义或解释。

2.6.4 嵌套列表

所谓嵌套列表就是无序列表与有序列表嵌套混合使用。嵌套列表可以把页面分为多个层次，给人以很强的层次感。有序列表和无序列表不仅可以自身嵌套，而且彼此可互相嵌套。嵌套方式可分为：无序列表中嵌套无序列表、有序列表中嵌套有序列表、无序列表中嵌套有序列表、有序列表中嵌套无序列表。此外，可以多层嵌套，还可以嵌套定义列表，由使用者灵活掌握。

微课：嵌套列表

【例 2-20】 制作环保空间页面。本例文件 2-21. html 在浏览器中的显示效果如图 2-25 所示。

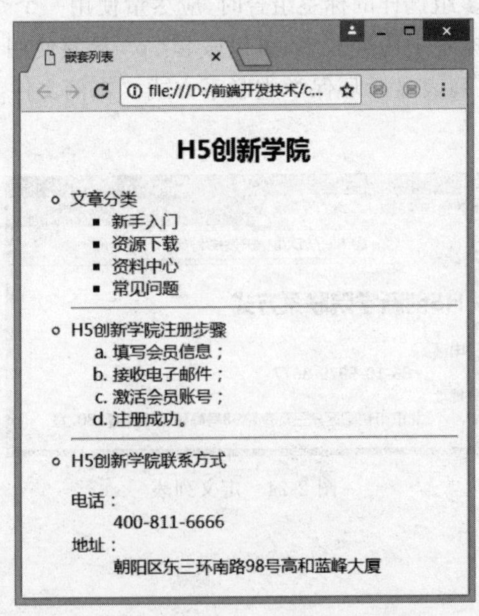

图 2-25 例 2-20 页面显示效果

代码如下：

```
<!doctype html>
<html>
  <head>
    <meta charset="gb2312">
    <title>嵌套列表</title>
  </head>
  <body>
    <h2 align="center">H5 创新学院</h2>
    <ul type="circle">           <!--无序列表空心圆点-->
      <li>文章分类
      <ul type="square">         <!--嵌套无序列表,列表项样式为方块-->
        <li>新手入门
        <li>资源下载
        <li>资料中心
        <li>常见问题
      </ul>
    <hr/>                        <!--水平分隔线-->
      <li>H5 创新学院注册步骤
        <ol type="a">            <!-- 嵌套有序列表,列表项序号为小写英文字母-->
          <li>填写会员信息；
          <li>接收电子邮件；
          <li>激活会员账号；
          <li>注册成功。
        </ol>
    <hr />                       <!--水平分隔线-->
      <li>H5 创新学院联系方式
      <dl>                       <!--嵌套定义列表-->
        <dt>电话：</dt>
          <dd>400-811-6666</dd>
        <dt>地址：</dt>
          <dd>朝阳区东三环南路 98 号高和蓝峰大厦</dd>
      </dl>
    </ul>
  </body>
</html>
```

2.7 表格

表格是网页中的一个重要容器元素，表格除了用来显示数据外，还可用于搭建网页的结构。

2.7.1 表格的结构

表格是由行和列组成的二维表，每行又由一个或多个单元格组成，用于放置数据或其他内容。表格中的单元格是行与列的交叉部分，它是组成表格的最基本单元。单元格的内容是数据，因此也称数据单元格。数据单元格可以包含文本、图片、列表、文字段落、表单、水平线或内嵌的表格等元素。表格中的内容按照相应的行或列进行分类和显示，如图 2-26 所示。

微课：表格的基本语法

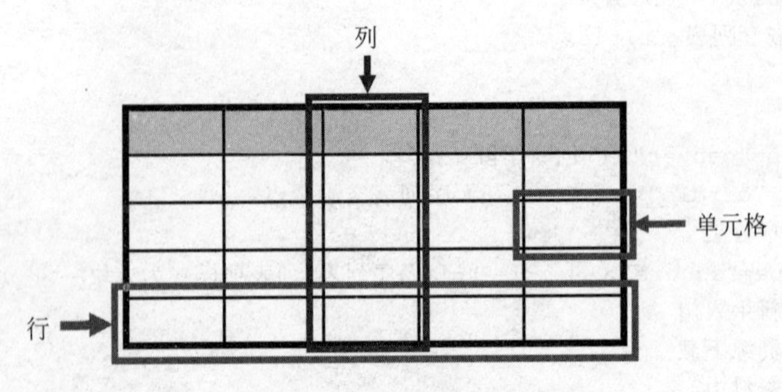

图 2-26 表格的基本结构

2.7.2 表格的基本语法

在 HTML 语法中，表格主要通过< table >、< tr >和< td > 3 个标签构成。表格的标签为< table >，行的标签为< tr >，表项的标签为< td >。表格的语法格式为

```
<table border="n" width="x|x%" height="y|y%" cellspacing="i" cellpadding="j">
  <caption align="left|right|top|bottom valign=top|bottom>标题</caption>
  <tr> <th>表头 1</th> <th>表头 2</th> <th>... </th> <th>表头 n</th></tr>
  <tr> <th>表头</td> <td>表项 1</td> <td>... </td> <td>表项 n-1</td></tr>
    ...
  <tr> <th>表头</td> <td>表项 1</td> <td>... </td> <td>表项 n-1</td></tr>
</table>
```

在上面的语法中，< caption >标签必须紧随< table >标签之后，使用< caption >标签可为每个表格指定唯一的标题。一般情况下，标题会出现在表格的上方，< caption >标签的 align 属性可以用来定义表格标题的对齐方式，但不建议使用 align 属性，可以用 CSS 样式来设置标题的对齐方式和显示位置。

表格是按行建立的，在每一行中填入该行每一列的表项数据。也就是说，表格的每行是由若干表项组成的，每行的表项数量可以不一样。表格的第一行、第一列都可以作为表头，文字样式为居中、加粗显示，通过< th >标签实现。

在浏览器中显示时，< th >标签的文字按粗体显示，< td >标签的文字按正常字体显示。

表格的整体外观由< table >标签的属性决定，下面将详细讲解如何设置表格的属性。

2.7.3 表格的属性

表格是网页布局中的重要元素，它有丰富的属性，可以对其进行设置达到美化表格的目的。表格的常用属性有对齐方式、背景颜色、边框、高度、宽度等，见表 2-6。

表 2-6 表格的常用属性

属性	取 值	描 述
border	像素	设置表格边框的宽度
width	像素或百分比	设置表格的宽度
height	像素或百分比	设置表格的高度
cellpadding	像素或百分比	设置单元格与其内容之间的距离
cellspacing	像素或百分比	设置单元格之间的距离
align	left、center、right	设置表格相对周围元素的对齐方式
rules	none、groups、rows、cols、all	设置表格中的表格线显示方式，默认是 all
frame	void、above、below、hsides、vsides、lhs、rhs、box、border	设置表格的外部边框的显示方式

1. 设置表格的边框

微课：表格的边框、大小、间距

使用< table >标签的 border 属性可以为表格添加边框并设置边框宽度及颜色。表格的边框按照数据单元将表格分割成单元格，边框的宽度以像素为单位，默认情况下表格边框为 0。

2. 设置表格的大小

如果需要表格在网页中占用适当的空间，可以通过 width 和 height 属性指定像素值来设置表格的宽度和高度，也可以通过表格宽度占浏览器窗口的百分比来设置表格的大小。

width 属性和 height 属性不但可以设置表格的大小，还可以设置表格单元格的大小。为表格单元设置 width 属性或 height，将影响整行或整列单元的大小。

3. 设置表格背景图像

表格背景图像可以是 GIF、JPEG 或 PNG 三种图像格式。设置 background 属性，可以设定表格背景图像。

同样，可以使用 bgcolor 属性和 background 属性为表格中的单元格添加背景颜色或背景图像。需要注意的是，为表格添加背景颜色或背景图像时，应该使表格中的文本数据颜色与表格的背景颜色或背景图像形成足够的反差，否则，不容易分辨表格中的文本数据。

4. 设置表格单元格填充与单元格间距

(1) 单元格填充。单元格填充是指单元格中的内容与单元格边框的距离，使用 cellpadding 属性可以调整单元格中的内容与单元格边框的距离。

(2) 单元格间距。使用 cellspacing 属性可以调整表格的单元格和单元格之间的间距，使表格布局不会显得过于紧凑，如图 2-27 所示。

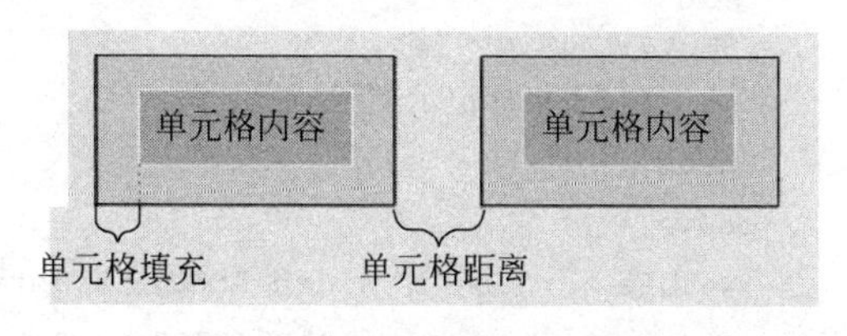

图 2-27 单元格填充与间距

5. 设置表格在网页中的对齐方式

使用 align 属性设置表格在网页中的对齐方式，在默认情况下表格的对齐方式为左对齐，格式为

```
<table align="left|center|right">
```

表格在网页中的位置有 3 种：居左、居中和居右。当表格位于页面的左侧或右侧时，文本填充在另一侧；当表格居中时，表格两边没有文本；当 align 属性省略时，文本在表格的下面。

6. 表格数据的对齐方式

(1) 行数据水平对齐。使用 align 可以设置表格中数据的水平对齐方式，如果在< tr >标签中使用 align 属性，将影响整行数据单元的水平对齐方式。align 属性的值可以是 left、center、right，默认值为 left。

(2) 单元格数据水平对齐。如果在某个单元格的< td >标签中使用 align 属性，那么 align 属性只影响该单元格数据的水平对齐方式。

(3) 行数据垂直对齐。如果在< tr >标签中使用 valign 属性，那么 valign 属性将影响整行数据单元的垂直对齐方式，这里的 valign 值可以是 top、middle、bottom、baseline，默认值是 middle。

【例 2-21】 制作成绩统计表。本例文件 2-22. html 在浏览器中显示的效果如图 2-28 所示。

表格标记示例

file:///D:/前端开发技术/ch2/2-18-table-1.html

成绩表

姓名	HTML基础	JavaScript程序设计	前端设计与开发	总分
王重阳	96	85	85	267
欧阳锋	78	65	73	216
黄药师	83	89	84	256
洪七公	88	75	66	229
一灯大师	90	80	77	247
平均分	87	78.8	77.2	243

图 2-28 成绩统计表

代码如下：

```
<!doctype html>
<html>
  <head>
    <meta charset="utf-8">
    <title>表格标记示例</title>
  </head>
  <body>
    <table border="1" width="600" height="240"  border="3" bordercolor="#cccccc"
align="center" bgcolor="#F0E68C">
      <caption align="center">成绩表</caption>
      <tr bgcolor="#8FBC8B"><th>姓名</th><td>HTML 基础</td><td>JavaScript 程序设计
</td> <td>前端设计与开发</td><td>总分</td></tr>
      <tr><th>王重阳</th><td>96</td><td>85</td><td>85</td><td>267</td></tr>
```

```
        <tr><th>欧阳锋</th><td>78</td><td>65</td><td>73</td><td>216</td></tr>
        <tr><th>黄药师</th><td>83</td><td>89</td><td>84</td><td>256</td></tr>
        <tr><th>洪七公</th><td>88</td><td>75</td><td>66</td><td>229</td></tr>
        <tr><th>一灯大师</th><td>90</td><td>80</td><td>77</td><td>247</td></tr>
        <tr bgcolor="#C0C0C0"><th>平均分</th><td>87</td><td>78.8</td><td>77.2</td>
<td> 243</td></tr>
      </table>
    </body>
  </html>
```

说明：

① <th>标签用于定义表格的表头，一般是表格的第1行、第1列数据(也可以单独将一行或一列作为表头)，以粗体、居中的方式显示。

② 在IE浏览器中，表格和单元格的背景色必须使用颜色的英文单词或十六进制代码，而不能使用颜色的十六进制缩写形式。例如，上面代码中的 bordercolor="#cccccc"不能缩写为 bordercolor="#ccc"。否则，边框颜色将显示为黑色。

2.7.4 不规则表格

微课：不规则表格和表格数据的分组

colspan 和 rowspan 属性用于建立不规则表格。所谓不规则表格是单元格的个数不等于行乘以列的数值，也就是单元格在行和列中的分布是不平均的。表格在实际应用中经常使用不规范表格，需要把多个单元格合并为一个单元格，也就是要用到表格的跨行、跨列等功能。

1. 跨行

跨行是指单元格在垂直方向上合并，语法如下：

```
<table>
  <tr>
    <td rowspan="所跨的行数">单元格内容</td>
  </tr>
</table>
```

其中，rowspan 指明该单元格应有多少行的跨度，在 th 和 td 标签中使用。

2. 跨列

跨列是指单元格在水平方向上合并，语法如下：

```
<table>
  <tr>
    <td colspan="所跨的列数">单元格内容</td>
  </tr>
</table>
```

其中，colspan 指明该单元格应有多少列的跨度，在<th>和<td>标签中使用。

3. 跨行跨列

【例 2-22】 制作一个跨行跨列展示的产品销量表格。本例文件 2-23.html 在浏览器中显示的效果如图 2-29 所示。

代码如下：

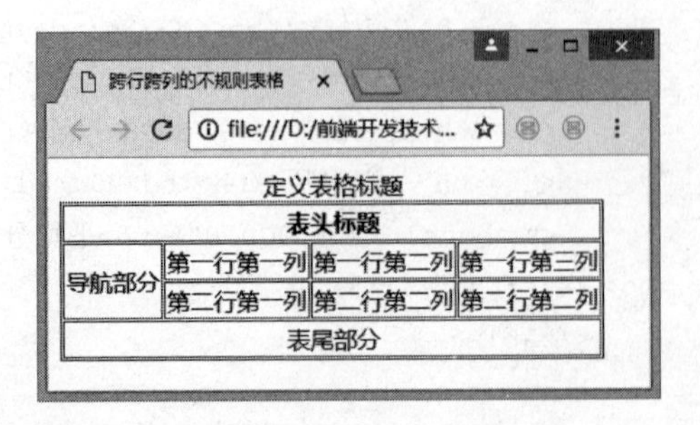

图 2-29　跨行跨列的表格效果

```
<!doctype html>
<html>
  <head>
    <meta charset="gb2312">
     <title>跨行跨列的不规则表格</title>
  </head>
  <body>
    <table border="1" cellpadding="1" cellspacing="1">
      <caption>定义表格标题</caption>
      <tr><th colspan="4">表头标题 </th></tr>          <!--设置单元格水平跨 4 列-->
      <tr>
        <td rowspan="2">导航部分</td><td>第一行第一列</td><td>第一行第二列</td><td>第一行第三列</td>          <!--设置单元格垂直跨 2 行-->
      </tr>
      <tr>
        <td>第二行第一列</td><td>第二行第二列</td><td>第二行第二列</td>
      </tr>
      <tr>
        <td colspan="4" align="center">表尾部分</td> <!--设置单元格水平跨 4 列-->
      </tr>
    </table>
  </body>
</html>
</table>
```

说明：表格跨行跨列以后，并不改变表格的特点。表格中同行的内容总高度一致，同列的内容总宽度一致，各单元格的宽度或高度互相影响，结构相对稳定，不足之处是不能灵活地进行布局控制。

2.7.5　表格数据的分组

表格数据的分组标签包括< thead >、< tbody >和< tfoot >，用于对报表数据进行逻辑分组，主要用于结构相对比较复杂的表格。其中，< thead >标签定义表格的头部，即页眉；< tbody >标签定义表格主体，即报表详细的数据描述；< tfoot >标签定义表格的脚部，即页脚，也就是对各分组数据进行汇总的部分。

如果使用< thead >、< tbody >和< tfoot >元素，就必须全部使用。它们出现的顺序是：< thead >、< tbody >、< tfoot >，必须在< table >内部使用这些标签，< thead >内部应拥有< tr >标签。

【例 2-23】　在例 2-22 的基础上对成绩统计表进行改造，加入分组标签。本例文件 2-24. html 的浏览效果如图 2-30 所示。

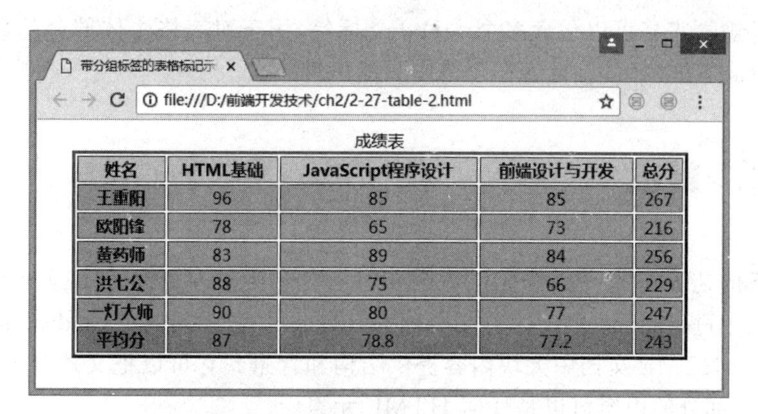

姓名	HTML基础	JavaScript程序设计	前端设计与开发	总分
王重阳	96	85	85	267
欧阳锋	78	65	73	216
黄药师	83	89	84	256
洪七公	88	75	66	229
一灯大师	90	80	77	247
平均分	87	78.8	77.2	243

图 2-30 带分组标签的表格效果

代码如下：

```
<!doctype html>
<html>
  <head>
    <meta charset="utf-8">
    <title>带分组标签的表格标记示例</title>
  </head>
  <body>
    <table border="3" width="600" align="center" >
                                          <!--设置表格宽度为 600px,边框为 3px-->
      <caption>成绩表</caption>           <!--设置表格的标题-->
      <thead bgcolor="#F0E68C">           <!--设置报表的页眉-->
        <tr>
          <th>姓名</th><th>HTML 基础</th><th>JavaScript 程序设计</th> <th>前端设计
与开发</th> <th>总分</th>
        </tr>
      </thead>                            <!--页眉结束-->
      <tbody bgcolor="#C0C0C0" align="center">    <!--设置报表的数据主体-->
        <tr><th>王重阳</th><td>96</td><td>85</td><td>85</td><td>267</td></tr>
        <tr><th>欧阳锋</th><td>78</td><td>65</td><td>73</td><td>216</td></tr>
        <tr><th>黄药师</th><td>83</td><td>89</td><td>84</td><td>256</td></tr>
        <tr><th>洪七公</th><td>88</td><td>75</td><td>66</td><td>229</td></tr>
        <tr><th>一灯大师</th><td>90</td><td>80</td><td>77</td><td>247</td></tr>
      </tbody>                            <!--数据主体结束-->
      <tfoot bgcolor="#8FBC8B" align="center">  <!--设置报表的数据页脚-->
        <tr><th>平均分</th><td>87</td><td>78.8</td><td>77.2</td><td>243</td></tr>
      </tfoot>                            <!--页脚结束-->
    </table>
  </body>
</html>
```

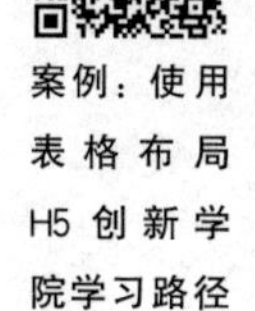

案例：使用表格布局H5创新学院学习路径页面

说明：从示例中可以看到，在默认情况下，这些元素不会影响到表格的布局和外观。分组标签的作用一方面便于对复杂结构的表格进行内容布局和管理，另一方面方便使用 CSS

改变表格的外观。表格可以包含多个<tbody>标签,用于对表格主体部分的数据进行横向分组;而<thead>和<tfoot>标签在表格中只能出现一次。

2.8 <div>标签

前面讲解的几类标签一般用于组织小区块的内容,为了方便管理,许多小区块还需要放到一个大区块中进行布局。Div 的英文全称为 division,意为"分区"。<div>标签是一个块级元素,用来为 HTML 文档中大块内容提供结构和背景。它可以把文档分割为独立的、不同的部分,每个部分的内容可以是任何 HTML 元素。

微课:div 标签和 span 标签

如果有多个<div>标签把文档分成多个部分,可以使用 id 或 class 属性来区分不同的<div>。由于<div>标签只用于设置网页内容和结构,没有明显的外观和布局效果,所以需要为其添加 CSS 样式属性,才能看到区块的外观和布局,这种方式叫作 Div+CSS。<div>标签的格式为

```
<div align="left|center|right"> HTML 元素 </div>
```

2.9 <span>标签

<div>标签主要用来定义网页上的区域,通常用于较大范围的设置,而<span>标签被用来组合文档中的行级元素。

2.9.1 基本语法

<span>标签用来定义文档中一行的一部分,是行级元素。行级元素没有固定的宽度,根据<span>元素的内容决定。<span>元素的内容通常主要是文本,其语法格式为

```
<span>内容</span>
```

例如,标题区域特意将标题行的部分文字设置为绿色显示,以吸引浏览者的注意,如图 2-31 所示,代码如下:

```
<h1>HTML5 认证优惠<span style="color:
#00B4A6;">免费考试</span></h1>
```

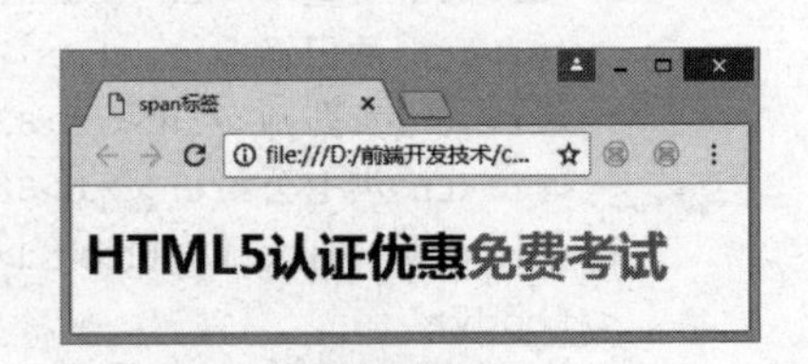

图 2-31 范围标签<span>

其中,<span>... </span>标签限定页面中某个范围的局部信息,style="color:#00B4A6;"用于为范围添加突出显示的样式(绿色)。

2.9.2 <span>标签与<div>标签的区别

<span>与<div>标签在网页上使用时,都可以用来产生区域范围,以定义不同的文字段落,且区域间彼此是独立的。不过,两者在使用上还存在一些差异。

（1）区域内是否换行。< div >标签区域内的对象与区域外的上下文会自动换行，而< span >标签区域内的对象与区域外的对象不会自动换行。

（2）标签相互包含。< div >与< span >标签区域可以同时在网页上使用，一般在使用上建议用< div >标签包含< span >标签；但< span >标签最好不包含< div >标签，否则会造成< span >标签的区域不完整，形成断行的现象。

2.9.3　使用< div >标签和< span >标签布局网页内容

本节通过一个综合的案例讲解如何使用< div >标签和< span >标签布局网页内容，包括文本、水平线、列表、图像和链接等常见的网页元素。

【例 2-24】　使用< div >标签和< span >标签布局网页内容。通过为< div >标签添加"style"样式设置分区的宽度、高度及背景色区块的外观效果。本例文件 2-25.html 在浏览器中显示的效果如图 2-32 所示。

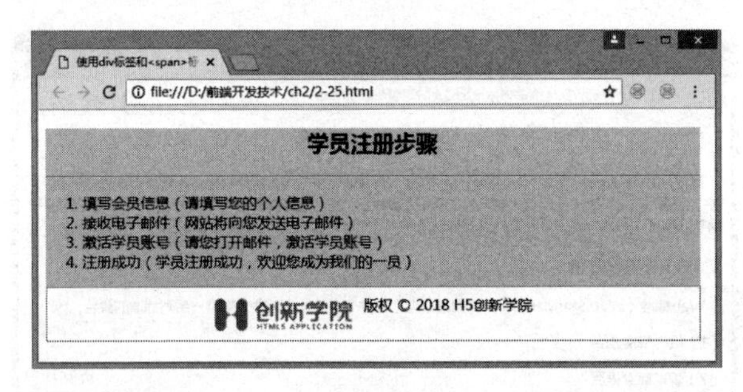

图 2-32　使用< div >标签和< span >标签布局网页内容

代码如下：

```
<!doctype html>
<html>
  <head>
    <meta charset="gb2312">
    <title>使用 div 标签和 span 标签布局网页内容</title>
  </head>
  <body>
    <div style="width:720px; height:170px; background:#ddd">
    <h2 align="center">学员注册步骤</h2>
    <hr/>
    <ol type="1">          <!--列表样式为数字-->
      <li>填写会员信息(请填写您的个人信息)
      <li>接收电子邮件(网站将向您发送电子邮件)
      <li>激活学员账号(请您打开邮件,激活学员账号)
      <li>注册成功(学员注册成功,欢迎您成为我们的一员)
    </ol>
    </div>
    <div align="center" style="width:718px;height:57px;border:1px solid #f96">
      <span><img src="images/H5 logo.png" align="middle"/>    版权
&copy; 2018 H5 创新学院</span>
    </div>
  </body>
</html>
```

案例：制作H5创新学院认证计划页面

说明：

① 本例中设置了两个Div分区：内容分区和版权分区。

② 内容分区<div>标签的样式为style="width:720px; height:170px; background:#ddd"，表示分区的宽度为720px，高度为170px及背景色为浅灰色。

③ 版权分区<div>标签的样式为style="width:718px;height:57px;border:1px solid #f96"，表示分区的宽度为718px，高度为57px，边框为1px橘红色实线。

④ 版权分区中的<span>标签中组织的内容包括图像、文本两种行级元素。

习题2

1. 使用段落与文字的基本排版技术制作如图2-33所示的页面。

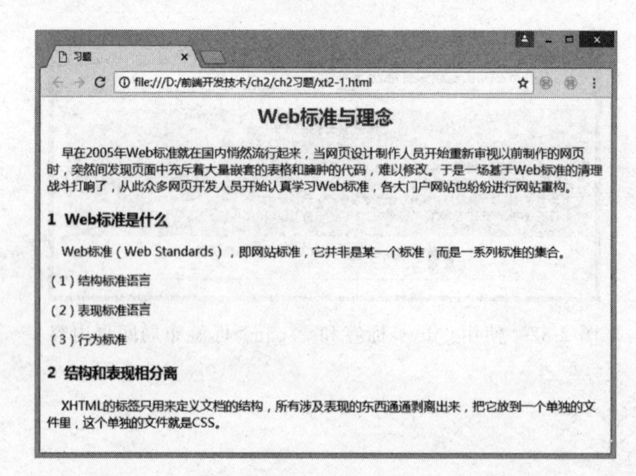

图2-33 题1图

2. 使用嵌套列表制作如图2-34所示的商城支付向导页面。

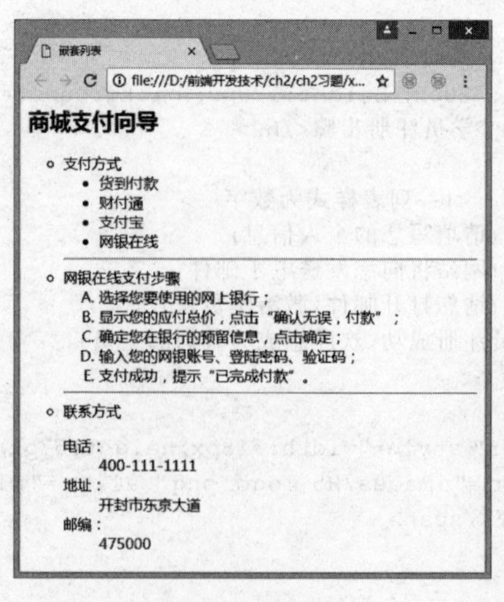

图2-34 题2图

3. 使用锚点链接和电子邮件链接制作如图 2-35 所示的网页。

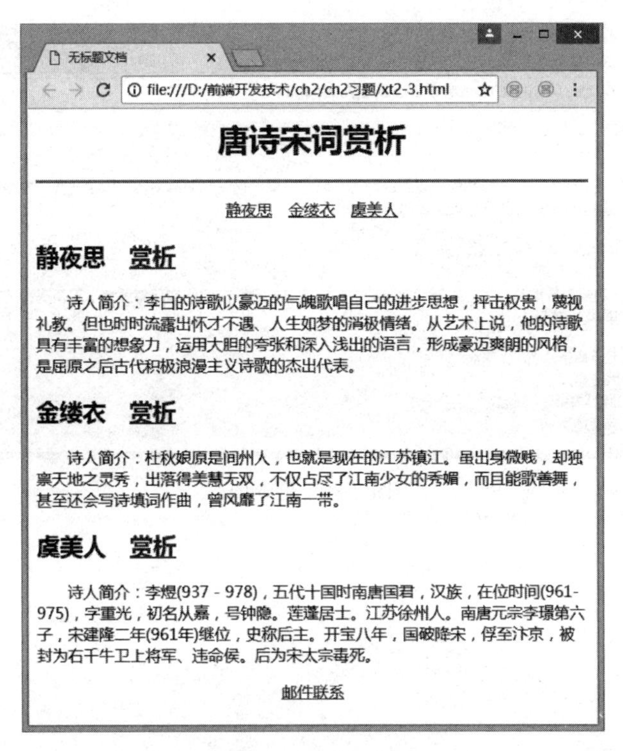

图 2-35　题 3 图

4. 使用图文混排技术制作如图 2-36 所示的商城简介页面。

图 2-36　题 4 图

5. 使用< div >标签组织段落、列表等网页内容制作项目简介页面，如图 2-37 所示。

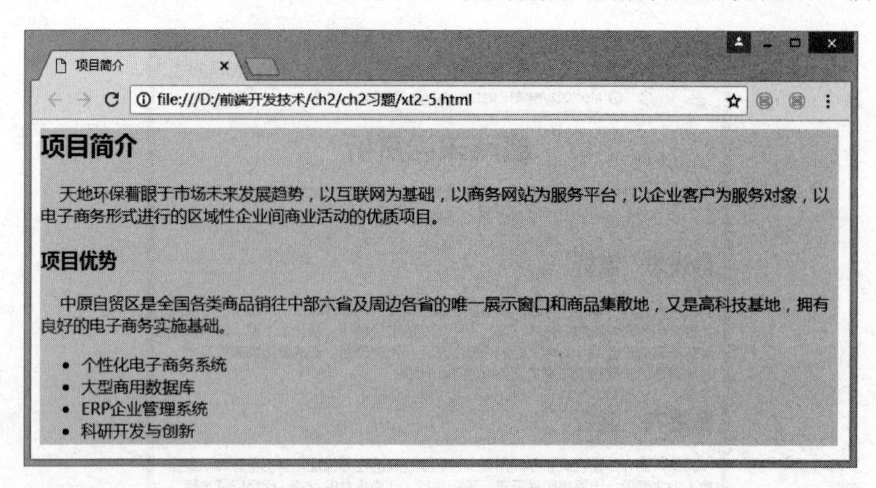

图 2-37　题 5 图

第3章

页面的布局与交互

前面章节讲解了网页的基本排版方法，学习者可以在此基础上制作出一些简单页面，但这些页面并未涉及元素的布局与页面交互。一个具有良好布局与交互的网页，才能美化页面的显示效果，并且更好地实现浏览者与网站管理者之间的信息交流。本章将重点讲解使用 HTML 标签布局页面及实现页面交互的方法，如图 3-1 所示。

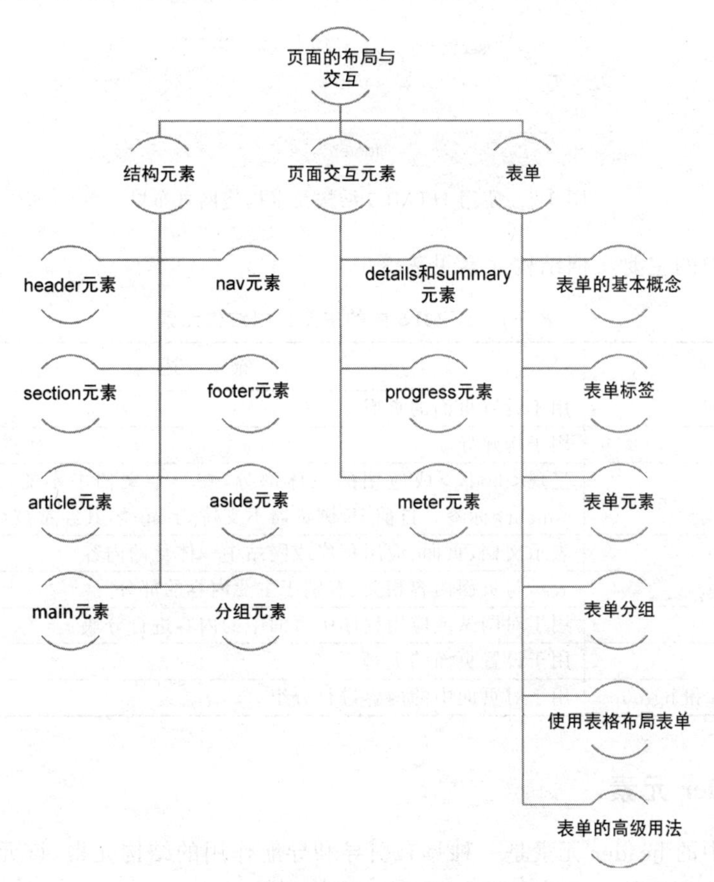

图 3-1　页面布局与交互学习导图

3.1 结构元素

HTML5 可以使用结构元素构建网页布局，使 Web 设计和开发变得更加容易，并且对数据挖掘服务更加友好。HTML5 提供了各种切割和划分页面的手段，允许用户创建的切割组件不仅能用来有逻辑地组织站点页面布局，而且能够赋予网站聚合的能力。HTML5 可以称为“信息到网站设计的映射方法”，因为它体现了信息映射的本质，划分信息更加有逻辑，并给信息加上标签，使其变得容易使用和理解。

在 HTML5 中，为了使文档的结构更加清晰明确，使用了文档结构元素构建网页布局。其典型布局如图 3-2 所示。

微课：使用结构元素构建网页布局

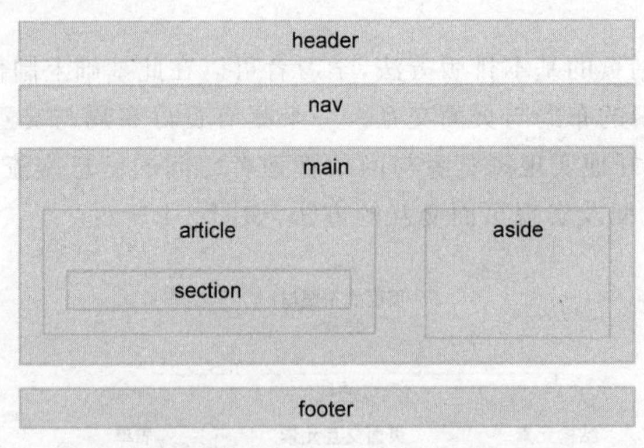

图 3-2 使用 HTML5 结构元素构建网页布局

HTML5 中的主要文档结构元素见表 3-1。

表 3-1 HTML5 中的主要文档结构元素

元素	描述
header	用于设置页面的页眉
nav	用于构建导航
main	呈现< body >或应用的主体部分，在一个文档中不能出现一个以上的< main >标签。目前 IE 浏览器不支持< main >，其经常被< div >代替
article	表示文档、页面、应用程序或网站中一体化的内容
aside	表示与页面内容相关、有别于主要内容的部分
section	用于对网站或应用程序中页面中的内容进行分块
footer	用于设置页面的页脚
figure、figcaption 和 hgroup	用于对页面中的内容进行分组

3.1.1 header 元素

HTML5 中的 header 元素是一种具有引导和导航作用的结构元素，该元素可以包含所有通常放在页面头部的内容。其基本语法格式为

```
<header>
```

```
  <h1>网页主题</h1>
...
</header>
```

例如，下面的代码定义了文档的欢迎信息。

```
<header>
  <h1>欢迎光临 H5 创新学院主页</h1>
  <p>编程是一种信仰!</p>
</header>
```

3.1.2　nav 元素

nav 元素用于定义导航链接，是 HTML5 新增的元素，该元素可以将具有导航性质的链接归纳在一个区域中，使页面元素的语义更加明确。例如，下面的代码定义了导航条中常见的首页、上一页和下一页链接。

```
<nav>
  <a href="index.html">首页</a>
  <a href="prev.html">上一页</a>
  <a href="next.html">下一页</a>
</nav>
```

3.1.3　section 元素

section 元素用于对网站或应用程序中页面上的内容进行分块，一个 section 元素通常由内容和标题组成。在使用 section 元素时，需要注意以下 3 点。

(1) 不要将 section 元素用作设置样式的页面容器，那是 div 的特性。section 元素并非一个普通的容器元素，当一个容器需要被直接定义样式或通过脚本定义行为时，推荐使用 div。

(2) 如果 article 元素、aside 元素或 nav 元素更符合使用条件，那么建议不要使用 section 元素。

(3) 没有标题的内容区块不要使用 section 元素定义。

例如，下面的代码定义了文档中的区段，解释了 HTML 的含义。

```
<section>
  <h1>HTML</h1>
  <p>Hypertext Markup Language,超文本标记语言</p>
</section>
```

3.1.4　footer 元素

footer 元素用来定义 section 或 document 的页脚，通常该标签包含网站的版权、创作者的姓名、文档的创作日期及联系信息。例如，下面的代码定义了网站的版权信息。

```
<footer>
  <p>Copyright &copy; 2018 H5 创新学院 版权所有</p>
</footer>
```

3.1.5 article 元素

article 元素用来定义独立的区块内容，该标签定义的内容可独立于页面中的其他内容使用。article 元素经常用在论坛帖子、新闻文章、博客条目和用户评论等应用中。

section 元素可以包含 article 元素，article 元素也可以包含 section 元素。section 元素用来对类似的信息进行分组，而 article 元素则用来放置诸如一篇文章或是博客一类的相对独立的信息，这些内容可在不影响整体内容的情况下被删除或是被放置到新的上下文中。article 元素正如它的名称所暗示的那样，提供了一个完整的、相对独立的信息包。相比之下，section 元素包含的是有关联的信息，但这些信息自身不能被放置到不同的上下文中，否则其代表的含义就会丢失。

除了内容部分，一个 article 元素通常有自己的标题（一般放在 header 标签中），有时还有自己的脚注。

【例 3-1】 使用 article 元素定义新闻内容。本例文件 3-1.html 在浏览器中的显示效果如图 3-3 所示。

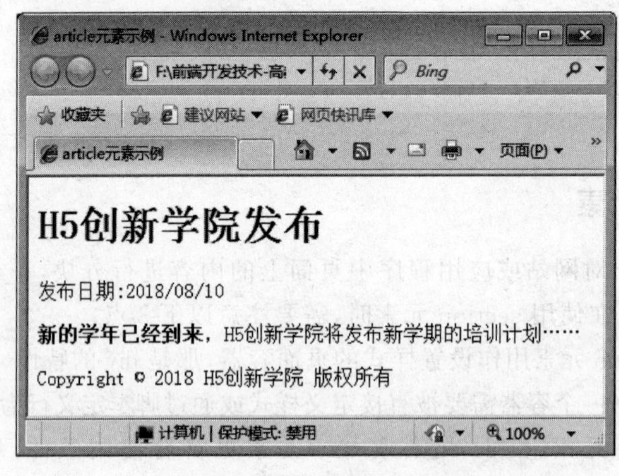

图 3-3 例 3-1 页面显示效果

代码如下：

```
<!doctype html>
<html>
  <head>
    <meta charset="gb2312">
    <title> article 元素示例</title>
  </head>
  <body>
    <article>
     <header>
       <h1>H5 创新学院发布</h1>
       <p>发布日期:2018/08/10</p>
     </header>
     <p><b>新的学年已经到来</b>,H5 创新学院将发布新学期的培训计划……</p>
     <footer>
```

```
        <p>Copyright &copy; 2018 H5 创新学院 版权所有</p>
      </footer>
    </article>
  </body>
</html>
```

说明：这个示例讲述的是使用 article 元素定义新闻的方法。在 header 元素中嵌入了新闻的标题部分，标题“H5 创新学院发布”被嵌入<h1>标签中，新闻的发布日期被嵌入<p>标签中；在标题部分下面的<p>标签中，嵌入了新闻的正文；在结尾处的 footer 元素中嵌入了新闻的版权作为脚注。整个示例的内容相对比较独立、完整，因此对这部分内容使用了 article 元素。

article 元素是可以嵌套使用的，内层的内容在原则上需要与外层的内容相关联。例如，针对该新闻的评论就可以使用嵌套 article 元素的方法实现；用来呈现评论的 article 元素被包含在表示整体内容的 article 元素中。

【例 3-2】 使用嵌套的 article 元素定义新闻内容及评论。本例文件 3-2.html 在浏览器中的显示效果如图 3-4 所示。

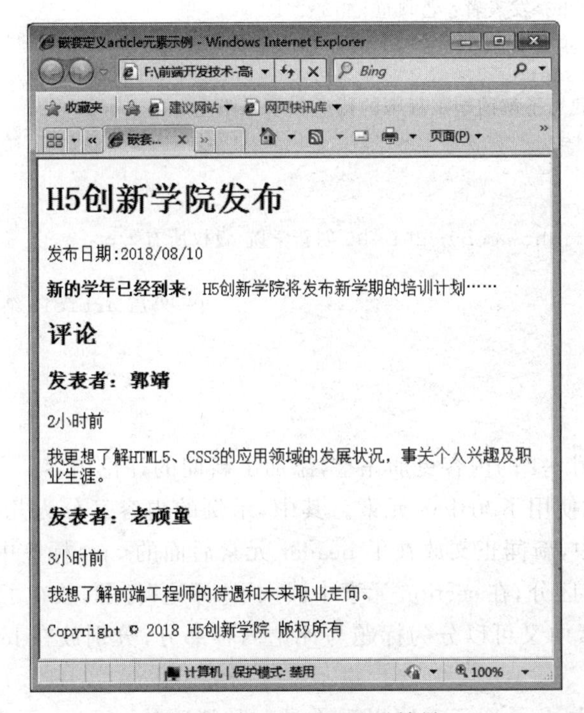

图 3-4 例 3-2 页面显示效果

代码如下：

```
<!doctype html>
<html>
  <head>
    <meta charset="gb2312">
    <title> 嵌套定义 article 元素示例</title>
  </head>
```

```
<body>
  <article>                                         <!--外层 article-->
    <header>
      <h1>H5 创新学院发布</h1>
      <p>发布日期:2018/08/10</p>
    </header>
    <p><b>新的学年已经到来</b>,H5 创新学院将发布新学期的培训计划……</p>
    <section>
      <h2>评论</h2>
      <article>                                     <!--内层 article-->
        <header>
          <h3>发表者：郭靖</h3>
          <p>2 小时前</p>
        </header>
        <p>我更想了解 HTML5、CSS3 的应用领域的发展状况,事关个人兴趣及职业生涯。</p>
      </article>
      <article>
        <header>
          <h3>发表者：老顽童</h3>
          <p>3 小时前</p>
        </header>
        <p>我想了解前端工程师的待遇和未来职业走向。</p>
      </article>                                    <!--内层 article 结束-->
    </section>
    <footer>
      <p>Copyright &copy; 2018 H5 创新学院 版权所有</p>
    </footer>
  </article>                                        <!--外层 article 结束-->
</body>
</html>
```

说明：

① 这个示例比例 3-1 的内容更加完整,添加了新闻的评论内容。示例的整体内容是比较独立、完整的,因此使用了 article 元素。其中,示例的内容又分为几个部分,新闻的标题放在了 header 元素中,新闻正文放在了 header 元素后面的< p >标签中。section 元素把评论部分与正文进行了区分,在 section 元素中嵌入了"评论"标题,放在了< h2 >标签中。在每条评论的 article 元素中又可以分为标题与评论内容部分,分别放在 header 元素和< p >标签中。

② 在 HTML5 中,article 元素可以看作是一种特殊的 section 元素,它比 section 元素更强调独立性,即 section 元素强调分段或分块,而 article 元素强调独立性。具体来说,如果一块内容相对来说比较独立、完整的时候,应该使用 article 元素；但是如果用户需要将一块内容分成几段的时候,应该使用 section 元素。另外要强调的是,用户不要对没有标题的内容区块使用 section 元素。

3.1.6 aside 元素

aside 元素用来表示当前页面或新闻的附属信息部分,它可以包含与当前页面或主要内容相关的引用、侧边栏、广告、导航条，以及其他类似的、有别于主要内容的部分。

aside 元素的用法主要分为以下两种：

① 被包含在 article 元素内作为主要内容的附属信息部分；

② 在 article 元素之外使用，作为页面或站点全局的附属信息部分。

【例 3-3】 使用 aside 元素定义了网页的侧边栏信息。本例文件 3-3. html 在浏览器中的显示效果如图 3-5 所示。

图 3-5 例 3-3 页面显示效果

代码如下：

```
<!doctype html>
<html>
  <head>
    <meta charset="gb2312">
    <title> 侧边栏示例</title>
  </head>
  <body>
    <aside>
      <nav>
        <h2>评论</h2>
        <ul>
            <li><a href="#">郭靖</a> 09-03 14:25</li>
            <li><a href="#">老顽童</a> 09-02 23:48<br/>
              <a href="#">顶，拜读一下老兄的文章</a>
            </li>
            <li><a href="#">H5 创新学院博客</a> 09-02 08:50<br/>
              <a href="#">恭喜！您已经成功开通了博客</a>
            </li>
        </ul>
      </nav>
    </aside>
  </body>
</html>
```

说明：本例为一个典型的博客网站中的侧边栏部分，因此放在了 aside 元素中；该侧边栏又包含起导航作用的链接，因此放在 nav 元素中；侧边栏的标题是“评论”，放在了< h2 >标签中；在标题之后使用了一个无序列表< ul >标签，用来存放具体的导航链接。

3.1.7 分组元素

分组元素用于对页面中的内容进行分组。HTML5 中包含 3 个分组元素，分别是 figure 元素、figcaption 元素和 hgroup 元素。

1. figure 和 figcaption 元素

微课：figure 元素和 figcaption 元素

figure 元素用于定义独立的流内容（图像、图表、照片、代码等），一般指一个单独的单元。figure 元素的内容应该与主内容相关，但如果被删除，也不会对文档流产生影响。figcaption 元素的含义是 figure caption，用于为 figure 元素组添加标题。一个 figure 元素内最多允许使用一个 figcaption 元素，该元素应该放在 figure 元素的第一个或者最后一个子元素的位置。

【例 3-4】 使用 figure 元素和 figcaption 元素分组页面内容。本例文件 3-4. html 在浏览器中的显示效果如图 3-6 所示。

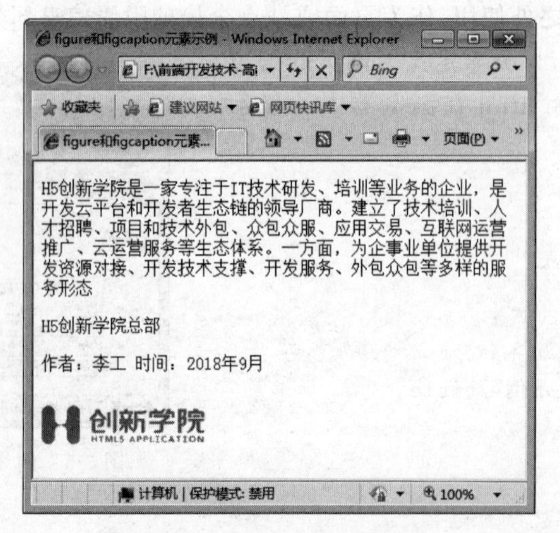

图 3-6　例 3-4 页面显示效果

代码如下：

```
<!doctype html>
<html>
  <head>
    <meta charset="gb2312">
    <title> figure 和 figcaption 元素示例</title>
  </head>
  <body>
    <p>H5 创新学院是一家专注于 IT 技术研发、培训等业务的企业，……(此处省略文字) </p>
      <figure>
  <figcaption>H5 创新学院总部</figcaption>
  <p>作者：李工 时间：2018 年 9 月</p>
  <img src="images/H5 创新学院 logo.png">
      </figure>
  </body>
</html>
```

说明：figcaption 元素用于定义文章的标题。

2. hgroup 元素

hgroup 元素用于将多个标题(主标题和副标题或者子标题)组成一个标题组，经常与 h1～h6 标题元素组合使用。通常将 hgroup 元素放在 header 元素中。

在使用 hgroup 元素时要注意以下几点：

① 如果只有一个标题元素不建议使用 hgroup 元素；

② 当出现一个或者一个以上的标题与元素时，推荐使用 hgroup 元素作为标题元素；

③ 当一个标题包含副标题、section 或者 article 元素时，建议将 hgroup 元素和标题相关元素存放到 header 元素容器中。

【例 3-5】 使用 hgroup 元素分组页面内容。本例文件 3-5. html 在浏览器中的显示效果如图 3-7 所示。

代码如下:

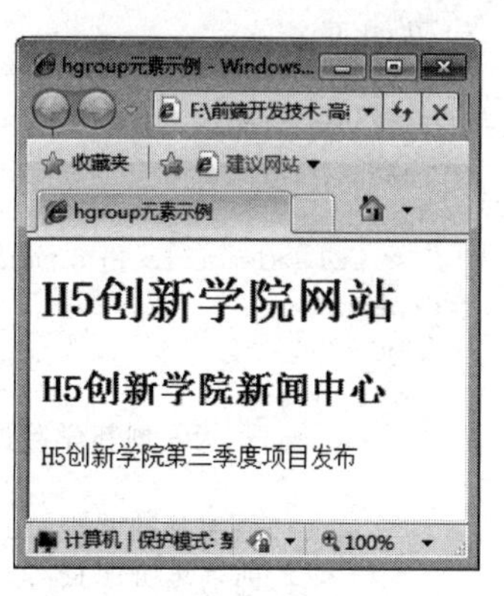

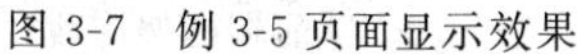
图 3-7 例 3-5 页面显示效果

案例:制作 H5 创新学院项目发布页面

```
<!doctype html>
<html>
  <head>
    <meta charset="gb2312">
    <title>hgroup 元素示例</title>
  </head>
  <body>
    <header>
  <hgroup>
    <h1>H5 创新学院网站</h1>
    <h2>H5 创新学院新闻中心</h2>
  </hgroup>
  <p>H5 创新学院第三季度项目发布</p>
    </header>
  </body>
</html>
```

3.2 页面交互元素

对于网站应用来说,在用户体验方面表现最为突出的就是客户端与服务器端的交互。HTML5 增加了交互体验元素,本节将详细讲解这些元素。

3.2.1 details 和 summary 元素

微课:details 元素和 summary 元素

details 元素用于描述文档或文档某个部分的细节。summary 元素经常与 details 元素配合使用,作为 details 元素的第一个子元素,用于为 details 定义标题。标题是可见的,当用户单击标题时,会显示或隐藏 details 中的其他内容。

【例 3-6】 使用 details 元素和 summary 元素描述文档。标题的折叠效果如图 3-8 所示,单击标题的展开效果如图 3-9 所示。

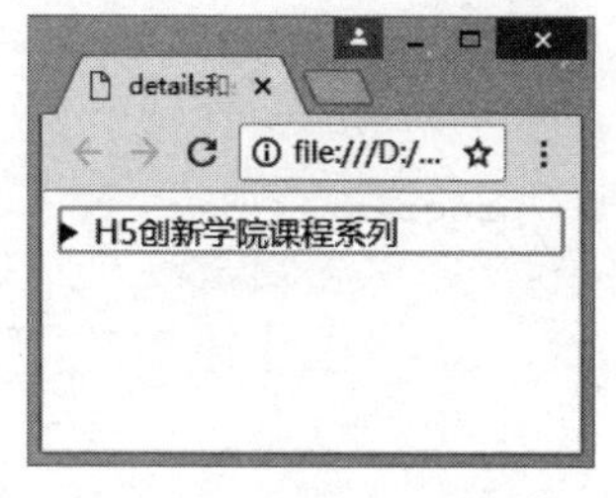

图 3-8 标题的折叠效果

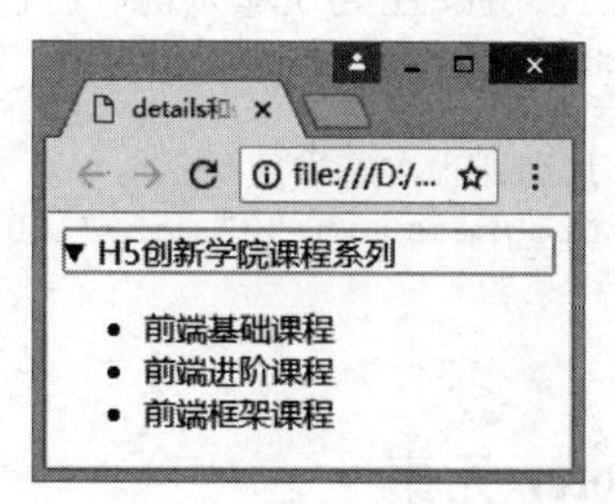

图 3-9 标题的展开效果

代码如下：

```
<!doctype html>
<html>
  <head>
    <title>details 和 summary 元素示例</title>
  </head>
  <body>
    <details>
      <summary>H5 创新学院课程系列</summary>
      <ul>
        <li>前端基础课程</li>
        <li>前端进阶课程</li>
        <li>前端框架课程</li>
      </ul>
    </details>
  </body>
</html>
```

3.2.2 progress 元素

progress 元素用于表示一个任务的完成进度。这个进度的全程可以是不确定的，只是表示进度正在进行，但是不清楚还有多少工作量没有完成。

progress 元素的常用属性值有两个，具体如下。

① value：已经完成的工作量。

② max：总共有多少工作量。

其中，value 和 max 属性的值必须大于 0，且 value 的值要小于或等于 max 属性的值。

【例 3-7】 使用 progress 元素显示工程项目开发进度。本例文件 3-7.html 在浏览器中的显示效果如图 3-10 所示。

图 3-10 例 3-7 页面显示效果

代码如下：

微课：progress 元素和 meter 元素

```
<!doctype html>
<html>
  <head>
    <meta charset="gb2312">
    <title>progress 元素示例</title>
  </head>
  <body>
    <h2>培训课程实施进度</h2>
    <p><progress min="0" max="100" value="80"></progress></p>
  </body>
</html>
```

3.2.3 meter 元素

meter 元素用于表示指定范围内的数值。例如，显示硬盘容量或者某个候选人的投票人数占投票总人数的比例等，都可以使用 meter 元素完成。meter 元素的常用属性见表 3-2。

表 3-2 meter 元素的常用属性

属性	描 述
high	规定度量的上限值。如果该属性值小于 low 属性的值,那么把 low 属性的值视为 high 属性的值;同样如果该属性的值大于 max 属性的值,那么把 max 属性的值视为 high 的值
low	规定度量的下限值,必须小于或者等于 high 的值
max	定义最大值。如果定义时该属性值小于 min,那么把 min 属性的值视为最大值。默认值是 1
min	定义最小值,默认值是 0
optimum	定义什么样的度量值是最佳的值。如果该值高于 high 属性,则意味着值越高越好。如果该值低于 low 属性的值,则意味着值越低越好。该属性值必须在 min 与 max 之间
value	定义度量的当前值,该属性为必须项

【例 3-8】 使用 meter 元素显示工程项目进度列表。本例文件 3-8.html 在浏览器中的显示效果如图 3-11 所示。

代码如下:

```
<!doctype html>
<html>
  <head>
    <meta charset="gb2312">
    <title>meter 元素示例</title>
  </head>
  <body>
    <h2>HTML5 认证课程进度列表</h2>
    <p>
      《HTML5》课程: <meter value="50" min="0"
max="100" low="60" high="80" title="50%" optimum="100">50</meter><br/>
      《CSS3》课程: <meter value="80" min="0" max="100" low="60" high="80" title=
"80%" optimum="100">80</meter><br/>
      《JavaScript》课程: <meter value="65" min="0" max="100" low="60" high="80"
title="65%" optimum="100">65</meter><br/>
    </p>
  </body>
</html>
```

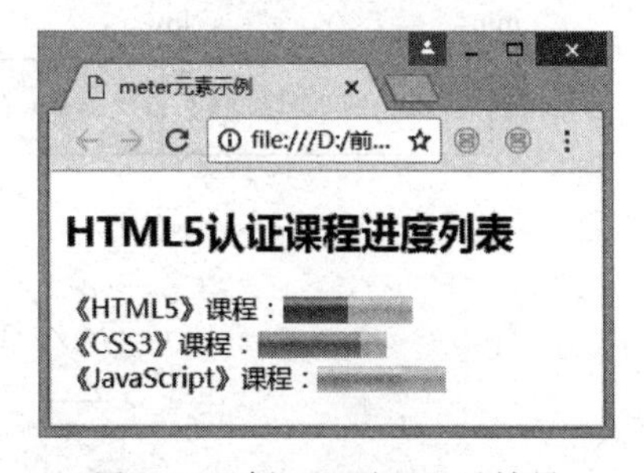

图 3-11 例 3-8 页面显示效果

说明:要想改变 meter 中的颜色,需要用到 6 个值:min、max、low、high、value 和 optimum。其中前 4 个值会把整个进度划分成 3 个区间,如图 3-12 所示。最佳值 optimum 和 value 的不同决定了显示的颜色的不同。当 value 和 optimum 值在一个区间时,meter 呈现绿色,如图 3-13(a)所示;当 value 和 optimum 值错开一个区间时,meter 呈现黄色,如图 3-13(b)所示;当 value 和 optimum 值错开两个区间时,meter 呈现红色,如图 3-13(c)所示。总体思路是,min、max 决定了 meter 的边界,low 和 high 决定了报警区的界限。没选用 optimum 时,value 低于 low 或高于 high 都会报警为黄色;选用 optimum 时,optimum 在 low 或 high 的某一侧,代表鼓励越低越好或越高越好;value 超出另一侧的报警区,就会报警为红色。

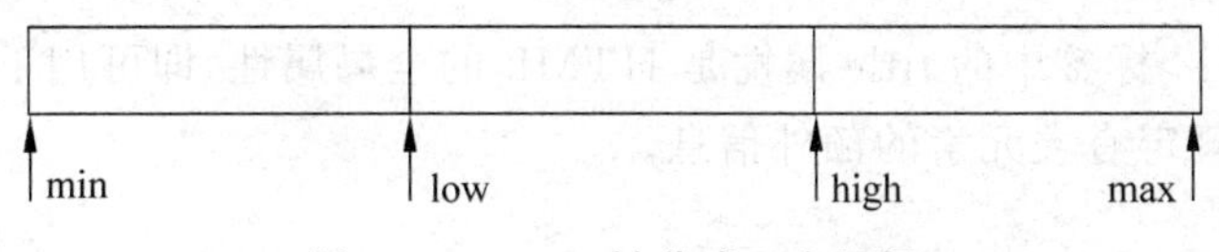

图 3-12 meter 被分成 3 个区间

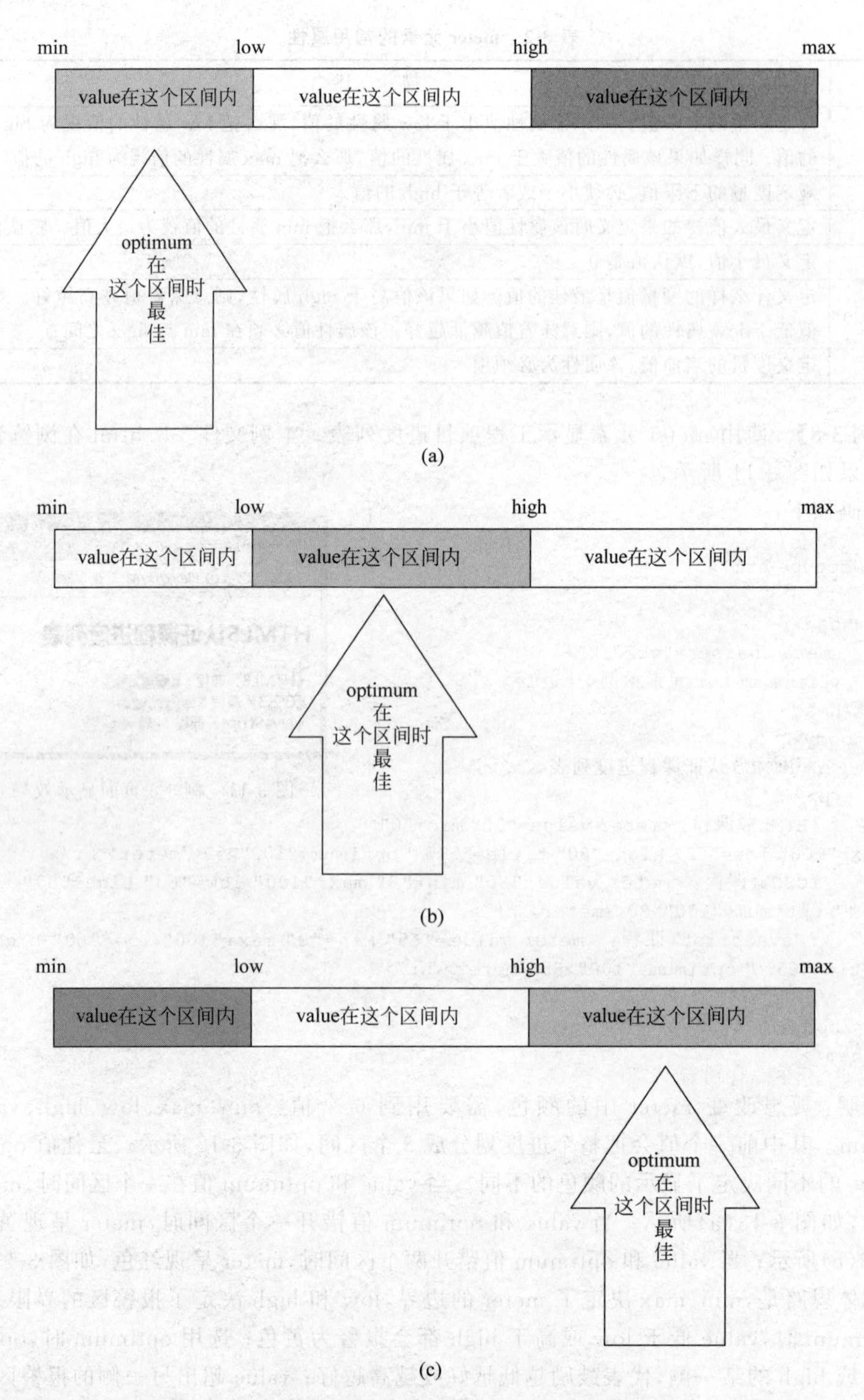

图 3-13 彩图

图 3-13 optimum 和 value 的不同对 meter 颜色的影响

示例中< meter >标签中的 title 属性是 HTML 的全局属性，即可用于任何 HTML 元素的属性，其作用是规定有关元素的额外信息。

3.3 表单

表单是网页中最常用的元素，是网站服务器端与客户端之间沟通的桥梁。表单在网上随处可见，可用于登录页面输入账号、客户留言、搜索产品等。图 3-14 所示为留言板表单。

3.3.1 表单的基本概念

表单被广泛应用于各种信息的搜集与反馈中。一个完整的交互表单由两部分组成：一是客户端包含的表单页面，用于填写访问者进行交互的信息；另一个是服务端的应用程序，用于处理访问者提交的信息。当访问者在 Web 浏览器中显示的表单中输入信息后，单击"提交"按钮，这些信息将被发送给服务器，服务器端应用程序对这些信息进行处理，并将结果发送给访问者。表单的工作原理如图 3-15 所示。

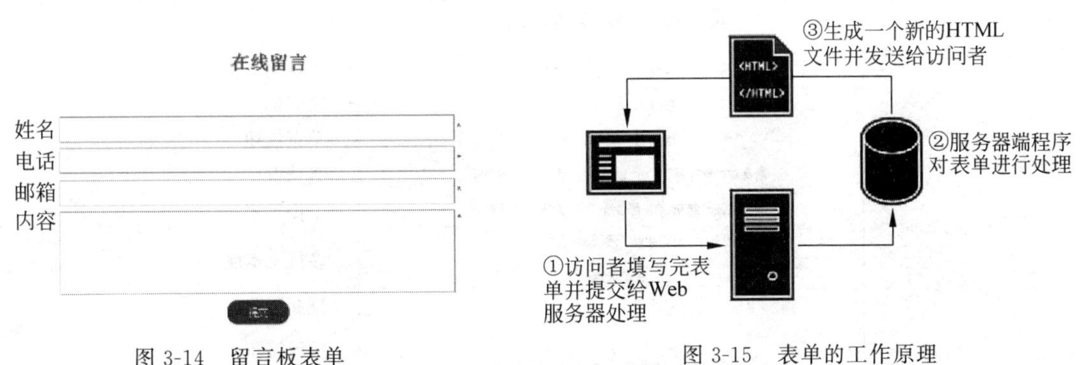

图 3-14　留言板表单　　　　图 3-15　表单的工作原理

3.3.2 表单标签

微课：表单的基本概念和表单标签

网页上由具有可输入表项及项目选择等控件所组成的栏目称为表单。< form >标签用于创建供用户输入的 HTML 表单，< form >标签是成对出现的，在开始标签< form >和结束标签</form >之间的部分就是一个表单的内容。

在一个 HTML 页面中允许有多个表单，表单的基本语法及格式为

```
<form name="表单名" action="URL" method="get|post">
    …
</form>
```

< form >标签主要用于表单结果的处理和传送，常用属性的含义如下。

① name 属性：表单的名字，在一个网页中用于唯一识别一个表单。

② action 属性：表单处理的方式，往往是 E-mail 地址或网址。

③ method 属性：表单数据的传送方向，是获得(GET)表单还是送出(POST)表单。

3.3.3 表单元素

表单是一个容器,可以存放各种表单元素,如按钮、文本域等。表单中通常包含一个或多个表单元素,常见的表单元素见表 3-3。

表 3-3 常见的表单元素

表单元素	功 能
input	该标签用来定义用户可输入数据的输入字段
keygen	该标签用于表单的密钥对生成器字段
object	该标签用来定义一个嵌入的对象
output	该标签用来定义不同类型的输出,比如脚本的输出
select	该标签用来定义下拉列表/菜单
textarea	该标签用来定义一个多行的文本输入区域

例如,常见的网上问卷调查表单,其中包含的表单元素如图 3-16 所示。

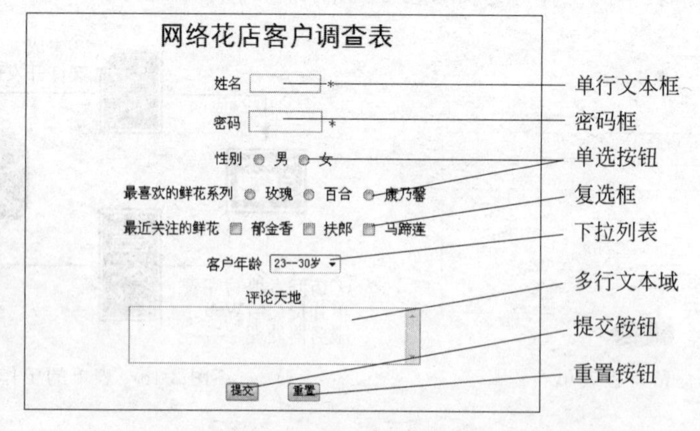

图 3-16 常见的表单元素

1. <input>元素

<input>元素用来定义用户输入数据的输入字段,根据不同的 type 属性,输入字段可以是文本字段、密码字段、复选框、单选按钮、按钮、隐藏域、电子邮件、日期时间、数值、范围、图像、文件等。<input>元素的基本语法及格式为

```
<input type="表项类型" name="表项名" value="默认值" size="x" maxlength="y" />
```

<input>元素常用属性的含义如下。

(1) type 属性:指定要加入表单项目的类型(text、password、checkbox、radio、button、hidden、email、date pickers、number、range、image、file、submit 或 reset 等)。

(2) name 属性:该表项的控制名,主要在处理表单时起作用。

(3) size 属性:输入字段中的可见字符数。

(4) maxlength 属性:允许输入的最大字符数目。

(5) checked 属性:当页面加载时是否预先选择该 input 元素(适用于 type="checkbox"或 type="radio")。

(6) step 属性：输入字段的合法数字间隔。

(7) max 属性：输入字段的最大值。

(8) min 属性：输入字段的最小值。

(9) required 属性：设置必须输入字段的值。

(10) pattern 属性：输入字段的值的模式或格式。

(11) readonly 属性：设置字段的值是否为只读。

(12) placeholder 属性：设置用户填写输入字段的提示。

(13) autofocus 属性：设置输入字段在页面加载时是否获得焦点(不适用于 type="hidden")。

(14) disabled 属性：当页面加载时是否禁用该 input 元素(不适用于 type="hidden")。

<input>元素的输入字段如下。

(1) 文字和密码的输入。使用<input>元素的 type 属性，可以在表单中加入表项，并控制表项的风格。如果 type 属性值为 text，则输入的文本以标准的字符显示；如果 type 属性值为 password，则输入的每个字符显示为符号“*”。在表项前应加入表项的名称，如“您的姓名”等，以告诉访问者在随后的表项中应该输入的内容。文本框和密码框的格式为

```
<input type="text" name="文本框名">
<input type="password" name="密码框名">
```

(2) 重置和提交。表单按钮用于控制网页中的表单。表单按钮有 4 种类型，即提交按钮、重置按钮、普通按钮和图片按钮。使用提交按钮(submit)可以将填写在文本域中的内容发送到服务器；使用重置按钮(reset)可以将表单输入框的内容恢复为初始值；使用普通按钮(button)可以制作一个用于触发事件的按钮；使用图片按钮(image)可以制作一个带有图片的美观按钮。4 种按钮的格式为

```
<input type="submit" value="按钮名">
<input type="reset" value="按钮名">
<input type="button" value="按钮名">
<input type="image" src="图片来源">
```

(3) 复选框和单选钮。在页面中有些地方需要列出几个项目，让访问者通过选择钮进行选择。选择钮可以是复选框(checkbox)或单选钮(radio)。用<input>元素的 type 属性可设置选择钮的类型；value 属性可设置该选择钮的控制初值，用以告诉表单设计者选择的结果；用 checked 属性表示是否为默认选中项；name 属性是控制名，同一组的选择钮的控制名是一样的。复选框和单选钮的格式为

```
<input type="checkbox" name="复选框名" value="提交值" checked="checked">
<input type="radio" name="单选钮名" value="提交值" checked="checked">
```

(4) 电子邮件输入框。当用户需要通过表单提交电子邮件信息时，可以将<input>元素的 type 属性设置为 email 类型，即可设计用于包含 email 地址的输入框。当用户提交表单时，会自动验证输入 email 值的合法性，格式为

```
<input type="email" name="电子邮件输入框名">
```

(5) 日期时间选择器。HTML5 提供了日期时间选择器 date pickers，其拥有多个可供选取日期和时间的新型输入文本框，类型如下。

① date：选取日、月、年。

② month：选取月、年。

③ week：选取周和年。

④ time：选取时间(小时和分钟)

⑤ datetime：选取时间日、月、年(UTC 世界标准时间)。

⑥ datetime-local：选取时间日、月、年(本地时间)。

日期时间选择器的语法格式为

```
<input type="选择器类型" name="选择器名">
```

(6) URL 输入框。当用户需要通过表单提交网站的 URL 地址时，可以将< input >元素的 type 属性设置为 url 类型，即可设计用于包含 URL 地址的输入框。当用户提交表单时，会自动验证输入 url 值的合法性，格式为

```
<input type="url" name="url 输入框名"
```

(7) 数值输入框。当用户需要通过表单提交数值型数据时，可以将< input >元素的 type 属性设置为 number 类型，即可设计用于包含数值型数据的输入框。当用户提交表单时，会自动验证输入数值型数据值的合法性，格式为

```
<input type="number" name="数值输入框名">
```

(8) 范围滑动条。当用户需要通过表单提交一定范围内的数值型数据时，可以将< input >元素的 type 属性设置为 range 类型，即可设计用于设置输入数值范围的滑动条。当用户提交表单时，会自动验证输入数值范围的合法性，格式为

```
<input type="range" name="范围滑动条名">
```

另外，用户在使用数值输入框和范围滑动条时可以配合使用 max(最大值)、min(最小值)、step(数字间隔)和 value(默认值)属性对数值进行一系列限定。

2. 选择栏< select >

当浏览者选择的项目较多时，如果使用选择钮来选择，会占据页面的较大空间，这时可以用< select >标签和< option >标签来设置选择栏。选择栏可分为弹出式和字段式两种。

1) < select >标签

微课：选择栏 select 和多行文本域 textarea

< select >标签的格式为

```
<select size="x" name="控制操作名" multiple>
  <option... > ... </option>
  <option... > ... </option>
  ...
</select>
```

< select >标签各个属性的含义如下。

(1) size：可选项，用于改变下拉框的大小。size 属性的值是数字，表示显示在列表中选项的数目，当 size 属性的值小于列表框中的列表项数目时，浏览器会为该下拉框添加滚动条，用户可以使用滚动条来查看所有的选项，size 默认值为 1。

(2) name：选择栏的名称。

(3) multiple：如果选择该属性，表示允许用户从列表中选择多项。

2) <option>标签

<option>标签的格式为

```
<option value="可选择的内容" selected ="selected">... </option>
```

<option>标签各个属性的含义如下。

(1) selected：用来指定选项的初始状态，表示该选项在初始时已经被选中。

(2) value：用于设置当某一选项被选中并提交后，浏览器传送给服务器的数据。

选择栏有两种形式：字段式选择栏和弹出式选择栏。字段式选择栏与弹出式选择栏的主要区别在于，前者在<select>中的 size 属性值取大于 1 的值，此值表示在选择栏中不拖动滚动条可以显示的选项的数目。

例如，制作"客户年龄"问卷调查的下拉菜单，页面加载时菜单显示的默认选项为"23--30 岁"，用户可以单击菜单下拉箭头选择其余的选项，浏览效果如图 3-17 所示。

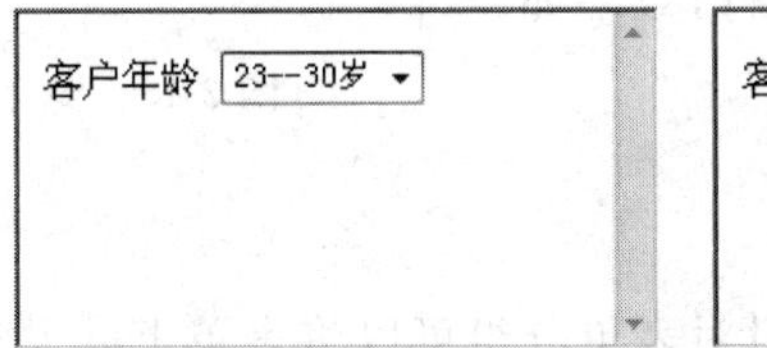

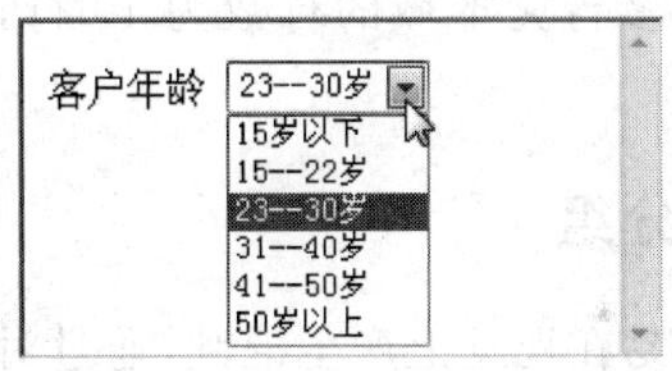

图 3-17　页面浏览效果

代码片段如下：

```
<form>
  客户年龄
  <select name="age">      <!--没有设置 size 值，一次可显示的列表项数默认值为 1。-->
    <option value="15 岁以下">15 岁以下</option>
    <option value="15--22 岁">15--22 岁</option>
    <option value="23--30 岁" selected="selected">23--30 岁</option>
                           <!--默认选中该项-->
    <option value="31--40 岁">31--40 岁</option>
    <option value="41--50 岁">41--50 岁</option>
    <option value="50 岁以上">50 岁以上</option>
  </select>
</form>
```

在上面的示例代码中，菜单中的选项"23--30 岁"设置了 selected="selected"属性值，因此，页面加载时显示的默认选项为"23--30 岁"。

3. 多行文本域< textarea >...</textarea >

在意见反馈栏中往往需要访问者发表意见和建议，且提供的输入区域一般较大，可以输入较多的文字。使用< textarea >标签可以定义高度超过一行的文本输入框，< textarea >标签是成对标签，开始标签< textarea >和结束标签</textarea >之间的内容就是显示在文本输入框中的初始信息，格式为

```
<textarea name="文本域名" rows="行数" cols="列数">
  初始文本内容
</textarea>
```

其中的行数和列数是指不拖动滚动条就可看到的区域。

例如，以下输入"评论天地"多行文本域内容的代码如下：

案例：制作H5创新学院学员注册表单

```
<form>
  <p>评论天地</p>
  <textarea name="about" cols="40" rows="10">
    请您发表评论……
  </textarea>
</form>
```

其中，cols＝"40"表示多行文本域的列数为 40 列，rows＝"10"表示多行文本域的行数为 10 行，效果如图 3-18 所示。

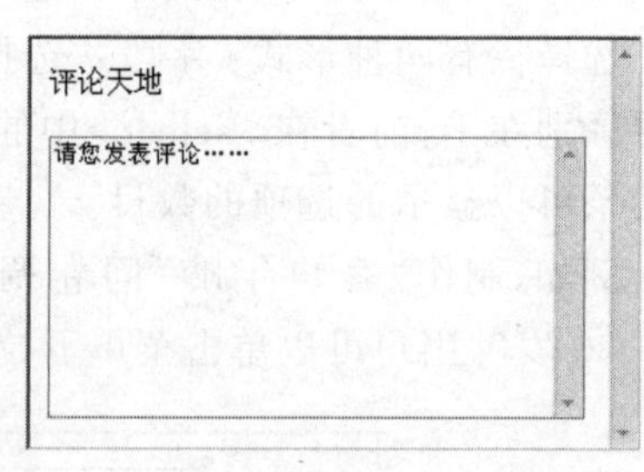

图 3-18　多行文本域

3.3.4 表单分组

大型表单容易在视觉上产生混乱，通过对表单分组可以将表单上的元素在形式上进行组合，达到一目了然的效果。常见的分组标签有< fieldset >标签和< legend >标签，格式为

```
<form>
  <fieldset>
    <legend>分组标题</legend>
    表单元素...
  </fieldset>
  ...
</form>
```

其中，< fieldset >标签可以看作表单的一个子容器，将所包含的内容以边框环绕的方式显示，< legend >标签则是用于为< fieldset >边框添加相关的标题。

【例 3-9】 表单分组示例。本例文件 3-9. html 在浏览器中显示的效果如图 3-19 所示。代码如下：

```
<!doctype html>
<html>
  <head>
    <meta charset="gb2312">
    <title>表单分组</title>
  </head>
```

```
  <body>
    <form>
      <fieldset>
        <legend>请选择个人爱好</legend>
          <input type="checkbox" name="like"
value="音乐">音乐
          <input type="checkbox" name="like"
value="上网" checked>上网
          <input type="checkbox" name="like"
value="足球">足球
          <input type="checkbox" name="like"
value="下棋">下棋
      </fieldset>
      <br/>
      <fieldset>
        <legend>请选择个人选修课程</legend>
          <input type="checkbox" name="choice" value="computer"/>计算机 <br/>
          <input type="checkbox" name="choice" value="math"/>数学 <br/>
          <input type="checkbox" name="choice" value="english"/>英语 <br/>
      </fieldset>
    </form>
  </body>
</html>
```

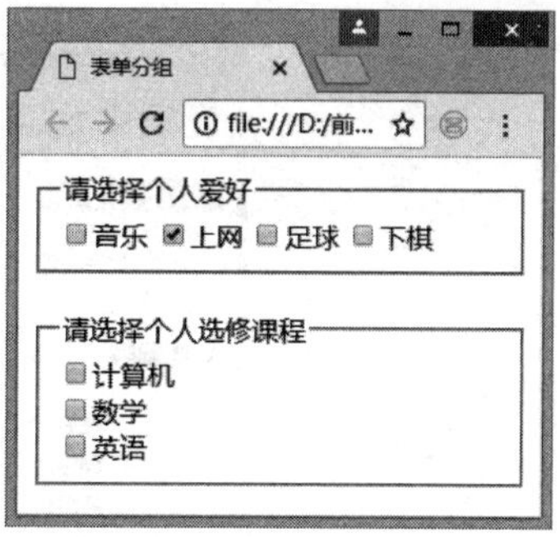

图 3-19　表单分组

3.3.5 使用表格布局表单

如果表单没有经过布局，页面内容烦琐，整体看起来就会不太美观。在实际应用中，可以采用以下两种方法布局表单：①使用表格布局表单；②使用 CSS 样式布局表单。本节主要讲解使用表格布局表单。

【例 3-10】 使用表格布局制作 H5 创新学院"联系我们"表单。表格布局示意图如图 3-20 所示，最外围的虚线表示表单，表单内部包含一个 6 行 3 列的表格。其中，第一行和最后一行使用了跨两列的设置。本例文件 3-10.html 在浏览器中显示的效果如图 3-21 所示。

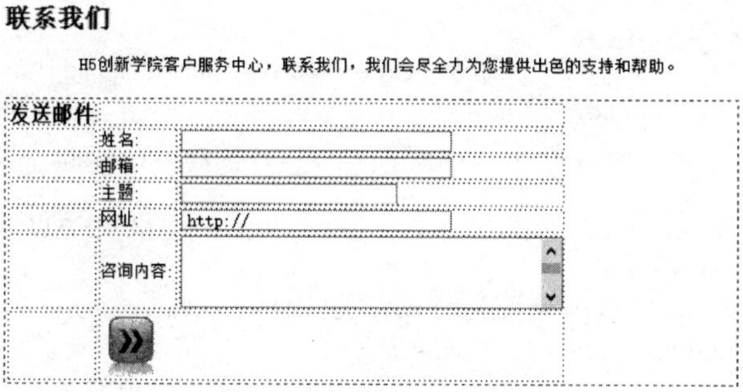

图 3-20　表格布局示意图

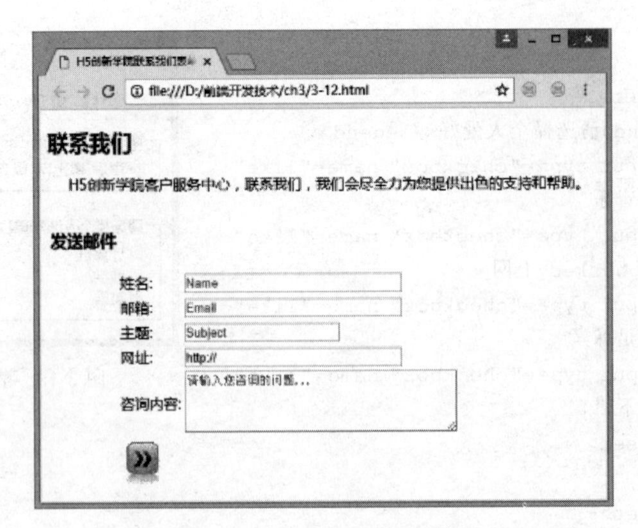

图 3-21 例 3-10 页面显示效果

代码如下：

```
<!doctype html>
<html>
  <head>
    <meta charset="gb2312">
    <title>H5 创新学院联系我们表单</title>
  </head>
  <body>
    <h2>联系我们</h2>
    <p>     H5 创新学院客户服务中心，联系我们，我们会尽全力为您提
供出色的支持和帮助。</p>
    <form>
      <table>
        <tr>
          <td><h3>发送邮件</h3></td>
          <td colspan="2"> </td>    <!--内容跨 2 列并且用"空格"填充-->
        </tr>
        <tr>
          <td> </td>                <!--内容用"空格"填充以实现布局效果-->
          <td>姓名:</td>
          <td> <input type="text" placeholder="Name" name="username" required=
"required" size="30"></td>
        </tr>
        <tr>
          <td> </td>                <!--内容用"空格"填充以实现布局效果-->
          <td>邮箱:</td>
          <td> <input type="email" placeholder="Email" name="email" required=
"required" size="30"></td>
        </tr>
        <tr>
          <td> </td>                <!--内容用"空格"填充以实现布局效果-->
          <td>主题:</td>
```

```
            <td><input type="text" placeholder="Subject" name="subject" required=
"required"></td>
          </tr>
          <tr>
            <td> </td>               <!--内容用"空格"填充以实现布局效果-->
            <td>网址:</td>
            <td> <input type="text" name="url" size="30" value="http://"></td>
          </tr>
          <tr>
            <td> </td>               <!--内容用"空格"填充以实现布局效果-->
            <td>咨询内容:</td>
            <td><textarea name="intro" placeholder="请输入您咨询的问题..." cols="40"
rows="4"  required=""></textarea></td>
          </tr>
          <tr>
            <td> </td>               <!--内容用"空格"填充以实现布局效果-->
            <!--下面的发送图片按钮跨 2 列-->
            <td colspan="2"> <input type="image" src="images/submit.gif" /></td>
          </tr>
        </table>
      </form>
    </body>
  </html>
```

3.3.6　表单的高级用法

在某些情况下,用户需要对表单元素进行限制,设置表单元素为只读或禁用,常应用于以下场景。

只读场景:网站服务器不希望用户修改的数据,这些数据只是在表单元素中显示,例如注册或交易协议、商品价格等。

禁用场景:只有满足某个条件后,才能选用某项功能。例如,只有用户同意注册协议后,"注册"按钮才允许单击。

只读和禁用效果分别通过设置 readonly 和 disabled 属性来实现。

【例 3-11】　制作 H5 创新学院服务协议页面。页面浏览后,服务协议只能阅读而不能修改,并且只有用户同意注册协议后,才允许单击"注册"按钮。本例文件 3-11.html 在浏览器中显示的效果如图 3-22 所示。

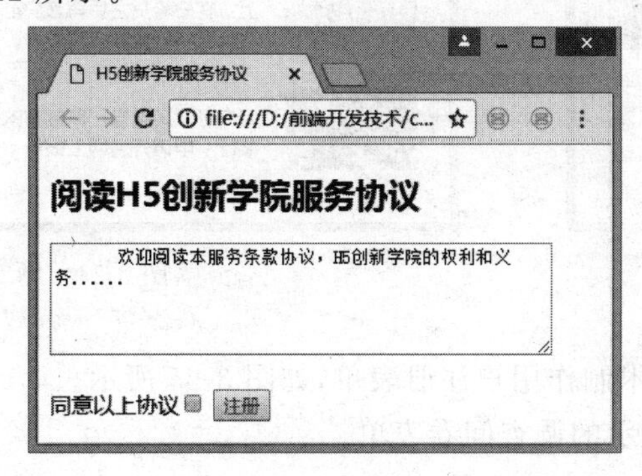

图 3-22　例 3-11 页面显示效果

代码如下：

```
<!doctype html>
<html>
  <head>
    <meta charset="gb2312">
    <title>H5创新学院服务协议</title>
  </head>
  <body>
    <h2>阅读 H5 创新学院服务协议</h2>
    <form>
      <textarea name="content" cols="50" rows="5" readonly="readonly">
      欢迎阅读本服务条款协议,H5 创新学院的权利和义务......
      </textarea><br/><br/>
      同意以上协议<input name="agree" type="checkbox"/>      <!--复选框-->
  <input name="register" type="submit" value="注册" disabled="disabled"/>
                                                            <!--提交按钮禁用-->
    </form>
  </body>
</html>
```

说明：用户单击“同意以上协议”复选框并不能真正实现使“注册”按钮有效，还须为复选框添加 JavaScript 脚本才能实现这一功能，这里只是讲解如何使表单元素只读和禁用。

习题 3

1. 使用跨行跨列的表格制作公告栏分类信息，如图 3-23 所示。
2. 使用表格布局商城支付选择页面，如图 3-24 所示。

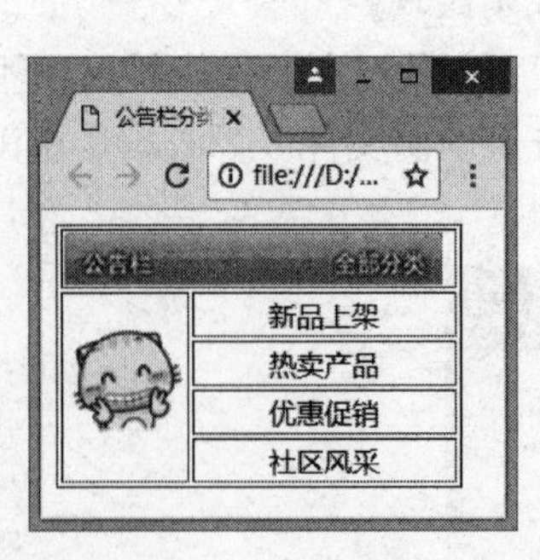

图 3-23 题 1 图

图 3-24 题 2 图

3. 使用表格布局技术制作用户注册表单，如图 3-25 所示。
4. 制作如图 3-26 所示的调查问卷表单。

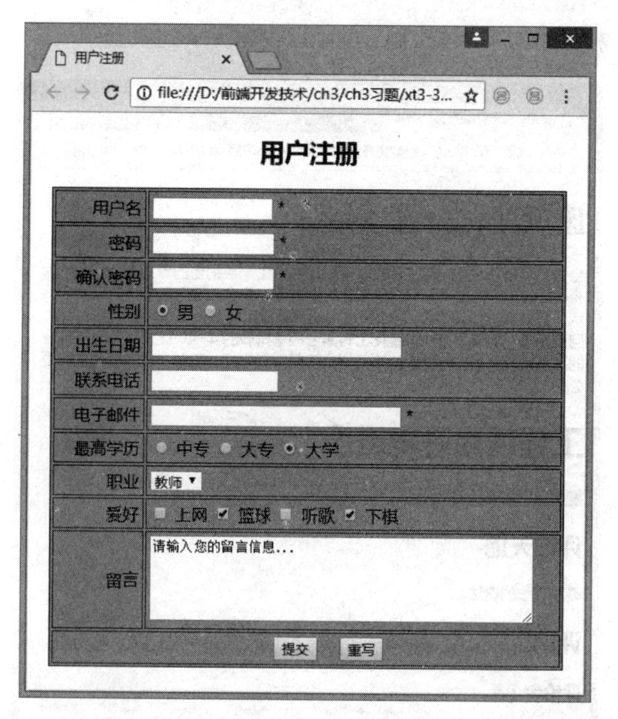

图 3-25　题 3 图

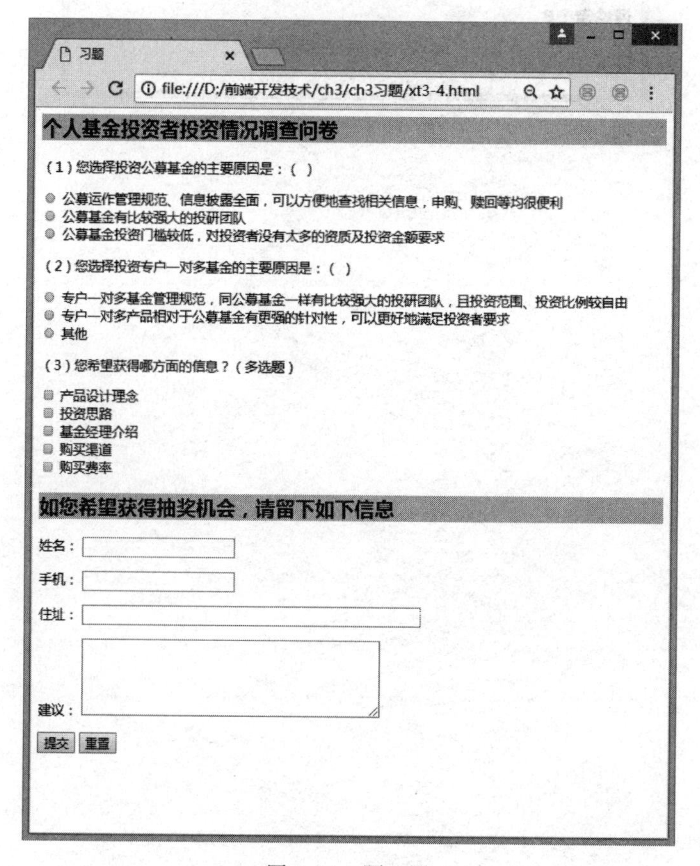

图 3-26　题 4 图

5. 使用结构元素构建网页布局，制作如图 3-27 所示的页面。

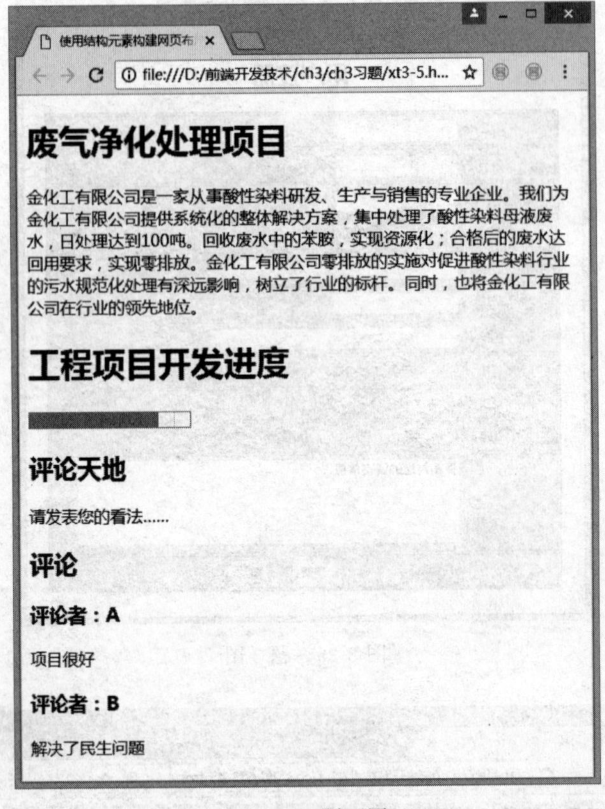

图 3-27　题 5 图

第4章 CSS3 基础

CSS 是一种格式化网页的标准方式,它扩展了 HTML 的功能,使网页设计者能够以更有效、更易维护的方式设置网页格式。CSS 功能强大,CSS 的样式设定功能比 HTML 多,几乎可以定义所有的网页元素。本章将详细讲解 CSS 的基本语法和使用方法,如图 4-1 所示。

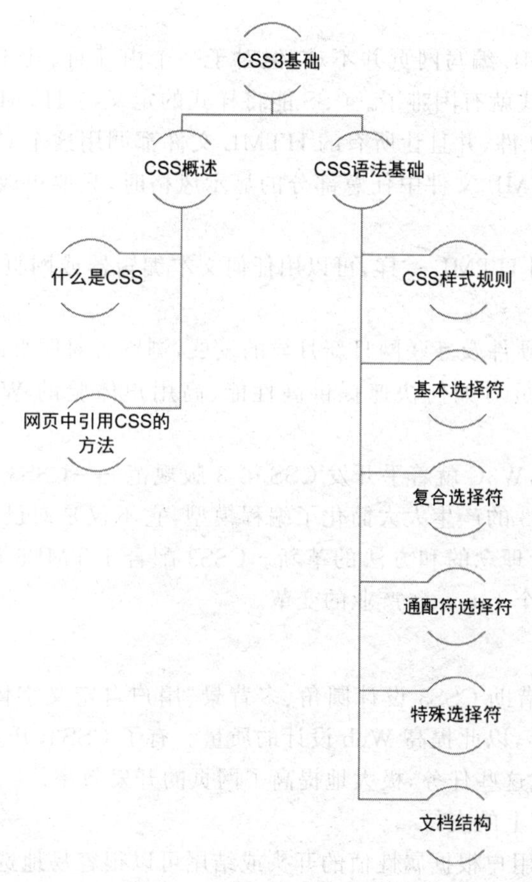

图 4-1　CSS3 基础学习导图

4.1 CSS概述

利用CSS可以做到将网页的表现与HTML的结构和内容相分离，CSS通过对页面结构的风格进行控制，进而控制整个页面的风格。也就是说，页面中显示的内容放在结构里，而修饰、美化放在表现里，做到结构（内容）与表现分开。这样，当页面需要运用不同的表现时，就可以呈现不一样的样式外观，就像人可以换穿不同的衣服。这里所说的表现就是结构的外衣，W3C推荐使用CSS来完成表现。

4.1.1 什么是CSS

CSS(cascading style sheets，层叠样式表单）简称为样式表，是用于（增强）控制网页样式，并允许将样式信息与网页内容分离的一种标记性语言。样式就是格式，在网页中，如文字的大小、颜色以及图片位置等，都是用来设置显示内容的样式的。层叠是指当在HTML文档中引用多个定义样式的样式文件（CSS文件）时，若多个样式文件所定义的样式之间发生冲突，将依据层次顺序进行处理。如果不考虑样式的优先级时，一般会遵循"最近优选原则"。

众所周知，用HTML编写网页并不难，但对于一个由几百、几千个网页组成的网站来说，统一采用相同的格式就有困难了。CSS能将样式的定义与HTML文件内容分离，只要建立定义样式的CSS文件，并且让所有的HTML文件都调用这个CSS文件所定义的样式即可。如果要改变HTML文件中任意部分的显示风格时，只要更改CSS文件的样式就可以了。

CSS的编辑方法同HTML一样，可以用任何文本编辑器或网页编辑软件，还可以用专门的CSS编辑软件。

随着计算机软件、硬件及互联网日新月异的发展，浏览者对网页的视觉和用户体验提出了更高的要求，开发人员对如何快速提供高性能、高用户体验的Web应用也提出更高的要求。

早在2001年5月，W3C就着手开发CSS第3版规范——CSS3规范，它被分为若干个相互独立的模块。CSS3的产生大大简化了编程模型，它不仅是对已有功能的扩展和延伸，而且是对Web UI设计理念的和方法的革新。CSS3配合HTML5标准，将引起一场Web应用的变革，甚至是整个Internet产业的变革。

1. CSS3的特点

Web开发者可以借助CSS3设计圆角、多背景、用户自定义字体、3D动画、渐变、盒阴影、文字阴影、透明度等，以此提高Web设计的质量。有了CSS3，开发者将不必再依赖图片或者JavaScript去完成这些任务，极大地提高了网页的开发效率。

1）CSS3在选择符上的支持

利用属性选择符，用户根据属性值的开头或结尾可以很容易地选择某个元素，利用兄弟选择符可以选择同级兄弟结点或紧邻下一个结点的元素，利用伪类选择符可以选择某一类元素，CSS3在选择符上的丰富支持让用户可以灵活控制样式。

2）CSS3 在样式上的支持

CSS3 在样式上的新增的功能如下。

(1) 开发者最期待 CSS3 的特性是“圆角”，这个功能可以给网页设计工程师省去很多时间和精力去拼凑一个圆角。

(2) CSS3 可以轻松地实现阴影、盒阴影、文本阴影、渐变等特效。

(3) CSS3 对于连续文本换行提供了一个属性 word-wrap，用户可以设置其为 normal（不换行）或 break-word（换行），解决了连续英文字符出现页面错位的问题。

(4) 使用 CSS3 还可以给边框添加背景。

3）CSS3 对于动画的支持

CSS3 支持的动画类型有 transform 变换动画、transition 过渡动画和 animation 动画。

2. CSS 的开发环境

CSS 的开发环境需要浏览器的支持。即便能够编写出漂亮的样式代码，如果浏览器不支持 CSS，它也只是一段字符串而已。

1）CSS 的显示环境

浏览器是 CSS 的显示环境。目前，浏览器的种类多种多样，虽然 IE、Opera、Chrome、Firefox 等主流浏览器都支持 CSS，但它们之间仍存在着符合标准的差异。也就是说，相同的 CSS 样式代码在不同的浏览器中可能显示的效果有所不同。在这种情况下，设计人员只有不断地测试，了解各主流浏览器的特性，才能让页面在各种浏览器中正确地显示。

2）CSS 的编辑环境

能够编辑 CSS 的软件很多，例如 Dreamweaver、Edit Plus、EmEditor 和 topStyle 等，这些软件有些还具有“可视化”功能，但本书不建议读者太依赖“可视化”。本书中所有的 CSS 样式均采用手工输入的方法，不仅能够使设计人员对 CSS 代码有更深入的了解，还可以节省很多不必要的属性声明，效率反而比“可视化”软件还要高。

3. CSS 编写规则

CSS 样式设计功能虽然很强大，但是如果设计人员管理不当，将导致样式混乱、维护困难。这里学习 CSS 编写中的一些技巧和规则，使读者在今后设计页面时尽可能做到代码可读性高、结构良好。

1）目录结构命名规则

存放 CSS 样式文件的目录一般命名为 style 或 css。

2）样式文件的命名规则

在项目初期，会把不同类别的样式放于不同的 CSS 文件，目的是方便编写和调试 CSS；在项目后期，从网站性能上的考虑会将不同 CSS 文件整合到一个 CSS 文件，这个文件一般命名为 style.css 或 css.css。

3）选择符的命名规则

所有选择符必须由小写英文字母或“_”下划线组成，必须以字母开头，不能为纯数字。设计者要用有意义的单词或缩写组合来命名选择符，做到“见其名知其意”，这样就节省了查找样式的时间。样式名必须能够表示样式的大概含义（禁止出现如 Div1、Div2、Style1 等命名），学习者可以参考表 4-1 中的样式命名。

表 4-1 样式命名参考

页面功能	命名参考	页面功能	命名参考	页面功能	命名参考
容器	wrap/container/box	头部	header	加入	joinus
导航	nav	底部	footer	注册	regsiter
滚动	scroll	页面主体	main	新闻	news
主导航	mainnav	内容	content	按钮	button
顶导航	topnav	标签页	tab	服务	service
子导航	subnav	版权	copyright	注释	note
菜单	menu	登录	login	提示信息	msg
子菜单	submenu	列表	list	标题	title
子菜单内容	subMenuContent	侧边栏	sidebar	指南	guide
标志	logo	搜索	search	下载	download
广告	banner	图标	icon	状态	status
页面中部	mainbody	表格	table	投票	vote

当定义的样式名比较复杂时,用下划线把层次分开,例如定义导航标志的选择符的 CSS 代码:

```
#nav_logo {…}
#nav_logo_ico {…}
```

4) CSS 代码注释

为代码添加注释是一种良好的编程习惯。注释可以增强 CSS 文件的可读性,使得后期维护更加便利。CSS 中的注释格式以"/*"开始,以"*/"结尾。注释可以是单行,也可以是多行,并且可以出现在 CSS 代码的任何地方。

(1) 结构性注释。结构性注释仅仅是用风格统一的大注释块从视觉上区分被分隔的部分,如以下代码所示:

```
/*header(定义网页头部区域)------------------------------------------------------*/
```

(2) 提示性注释。在编写 CSS 文件时,可能需要某种技巧解决某个问题。在这种情况下,最好将这个解决方案简要的注释在代码后面,如以下代码所示:

```
.news_list li span {
  float:left;/*设置新闻发布时间向左浮动,与新闻标题并列显示 */
  width:80px;
  color:#999;/*定义新闻发布时间为灰色,弱化发布的时间在视觉上的感觉 */
}
```

4. CSS 的属性单位

在 CSS 文字、排版、边界等的设置上,常常会在属性值后加上长度单位或者百分比,下面来学习这两种单位的使用。

1）长度、百分比单位

使用 CSS 进行排版时，常常会在属性值后面加上长度单位或者百分比。

（1）长度单位。长度单位有绝对长度单位和相对长度单位两种类型。

绝对长度单位不会随着显示设备的不同而改变。换句话说，属性值使用绝对长度单位时，不论在哪种设备上，显示效果都是一样的，如屏幕上的 1cm 与打印机上的 1cm 是一样长的。

相对长度单位是根据与其他事物的关系来度量长度。所以，度量的实际长度可能会因为其他有可能变动的因素而改变，如屏幕分辨率、可视区域的宽高等。并且，对于某些相对长度单位，其大小会因使用该单位的元素的不同而不同。

由于相对长度单位确定的是一个相对于另一个长度属性的长度，因而它能更好地适应不同的媒体，所以通常首选相对长度单位。一个长度的值由可选的正号“+”或负号“－”接着一个数字，后跟标明单位的两个字母组成，如“2em”。长度单位见表 4-2。

表 4-2 长度单位

长度单位	简 介	示 例	长度单位类型
em	相对于当前对象内大写字母 M 的宽度	div { font-size: 1.2em }	相对长度单位
ex	相对于当前对象内小写字母 x 的高度	div { font-size: 1.2ex }	相对长度单位
px	像素(pixel)是相对于显示器屏幕分辨率而言的，在不同的分辨率下，像素点的大小不同	div { font-size: 12px }	相对长度单位
pt	点(point)，是一个专用的印刷单位，1pt = 1/72in	div { font-size: 12pt }	绝对长度单位
pc	派卡(pica)，相当于汉字新四号铅字的尺寸，1pc =12pt	div { font-size: 0.75pc }	绝对长度单位
in	英寸(inch)，1in = 2.54cm = 25.4mm = 72pt = 6pc	div { font-size: 0.13in }	绝对长度单位
cm	厘米(centimeter)	div { font-size: 0.33cm }	绝对长度单位
mm	毫米(millimeter)	div { font-size: 3.3mm }	绝对长度单位

注意：当使用 pt 作单位时，设置显示字体大小不同，其显示效果也会不同。

（2）百分比单位。百分比单位也是一种常用的相对类型，通常的参考依据为元素的 font-size 属性。百分比值总是相对于另一个值来说的，该值可以是长度单位或其他单位。每一个可以使用百分比值单位指定的属性，同时也自定义了这个百分比值的参照值。大多数情况下，这个参照值是该元素本身的字体尺寸，并非所有属性都支持百分比单位。

一个百分比值由可选的正号“+”或负号“－”接着一个数字，后跟百分号“%”组成。如果百分比值是正的，正号可以不写。正、负号与数字之间，数字与百分号之间不能有空格，例如：

```
p{ line-height: 200% }          /*本段文字的高度为标准行高的 2 倍 */
hr{ width: 80% }                /*水平线长度是相对于浏览器窗口的 80% */
```

注意：不论使用哪种单位，在设置时，数值与单位之间不能加空格。

2）色彩单位

在 HTML 网页或者 CSS 样式的色彩定义里，设置色彩的方式是 RGB 方式。在 RGB 方式中，所有色彩均由红色(red)、绿色(green)、蓝色(blue)3 种色彩混合而成。

在 HTML 标记中只提供了两种设置色彩的方法：十六进制数和色彩英文名称。CSS 则提供了 4 种定义色彩的方法：十六进制数、色彩英文名称、rgb 函数和 rgba 函数。

(1) 用十六进制数方式表示色彩值。在计算机中，定义每种色彩的强度范围为 0～255。当所有色彩的强度都为 0 时，将产生黑色；当所有色彩的强度都为 255 时，将产生白色。

在 HTML 中，使用 RGB 概念指定色彩时，前面是一个“#”号，再加上 6 个十六进制数字表示，表示方法为：#RRGGBB。其中，前两个数字代表红光强度，中间两个数字代表绿光强度，后两个数字代表蓝光强度。以上 3 个参数的十六进制取值范围均为：00～ff。参数必须是两位数。对于只有 1 位的参数，应在前面补 0。这种方法共可表示 256×256×256 种色彩，即 16M 种色彩。而红色、绿色、蓝色、黑色、白色的十六进制设置值分别为：#ff0000、#00ff00、#0000ff、#000000、#ffffff。示例代码：

```
div{color: #ff0000}
```

如果每个参数各自在两位上的数字都相同，也可缩写为#RGB 的方式。例如：#cc9900 可以缩写为#c90。

(2) 用色彩名称方式表示色彩值。在 CSS 中也提供了与 HTML 一样的用色彩英文名称表示色彩的方式。CSS 只提供了 16 种色彩名称。示例代码：

```
div{color: red }
```

(3) 用 rgb 函数方式表示色彩值。在 CSS 中，可以用 rgb 函数设置所要的色彩。语法格式为：rgb(R,G,B)。R、G、B 3 个参数可取正整数值或百分比值，正整数值的取值范围为 0～255，百分比值的取值范围为色彩强度的百分比 0.0%～100.0%。示例代码：

```
div{color: rgb(128,50,220)}
div{color: rgb(15%,100,60%)}
```

(4) 用 rgba 函数方式表示色彩值。rgba 函数在 rgb 函数的基础上增加了控制 alpha 透明度的参数。语法格式为：rgba(R,G,B,A)。其中，R、G、B 参数等同于 rgb 函数中的 R、G、B 参数，A 参数表示 alpha 透明度，取值在 0～1 之间，不可为负值。示例代码：

```
<div style="background-color: rgba(0,0,0,0.5);">alpha 值为 0.5 的黑色背景</div>
```

4.1.2 网页中引用 CSS 的方法

微课：网页中引用 CSS 的方法

要想在浏览器中显示出样式表的效果，就要让浏览器能够识别并调用。当浏览器读取样式表时，要依照文本格式来读。这里介绍 4 种在页面中引入 CSS 样式表的方法：定义行内样式、定义内部样式表、链入外部样式表和导入外部样式表。

1. 定义行内样式

行内样式是各种引用 CSS 方式中最直接的一种，也叫内联样式。行内样式就是通过直接设置各个元素的 style 属性，从而达到设置样式的目的。这样的设置方式，使得各个元素都有自己独立的样式，但是会使整个页面变得更加臃肿。即便两个元素的样式是一模一样的，用户也需要在每个元素中单独书写。

元素的 style 属性值可以包含任何 CSS 样式声明。用这种方法可以很简单地对某个标签单独定义样式表。这种样式表只对所定义的标签起作用，并不对整个页面起作用。行内样式的格式为

```
<标签 style="属性:属性值; 属性:属性值 ... ">
```

需要说明的是，由于行内样式将表现和内容混在一起，并不符合 Web 标准，所以慎用这种方法。当样式仅需要在一个元素上应用一次时可以使用行内样式。

【例 4-1】 使用行内样式将样式表的功能加入网页。本例文件 4-1.html 在浏览器中的显示效果如图 4-2 所示。

代码如下：

图 4-2 行内样式

```
<!doctype html>
<html>
  <head>
    <meta charset="gb2312">
    <title>直接定义标签的 style 属性</title>
  </head>
  <body>
    <p style="font-size:18px; color:red">此行文字被 style 属性定义为红色显示</p>
    <p>此行文字没有被 style 属性定义</p>
  </body>
</html>
```

说明：代码中第 1 个段落标签被直接定义了 style 属性，此行文字将显示 18px 大小、红色文字；而第 2 个段落标签没有被定义，将按照默认的设置显示文字样式。

2. 定义内部样式表

内部样式表是指样式表的定义处于 HTML 文件一个单独的区域，与 HTML 的内容和结构标签分离开来，从而实现对整个页面范围的内容、结构和表现进行统一的控制与管理。与行内样式只能对所在标签进行样式设置不同，内部样式表处于页面的< head >与</head >标签之间。单个页面需要特定应用样式时，最好使用内部样式表。

内部样式表的格式为

```
<style type="text/css">
  <!--
    选择符 1{属性:属性值; 属性:属性值 ... }       /*注释内容 */
    选择符 2{属性:属性值; 属性:属性值 ... }
      ...
    选择符 n{属性:属性值; 属性:属性值 ... }
  -->
</style>
```

< style >...</style >标签对用来说明所要定义的样式。type 属性指定 style 使用 CSS 的语法来定义。当然，也可以指定使用像 JavaScript 之类的语法来定义。属性和属性值之

间用冒号“:”隔开,定义之间用分号“;”隔开。

<! ——… ——>的作用是避免旧版本浏览器不支持 CSS,把< style >…</style >的内容以注释的形式表示,这样对于不支持 CSS 的浏览器,会自动略过此段内容。

选择符可以使用 HTML 标签的名称,所有 HTML 标签都可以作为 CSS 选择符使用。

/* … */为 CSS 的注释符号,主要用于注释 CSS 的设置值。注释内容不会被显示或引用在网页上。

【例 4-2】 使用内部样式表将样式表的功能加入网页。本例文件 4-2. html 在浏览器中的显示效果如图 4-3 所示。

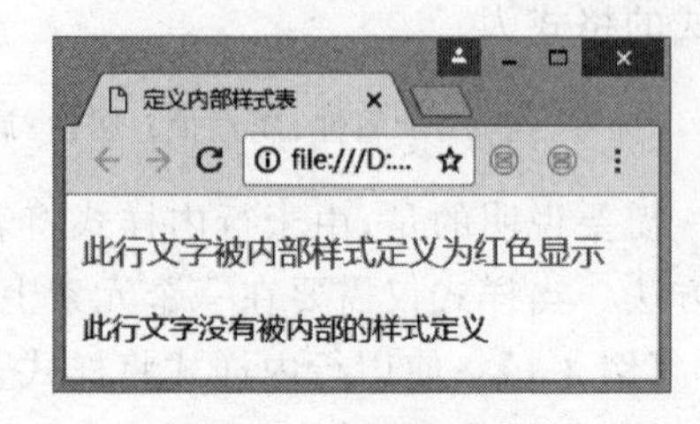

图 4-3 内部样式表

代码如下:

```
<!doctype html>
<html>
  <head>
    <meta charset="gb2312">
    <title>定义内部样式表</title>
    <style text="text/css">
      <!--
        .red {
          font-size:18px;
          color:red;
        }
      -->
    </style></head>
  <body>
    <p class="red">此行文字被内部样式定义为红色显示</p>
    <p>此行文字没有被内部的样式定义</p>
  </body>
</html>
```

说明:代码中第 1 个段落标签使用内部样式表中定义的. red 类,此行文字将显示 18px 大小、红色文字;第 2 个段落标签没有被定义,将按照默认的设置显示文字样式。

3. 链入外部样式表

外部样式表通过在某个 HTML 页面中添加链接的方式生效。同一个外部样式表可以被多个网页甚至是整个网站的所有网页所采用,大大提高了样式应用和维护的效率,这就是它最大的优点。如果说内部样式表在总体上定义了一个网页的显示方式,那么外部样式表可以说在总体上定义了一个网站的显示方式。

外部样式表把声明的样式放在独立的样式文件中,当页面需要使用样式时,通过< link >标签链接外部样式表文件即可。使用外部样式表,改变一个文件就能改变整个站点的外观。

1）用< link >标签链接样式表文件

< link >标签必须放到页面的< head >…</head >标签对内。其格式为

```
<head>
  …
  <link rel="stylesheet" href="外部样式表文件名.css" type="text/css">
  …
</head>
```

其中,< link >标签表示浏览器从“外部样式表文件.css”文件中以文档格式读出定义的样式表。rel="stylesheet"属性规定了当前文档与被链接文档之间的关系,即定义在网页中使用外部的样式表。type="text/css"属性定义文件的类型为样式表文件。href 属性用于定义.css 文件的 URL。

2）样式表文件的格式

样式表文件可以用任何文本编辑器(如记事本)打开并编辑,一般样式表文件的扩展名为.css。样式表文件的内容是定义的样式表,不包含 HTML 标签。样式表文件的格式为

```
选择符 1{属性:属性值; 属性:属性值 …}          /*注释内容 */
选择符 2{属性:属性值; 属性:属性值 …}
  …
选择符 n{属性:属性值; 属性:属性值 …}
```

一个外部样式表文件可以应用于多个页面。在修改外部样式表时,引用它的所有外部页面也会自动地更新。外部样式表在设计者制作大量相同样式页面的网站时将非常有用,不仅减少了重复的演示代码编写工作,而且有利于以后的修改维护,浏览时也减少了代码的重复下载,加快了显示网页的速度。

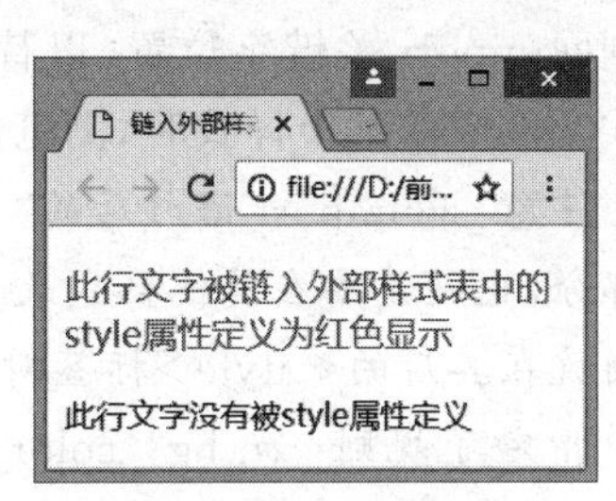

图 4-4　链入外部样式表

【例 4-3】 使用链入外部样式表将样式表的功能加入网页。链入外部样式表文件至少需要两个文件,一个是 HTML 文件,另一个是 CSS 文件。本例文件 4-3.html 在浏览器中的显示效果如图 4-4 所示。CSS 文件名为 style.css,存放在文件夹 style 中。

代码如下：

```
.red{
  font-size:18px;
  color:red;
}
```

网页结构文件 4-3.html 的 HTML 代码如下：

```
<!doctype html>
<html>
  <head>
    <meta charset="gb2312">
    <title>链入外部样式表</title>
    <link rel="stylesheet" type="text/css" href="style/style.css"/>
```

```
  </head>
  <body>
    <p class="red">此行文字被链入外部样式表中的 style 属性定义为红色显示</p>
    <p>此行文字没有被 style 属性定义</p>
  </body>
</html>
```

说明：代码中第 1 个段落标签使用链入外部样式表 style. css 中定义的. red 类，此行文字将显示 18px 大小、红色文字；第 2 个段落标签没有被定义，将按照默认的设置显示文字样式。

4. 导入外部样式表

导入外部样式表是指在内部样式表的< style >标签里导入一个外部样式表。当浏览器读取 HTML 文件时，会复制一份样式表到这个 HTML 文件中，其格式为

```
<style type="text/css">
  <!--
    @import url("外部样式表的文件名 1.css");
    @import url("外部样式表的文件名 2.css");
    其他样式表的声明
  -->
</style>
```

导入外部样式表的使用方式与链入外部样式表很相似，都是将样式定义保存为单独文件。两者的本质区别是：导入方式在浏览器下载 HTML 文件时将样式文件的全部内容复制到@import 关键字位置，以替换该关键字；而链入方式仅在 HTML 文件需要引用 CSS 样式文件中的某个样式时，浏览器才链接样式文件，读取需要的内容但并不进行替换。

注意：@import 语句后的";"号不能省略。所有的@import 声明必须放在样式表的开始部分，也就是要在其他样式表声明的前面，其他 CSS 规则放在其后的< style >标签对中。如果在内部样式表中指定了规则(如. bg{ color: black; background: orange })，其优先级将高于导入的外部样式表中相同的规则。

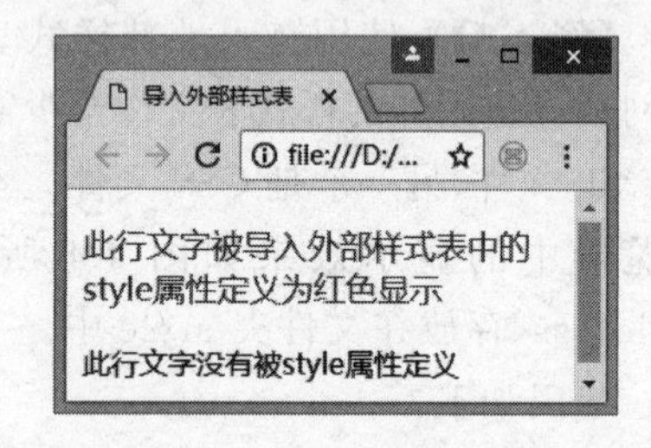

图 4-5 导入外部样式表

【例 4-4】 使用导入外部样式表的方式将样式表的功能加入网页。导入外部样式表文件至少需要两个文件，一个是 HTML 文件，另一个是 CSS 文件。本例文件 4-4. html 在浏览器中的显示效果如图 4-5 所示。CSS 文件名为 extstyle. css，存放在文件夹 style 中。

代码如下：

```
.red{
  font-size:18px;
  color:red;
}
```

网页结构文件 4-4. html 的 HTML 代码如下：

```
<!doctype html>
<html>
  <head>
    <meta charset="gb2312">
    <title>导入外部样式表</title>
    <style type="text/css">
      @import url("style/extstyle.css");
    </style>
  </head>
  <body>
    <p class="red">此行文字被导入外部样式表中的 style 属性定义为红色显示</p>
    <p>此行文字没有被 style 属性定义</p>
  </body>
</html>
```

说明：代码中第 1 个段落标签使用导入外部样式表 extstyle.css 中定义的.red 类，此行文字将显示 18px 大小、红色文字；第 2 个段落标签没有被定义，将按照默认的设置显示文字样式。

以上讲解的在网页中插入 CSS 的 4 种方法中，最常用的还是先将样式表保存为一个样式表文件，然后使用链入外部样式表的方法在网页中插入 CSS。

【例 4-5】 使用链入外部样式表的方法制作 H5 创新学院认证计划简介页面。本例文件 4-5.html 在浏览器中的显示效果如图 4-6 所示。

图 4-6　H5 创新学院认证计划简介页面

(1) 建立目录结构。在案例文件夹下创建文件夹 css，用来存放外部样式表文件。

(2) 外部样式表。在文件夹 css 下用记事本新建一个名为 style.css 的样式表文件，代码如下：

```
body{
  font-size:11pt;
}
div{            /*定义内容区域 1px 蓝色虚线边框*/
  width:780px;
  border:1px dashed #00f;
}
h1{             /*定义主标题文字 30pt；加粗；紫色；居中对齐*/
  font-family:宋体;
  font-size:30pt;
  font-weight:bold;
  color:purple;
  text-align:center
}
h1.title{       /*定义副标题文字 13pt；加粗；深灰色；居中对齐*/
  font-size:13pt;
  font-weight:bold;
  color:#666;
  text-align:center
}
p{              /*定义段落文字 11pt；黑色；文本缩进两个字符*/
  font-size:11pt;
  color:black;
  text-indent: 2em
}
p. author{      /*定义作者文字蓝色、右对齐*/
  color:blue;
  text-align:right
}
p. img{         /*定义图像居中对齐*/
  text-align:center
}
p. content{     /*定义内容文字蓝色*/
  color:blue
}
p. note{        /*定义注释文字绿色、左对齐*/
  color:green;
  text-align:left
}
```

(3) 网页结构文件。在当前文件夹中，用记事本新建一个名为 4-5. html 的网页文件，代码如下：

```
<!doctype html>
<html>
  <head>
    <meta charset="gb2312">
    <title>H5 创新学院认证计划简介页面</title>
    <link rel="stylesheet" href="css/style.css" type="text/css">
```

```
  </head>
  <body>
    <div>
      <h1>H5 创新学院认证计划简介</h1>
      <p>2018 年 1 月 10 日，H5 APP 中国认证计划启动方案规划。</p>
      <h1 class="title">H5 APP 中国认证计划</h1>
      <p class="author">发布：李工</p>
      <p class="img"><img src="images/renzheng.png" /></p>
      <p class="content">HTML5 中国认证产品专家，HTML5 中国认证工程师(专业级)。通过
Pearson VUE 标准认证考试平台，从而获得 H5 前端开发工程师资格。面向热爱 H5 技术(Web 前端、
Web APP、HTML5)开发的有志青年。</p>
      <p class="note">H5 创新学院服务 IT 行业、造福 IT 专业学子。</p>
    </div>
  </body>
</html>
```

说明：为了实现段落首行缩进的效果，在定义 p 的样式中加入属性 text-indent:2em，即可实现段落首行缩进两个字符的效果。

4.2 CSS 语法基础

前面介绍了如何在网页中定义和引用 CSS，接下来要讲解 CSS 是如何定义网页外观的。其定义的网页外观由一系列规则组成，包括样式规则、选择符和继承。

4.2.1 CSS 样式规则

CSS 为样式化网页内容提供了一条捷径，即样式规则，每一条规则都是单独的语句。

样式表的每个规则都有两个主要部分：选择符(selector)和声明(declaration)。选择符决定哪些网页元素要受到影响，声明由一个或多个属性值对组成，其语法为

```
selector{属性:属性值[[;属性:属性值]...]}
```

selector 是选择符，表示希望进行格式化的元素；声明部分包括在选择符后边的大括号中，用“属性:属性值”的格式描述要应用的格式化操作内容。

例如，一条如图 4-7 所示的 CSS 规则。

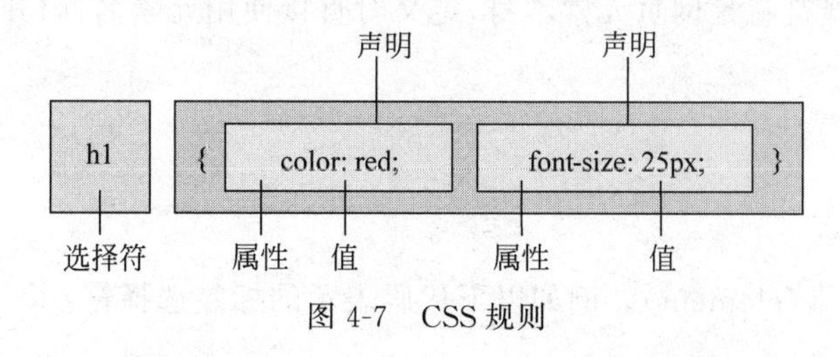

图 4-7 CSS 规则

选择符：h1 代表 CSS 样式的名字。

声明：声明包含在一对大括号“{}”内，用于告诉浏览器如何渲染页面中与选择符相匹配的对象。声明内部由成对的属性及其属性值组成。属性和属性值用冒号隔开，以分号结

束。声明的内容可以是一个或者多个属性的组合。

属性(property)：是定义的具体样式(如颜色、字体等)。

属性值(value)：属性值放置在属性名及冒号后面，具体内容跟随属性的类别而呈现不同形式，一般包括数值、单位以及关键字。

例如，将 HTML 中< body >和</body >标签内的所有文字设置为“华文中宋”、文字大小为 12px、黑色文字、白色背景显示，则只需要在样式中进行如下定义：

```
body
{
  font-family:"华文中宋";          /*设置字体*/
  font-size:12px;                 /*设置文字大小为 12px */
  color:#000;                     /*设置文字颜色为黑色*/
  background-color:#fff;          /*设置背景颜色为白色*/
}
```

从上述代码片段中可以看出，这样的结构对于阅读 CSS 代码十分清晰。为方便以后编辑，还可以在每行后面添加注释说明。但是，这种写法虽然使得阅读 CSS 变得方便，却增加了字符量。对于有一定基础的 Web 设计人员，可以将上述代码改写为如下格式。

```
body{font-family:"华文中宋";font-size:12px;color:#000;background-color:#fff;}
/*定义 body 的样式为 12px 大小的黑色华文中宋字体，且背景颜色为白色*/
```

4.2.2 选择符

选择符决定了格式化将应用于哪些元素。CSS 选择符包括基本选择符、复合选择符、通配符选择符和特殊选择符。最简单的选择符可以对给定类型的所有元素进行格式化，复杂的选择符可以根据元素的 class 或 id、上下文、状态等来应用格式化规则。

1. 基本选择符

基本选择符包括标签选择符、class 类选择符和 id 选择符。

1) 标签选择符

微课：基本选择符

标签选择符是指以文档对象模型(DOM)作为选择符，即选择某种 HTML 标签为对象来设置其样式规则。一个 HTML 页面由许多不同的标签组成，而标签选择符就是声明哪些标签采用哪种 CSS 样式。因此，每一种 HTML 标签的名称都可以作为相应的标签选择符的名称。标签选择符就是网页元素本身，定义时直接使用元素名称，其格式为

```
E
{
  /*CSS 代码*/
}
```

其中，E 表示网页元素(element)。例如以下代码表示的标签选择符：

```
body{                          /*body 标签选择符*/
  font-size:13pt;              /*定义 body 文字大小*/
}
div{                           /*div 标签选择符*/
```

```
  border:3px double #f00;        /*边框为 3px 红色双线*/
  width: 300px ;                 /*把所有的 div 元素定义为宽度为 300 像素*/
}
```

应用上述样式的代码如下：

```
<body>
<div>第一个 div 元素显示宽度为 300 像素</div><br/>
<div>第二个 div 元素显示宽度也为 300 像素</div>
</body>
```

浏览器中的显示效果如图 4-8 所示。

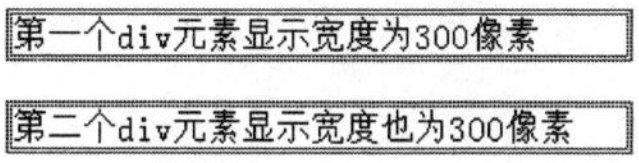

第一个div元素显示宽度为300像素

第二个div元素显示宽度也为300像素

图 4-8　标签选择符

2）class 类选择符

class 类选择符用来定义 HTML 页面中需要特殊表现的样式，也称自定义选择符。class 类选择符使用元素的 class 属性值为一组元素指定样式，样式表中的类选择符必须在 class 属性值前加“.”。class 类选择符的名称可以由用户自定义，属性和值的格式跟 HTML 标签选择符一样，必须符合 CSS 规范，其格式为

```
<style type="text/css">
  <!--
    .类名称 1{属性:属性值; 属性:属性值 ...}
    .类名称 2{属性:属性值; 属性:属性值 ...}
      ...
    .类名称 n{属性:属性值; 属性:属性值 ...}
  -->
</style>
```

使用 class 类选择符时，需要使用英文.(点)进行标识，例如以下示例代码：

```
.blue{
  color:#00f;                /*class 类 blue 定义为蓝色文字*/
}
p{                           /*p 标签选择符*/
  border:2px dashed #f00;    /*边框为 2px 红色虚线*/
  width:280px ;              /*所有 p 元素定义为宽度为 280 像素*/
}
```

应用 class 类选择符的代码如下：

```
<h3 class="blue">标题可以应用该样式,文字为蓝色</h3>
<p class="blue">段落也可以应用该样式,文字为蓝色</p>
```

浏览器中的显示效果如图 4-9 所示。

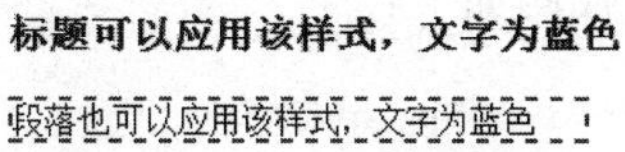

标题可以应用该样式，文字为蓝色

段落也可以应用该样式，文字为蓝色

图 4-9　class 类选择符

3）id 选择符

id 选择符用来对某个单一元素定义单独的样式。每个 id 选择符只能在 HTML 页面中使用一次，针对性更强。定义 id 选择符时要在 id 名称前加上一个“#”号，其格式为

```
<style type="text/css">
```

```
  <!--
    #id名1{属性:属性值; 属性:属性值 ...}
    #id名2{属性:属性值; 属性:属性值 ...}
      ...
    #id名n{属性:属性值; 属性:属性值 ...}
  -->
</style>
```

其中，“#id名”是网页文件中定义的id选择符名称，该选择符名称在一个文档中是唯一的。这个样式定义在样式表中只能出现一次，其适用范围为整个HTML文档中所有定义了id选择符的页面元素，例如以下示例代码：

```
#top{
  line-height:20px;             /*定义行高*/
  margin:15px 0px 0px 0px;      /*定义外补丁*/
  font-size:24px;               /*定义字号大小*/
  color:#f00;                   /*定义字体颜色*/
}
```

应用id选择符的代码如下：

```
<div>id选择符以 &ldquo;#&rdquo;开头(此 div 不带 id)</div>
<div id="top">id选择符以 &ldquo;#&rdquo;开头(此 div 带 id)</div>
```

浏览器中的显示效果如图4-10所示。

2. 复合选择符

复合选择符包括“交集”选择符、“并集”选择符和“后代”选择符。

微课：复合选择符

1)“交集”选择符

“交集”选择符由两个选择符直接连接构成，其结果是选中二者各自元素范围的交集。其中，第一个选择符必须是标签选择符，第二个选择符必须是class类选择符或id选择符。这两个选择符之间不能有空格，必须连续书写。例如，如图4-11所示的“交集”选择符。

id选择符以“#”开头（此div不带id）

id选择符以“#”开头(此div带id)

图4-10 id选择符

图4-11 “交集”选择符

【例4-6】“交集”选择符示例。文件4-6.html在浏览器中的显示效果如图4-12所示。

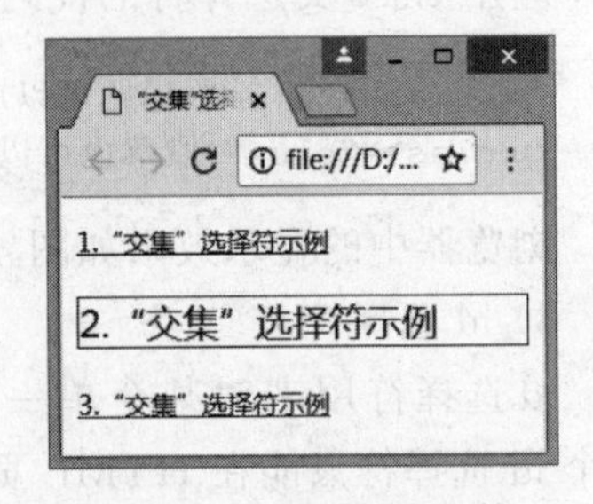

图4-12 “交集”选择符

代码如下：

```
<!doctype html>
<html>
  <head>
    <meta charset="gb2312">
    <title>"交集"选择符示例</title>
    <style type="text/css">
```

```
        p{
            font-size:14px;                  /*定义文字大小为 14px */
            color:#00F;                      /*定义文字颜色为蓝色*/
            text-decoration:underline;       /*让文字带有下划线*/
        }
        p.myContent{                         /*定义交集选择符*/
            font-size:20px;                  /*定义文字大小为 20px */
            text-decoration:none;            /*定义文字不带下划线*/
            border:1px solid #C00;           /*设置文字带红色边框效果*/
        }
      </style>
    </head>
    <body>
      <p>1."交集"选择符示例</p>
      <p class="myContent">2."交集"选择符示例</p>
      <p>3."交集"选择符示例</p>
    </body>
</html>
```

说明：页面中只有第 2 个段落使用了“交集”选择符，可以看到格式的最终结果为字体大小为 20px、蓝色字体、红色边框且无下划线，刚好是两个选择符所定义的样式的交集。

2)“并集”选择符

与“交集”选择符相对应的还有一种“并集”选择符，或者称为“集体声明”。它的结果是同时选中各个基本选择符所覆盖的内容范围。任何形式的基本选择符都可以作为“并集”选择符的一部分。

例如，如图 4-13 所示的“并集”选择符。集合中分别是< h1 >、< h2 >和< h3 >标签选择符，“集体声明”将为多个标签设置同一样式。

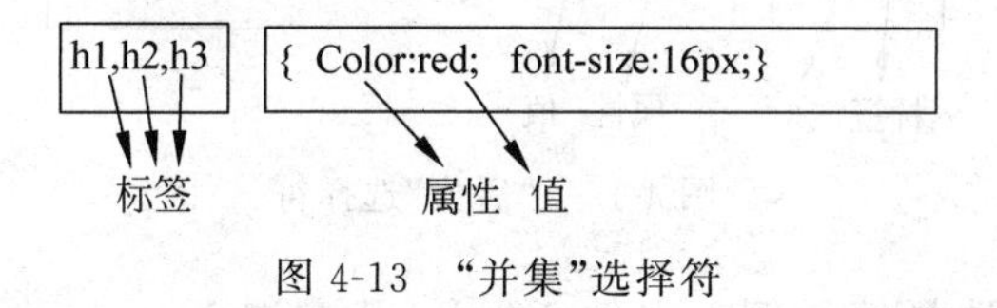

图 4-13 “并集”选择符

【例 4-7】 “并集”选择符示例。文件 4-7.html 在浏览器中的显示效果如图 4-14 所示。

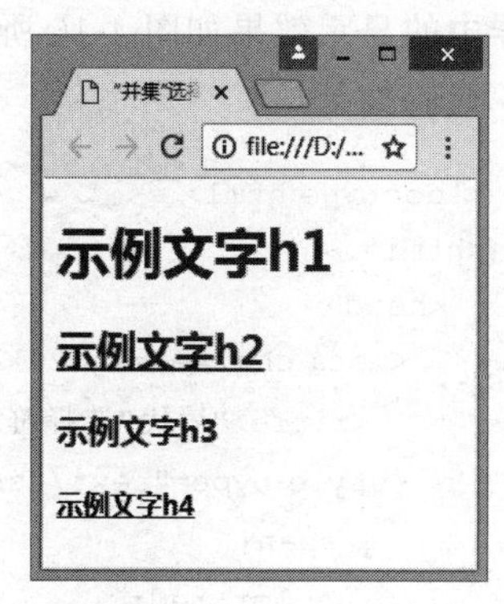

图 4-14 “并集”选择符

代码如下：

```
<!doctype html>
<html>
  <head>
    <meta charset="gb2312">
    <title>"并集"选择符示例</title>
    <style type="text/css">
      h1,h2,h3{
        color: purple;            /*定义文字颜色为紫色*/
      }
      h2.special,#one{
        text-decoration:underline;            /*定义文字带有下划线*/
```

```
        }
    </style>
  </head>
  <body>
    <h1>示例文字 h1</h1>
    <h2 class="special">示例文字 h2</h2>
    <h3>示例文字 h3</h3>
    <h4 id="one">示例文字 h4</h4>
  </body>
</html>
```

说明：页面中<h1>、<h2>和<h3>标签使用了“并集”选择符，可以看到这 3 个标签设置同一样式——文字颜色均为紫色。交集选择符“h2. special”和 id 选择符“#one”也构成了并集选择符，设置的样式是使文字带有下划线。

3）“后代”选择符

在 CSS 选择符中，还可以通过嵌套的方式，对选择符或者 HTML 标签进行声明。当标签发生嵌套时，内层的标签就成为外层标签的后代。后代选择符在样式中会常常用到。因页面中常常用到容器外层和内层的布局关系，如果用到后代选择符就可以对某个容器层的子层进行控制，同时使其他层和其他同名的对象不受该规则影响。

“后代”选择符能够简化代码，实现大范围的样式控制。例如，当用户对<h1>标签下面的<span>标签进行样式设置时，就可以使用后代选择符进行相应的控制。“后代”选择符的写法就是把外层的标签写在前面，内层的标签写在后面，之间用空格隔开。

例如，如图 4-15 所示的“后代”选择符，外层的标签是<h1>，内层的标签是<span>，标签<span>就成为标签<h1>的后代。

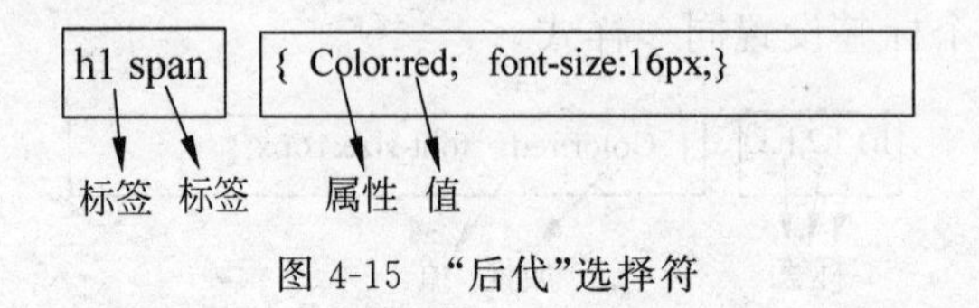

图 4-15 “后代”选择符

【例 4-8】 “后代”选择符示例。文件 4-8. html 在浏览器中的显示效果如图 4-16 所示。

图 4-16 “后代”选择符

代码如下：

```
<!doctype html>
<html>
  <head>
    <meta charset="gb2312">
      <title>"后代"选择符示例</title>
    <style type="text/css">
      p span{
        color:red;          /*定义段落中 span 标签文字颜色为红色*/
      }
      span{
        color:blue;         /*定义普通 span 标签文字颜色为蓝色*/
```

```
    }
  </style>
 </head>
 <body>
  <p>嵌套使用<span>CSS 标签</span>的方法</p>
  嵌套之外的<span>标签</span>不生效
 </body>
</html>
```

说明："p span"标签使用了"后代"选择符。可以看到，后代选择符定义"p"标签中内嵌的"span"标签，设置样式为红色字体，而其他位置"span"标签中设置的样式为蓝色字体。

3. 通配符选择符

通配符选择符是一种特殊的选择符，用"＊"表示，与 Windows 通配符"＊"具有相似的功能，可以定义所有元素的样式，其格式为

```
*{CSS 代码}
```

例如，通常在制作网页时首先将页面中所有元素的外边距和内边距设置为 0，代码如下：

```
*{
  margin:0px;        /*外边距设置为 0*/
  padding:0px;       /*内边距设置为 0*/
}
```

此外，还可以对特定元素的子元素应用样式，例如以下代码：

```
*{color:#000;}     /*定义所有文字的颜色为黑色*/
p {color:#00f;}    /*定义段落文字的颜色为蓝色*/
p *{color:#f00;}   /*定义段落子元素文字的颜色为红色*/
```

应用上述样式的代码如下：

```
<h2>通配符选择符</h2>
<div>默认的文字颜色为黑色</div>
<p>段落文字颜色为蓝色</p>
<p><span>段落子元素的文字颜色为红色</span></p>
```

浏览器中的浏览效果如图 4-17 所示。

从代码的执行结果可以看出，由于通配符选择符定义了所有文字的颜色为黑色，所以< h2 >和< div >标签中文字的颜色为黑色。接着又定义了 p 元素的文字颜色为蓝色，所以< p >标签中文字的颜色呈现为蓝色。最后定义了 p 元素内所有子元素的文字颜色为红色，所以< p >< span >和</span ></p >之间的文字颜色呈现为红色。

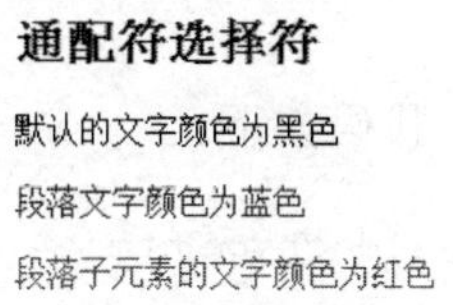

通配符选择符

默认的文字颜色为黑色

段落文字颜色为蓝色

段落子元素的文字颜色为红色

图 4-17　通配符选择符

4. 特殊选择符

前面已经讲解了多个常用的选择符，除此之外还有两个比较特殊的、针对属性操作的选择符——伪类选择符和伪元素。

1）伪类选择符

伪类选择符可看作是一种特殊的类选择符，是能被支持CSS的浏览器自动识别的特殊选择符。其最大的用处是可以对链接在不同状态下的内容定义不同的样式效果。伪类之所以名字中有“伪”字是因为它所指定的对象在文档中并不存在，它指定的是一个或与其相关的选择符的状态。伪类选择符和类选择符不同，不能像类选择符一样随意用别的名字。

微课：特殊选择符-伪类选择符

伪类可以让用户在使用页面的过程中增加更多的交互效果，例如应用最为广泛的锚点标签<a>的几种状态（未访问链接状态、已访问链接状态、鼠标指针悬停在链接上的状态，以及被激活的链接状态），具体代码如下所示：

```
a:link {color:#FF0000;}            /*未访问的链接状态*/
a:visited {color:#00FF00;}         /*已访问的链接状态*/
a:hover {color:#FF00FF;}           /*鼠标指针悬停到链接上的状态*/
a:active {color:#0000FF;}          /*被激活的链接状态*/
```

注意：当多种伪类选择符同时定义时，active样式要写到hover样式后面，否则可能不生效。因为当浏览者用鼠标单击链接（active）时，一定是先发生悬停（hover）然后才能单击链接，所以如果把hover样式写到active样式后面，可能发生样式覆盖。

为了简化代码，可以把伪类选择符中相同的声明提出来放在a标签选择符当中。

【例 4-9】 伪类的应用。当鼠标指针悬停在超链接时，背景色变为其他颜色，文字字体变大，并且添加边框线，待鼠标指针离开超链接时又恢复到默认状态，这种效果就可以通过伪类实现。本例文件4-9.html在浏览器中的显示效果如图4-18所示。

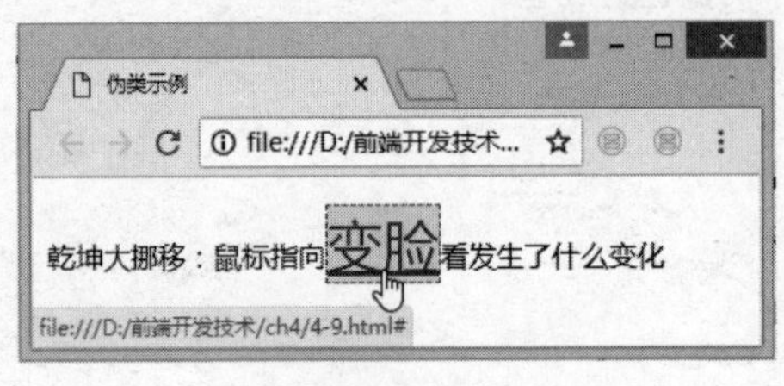

(a) 鼠标指针悬停的时候

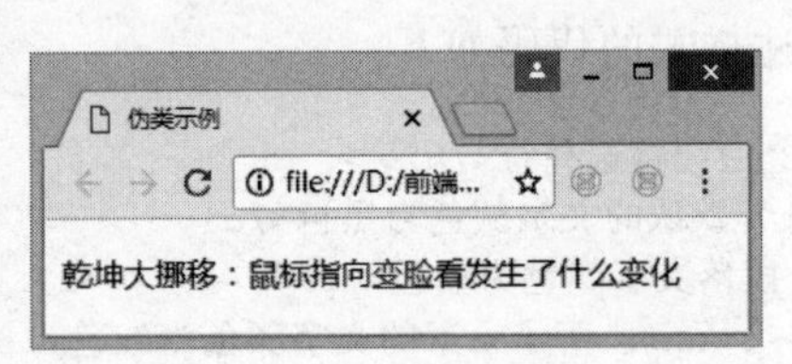

(b) 鼠标指针离开超链接

图 4-18 伪类的应用

代码如下：

```
<!doctype html>
<html>
  <head>
    <meta charset="gb2312">
    <title>伪类示例</title>
    <style type="text/css">
      a:hover{
```

```
        background-color:#ff0;          /*定义背景颜色*/
        border:1px dashed #00f;         /*定义边框粗细、类型及其颜色*/
        font-size:32px;                 /*定义字体大小*/
      }
    </style>
  </head>
  <body>
    <p>乾坤大挪移：鼠标指向<a href="#">变脸</a>看发生了什么变化</p>
  </body>
</html>
```

2）伪元素

与伪类的方式类似，伪元素通过对插入文档中的虚构元素进行触发，从而达到某种特定效果。CSS的主要目的是给HTML元素添加样式，然而，在一些案例中给文档添加额外的元素是多余的或是不可能的。CSS有一个特性——允许用户添加额外元素而不扰乱文档本身，这就是“伪元素”。

微课：特殊选择符-伪元素

伪元素语法的形式为

```
选择符：伪元素{ 属性：属性值；}
```

伪元素的内容及作用见表4-3。

表4-3　伪元素的内容及作用

伪元素	作　　用
:first-letter	将特殊的样式添加到文本的首字母
:first-line	将特殊的样式添加到文本的首行
:before	在某元素之前插入某些内容
:after	在某元素之后插入某些内容

【例4-10】 伪元素的应用。本例文件4-10.html在浏览器中的显示效果如图4-19所示。

代码如下：

```
<!doctype html>
<html>
  <head>
    <meta charset="gb2312">
    <title>伪元素示例</title>
    <style type="text/css">
      h4:first-letter{
        color: #ff0000;
        font-size:36px;
      }
      p:first-line{
        color: #ff0000;
      }
    </style>
  </head>
```

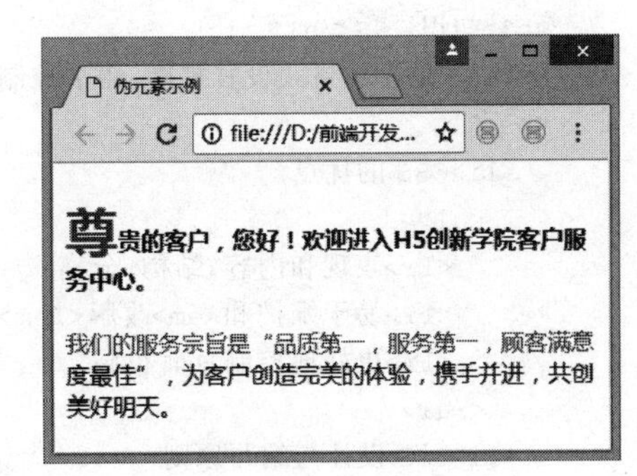

图4-19　伪元素的显示效果

```
<body>
  <h4>尊贵的客户，您好！欢迎进入 H5 创新学院客户服务中心。</h4>
  <p>我们的服务宗旨是"品质第一，服务第一，顾客满意度最佳"，为客户创造完美的体验，携手并
进，共创美好明天。</p>
</body>
</html>
```

说明：在以上示例代码中，分别对“h4：first-letter”“p：first-line”进行了样式指派。从图 4-18 中可以看出，凡是< h4 >与</h4 >之间的内容都应用了首字符的字号增大且变为红色的样式；凡是< p >与</p >之间的内容都应用了首行文字变为红色的样式。

4.2.3 文档结构

CSS 通过与 HTML 文档结构相对应的选择符来达到控制页面表现的目的，文档结构在样式的应用中具有重要的角色。CSS 之所以强大，是因为它采用 HTML 文档结构来决定其样式的应用。

1. 文档结构的基本概念

为了更好地理解“CSS 采用 HTML 文档结构来决定其样式的应用”这句话，首先需要理解文档是怎样结构化的，也为以后学习继承、层叠等知识打下基础。

【例 4-11】 文档结构示例。本例文件 4-11. html 在浏览器中的显示效果如图 4-20 所示。

代码如下：

```
<!doctype html>
<html>
  <head>
    <meta charset="gb2312">
    <title>文档结构示例</title>
  </head>
  <body>
    <h1>初识 CSS</h1>
    <p>CSS 是一组格式设置规则，用于控制<em>Web</em>页面的外观。</p>
    <ul>
      <li>CSS 的优点
        <ul>
          <li>表现和内容(结构)分离
          <li>易于维护和<em>改版</em>
          <li>更好地控制页面布局
        </ul>
      <li>CSS 设计与编写原则
    </ul>
  </body>
</html>
```

在 HTML 文档中，文档结构都是基于元素层次关系的，正如上面给出的示例代码，这种元素间的层次关系可以用图 4-21 的树形结构来描述。

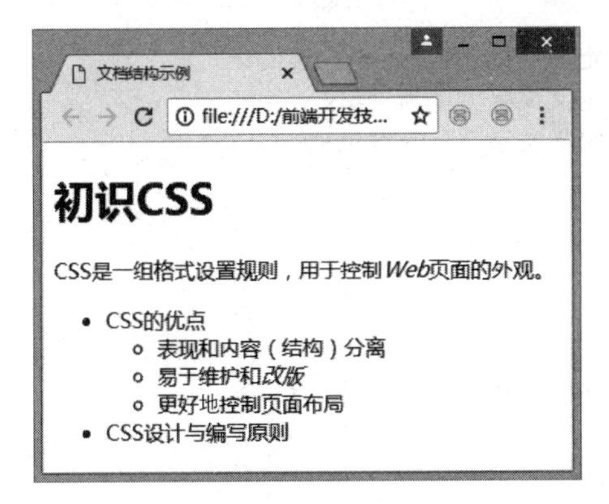

图 4-20　文档结构的示例效果

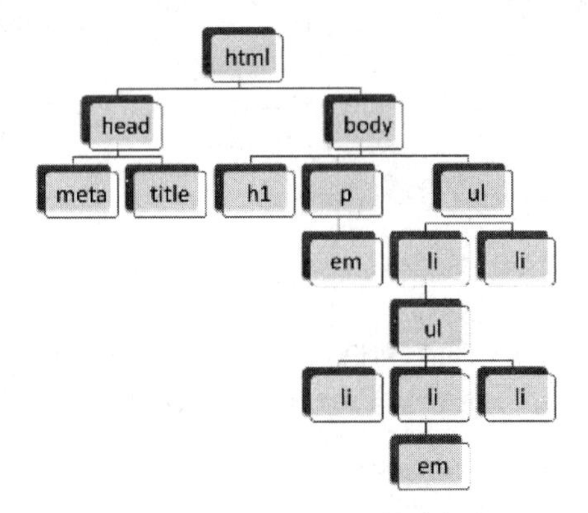

图 4-21　HTML 文档树形结构

在这样的层次图中，每个元素都处于文档结构中的某个位置，而且每个元素或是父元素，或是子元素，或既是父元素又是子元素。例如，文档中的 body 元素既是 html 元素的子元素，又是 h1、p 和 ul 的父元素。整个代码中，html 元素是所有元素的祖先，也称为根元素。前面讲解的"后代"选择符就是建立在文档结构的基础上的。

2. 继承

继承(inheritance)是指包含在内部的标签能够拥有外部标签的样式属性，即子元素可以继承父元素的属性。CSS 的主要特征就是继承，它依赖于祖先→子孙关系，这种特性允许样式不仅应用于某个特定的元素，同时也向下应用于其后代，而后代所定义的新样式，却不会向上影响父样式。

根据 CSS 规则，子元素继承父元素属性，如：

```
body{font-family:"微软雅黑";}
```

通过继承，所有 body 的子元素都应该显示"微软雅黑"字体，子元素的子元素也一样。

【例 4-12】　CSS 继承示例。本例文件 4-12.html 在浏览器中显示的效果如图 4-22 所示。

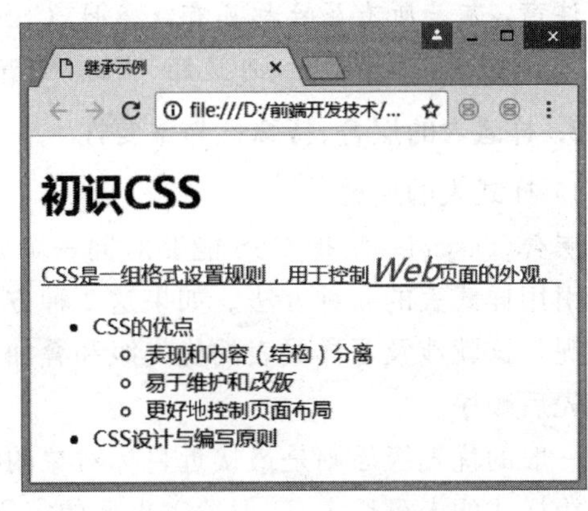

图 4-22　例 4-12 页面显示效果

代码如下：

```
<!doctype html>
<html>
  <head>
    <meta charset="gb2312">
    <title>继承示例</title>
    <style type="text/css">
      p{
        color:#00f;                     /*定义文字颜色为蓝色*/
        text-decoration:underline;      /*增加下划线*/
```

```
        }
        p em{                                   /*定义p的后代em子元素的样式*/
          font-size:24px;                       /*定义文字大小为24px*/
          color:#f00;                           /*定义文字颜色为红色*/
        }
      </style>
    </head>
    <body>
      <h1>初识CSS</h1>
      <p>CSS是一组格式设置规则,用于控制<em>Web</em>页面的外观。</p>
      <ul>
        <li>CSS的优点
          <ul>
            <li>表现和内容(结构)分离</li>
            <li>易于维护和<em>改版</em></li>
            <li>更好地控制页面布局</li>
          </ul>
        </li>
        <li>CSS设计与编写原则</li>
      </ul>
    </body>
  </html>
```

说明：从图4-21所示的效果可以看出,虽然em子元素重新定义了新样式,但其父元素p并未受到影响。而且em子元素中的内容继承了p元素中设置的下划线样式,但是颜色和字体大小采用了自己的样式风格,也就是自己的字体样式优先级高于父元素的字体样式。

注意：不是所有属性都具有继承性,CSS强制规定部分属性不具有继承性。下面这些属性不具有继承性：边框、外边距、内边距、背景、定位、布局、元素高度和宽度。

3. 样式表的层叠、特殊性与重要性

1）样式表的层叠

层叠(cascade)是指CSS能够对同一个元素应用多个样式表的能力。前面介绍了在网页中引用样式表的4种方法。如果这4种方法同时出现,浏览器会以哪种方法定义的规则为准呢？这就涉及了样式表的优先级和叠加。所谓优先级,是指CSS样式在浏览器中被解析的先后顺序。

一般的优先级原则是最接近目标对象的样式定义优先级最高。高优先级样式将继承低优先级样式的未重叠定义,但覆盖重叠的定义。根据规定,样式表的优先级别从高到低为：行内样式表、内部样式表、链接样式表、导入样式表和默认浏览器样式表。浏览器将按照上述顺序执行样式表的规则。

样式表的层叠性就是继承性,样式表的继承规则是：外部的元素样式会保留下来,由这个元素所包含的其他元素继承；所有在元素中嵌套的元素都会继承外层元素指定的属性值,有时会把多层嵌套的样式叠加在一起,除非进行更改；遇到冲突的地方,以最后定义的为准。

【例4-13】 样式表的层叠示例,在div标签中嵌套p标签。本例文件4-13.html在浏览器中显示的效果如图4-23所示。

代码如下：

```
<!doctype html>
<html>
  <head>
    <meta charset="gb2312">
    <title>多重样式表的层叠</title>
    <style type="text/css">
      div{
          color: red;
          font-size:13pt;
      }
      p{
          color: blue;
      }
    </style>
  </head>
  <body>
    <div>
      <p>这个段落的文字为蓝色 13 号字</p>
      <!-- p 元素里的内容会继承 div 定义的字号属性,但覆盖了字体颜色属性 -->
    </div>
  </body>
</html>
```

图 4-23 样式表的层叠

说明：显示结果为段落里的文字大小为 13 号字，继承 div 属性；color 属性依照最后的定义，为蓝色。

2）特殊性

在编写 CSS 代码的时候，会出现多个样式规则作用于同一个元素的情况。特殊性描述了不同规则的相对权重，当多个规则应用到同一个元素时，权重越大的样式会被优先采用。

各类选择符的特殊性值表述为 4 个部分，用 0,0,0,0 表示。

（1）id 选择符的特殊性值，加 0,1,0,0。

（2）class 类选择符、属性选择符或伪类选择符，加 0,0,1,0。

（3）标签选择符和伪元素选择符，加 0,0,0,1。

（4）行内样式的特殊性很高，是 1,0,0,0。

（5）通配选择符 * 对特殊性没有贡献，即 0,0,0,0。

（6）复合选择符对特殊性没有贡献，通配符的贡献也是 0,0,0,0。

（7）比较特殊的一个标志！important（权重），它没有特殊性值，但它的优先级是最高的，为了方便记忆，可以认为它的特殊性值为 1,0,0,0,0。

例如，有以下 CSS 代码片段：

```
.color_red{
  color:red;
}
p{
  color:blue;
}
```

应用此样式的结构代码为：

```
<div>
  <p class="color_red">这里的文字颜色是红色</p>
</div>
```

浏览器中的显示效果如图 4-24 所示。

正如上述代码所示，预定义的< p >标签样式和. color_red 类样式都能匹配上面的 p 元素，那么< p >标签中的文字该使用哪一种样式呢？

图 4-24 样式的特殊性

根据规范，通配符选择符具有特殊性值 0；基本选择符（例如 p）具有特殊性值 1；类选择符具有特殊性值 10；id 选择符具有特殊性值 100；行内样式（style=""）具有特殊性值 1000。选择符的特殊性值越大，规则的相对权重就越大，样式越会被优先采用。

对于上面的示例，显然类选择符. color_red 要比标签选择符 p 的特殊性值大，因此< p >标签中的文字的颜色是红色的。

3）重要性

不同的选择符定义相同的元素时，要考虑不同选择符之间的优先级（id 选择符、类选择符和 HTML 标签选择符），id 选择符的优先级最高，其次是类选择符，HTML 标签选择符最低。如果想超越这 3 者之间的关系，可以用！important 来提升样式表的优先权，例如：

```
p { color: #f00!important }
.blue { color: #00f}
#id1 { color: #ff0}
```

同时对页面中的一个段落加上这 3 种样式，它会依照被！important 声明的 HTML 标签选择符的样式，显示红色文字。如果去掉！important，则依照优先权最高的 id 选择符，显示黄色文字。

最后还需注意，不同的浏览器对于 CSS 的理解是不完全相同的。这就意味着，并非全部的 CSS 都能在各种浏览器中得到同样的结果。所以，最好使用多种浏览器分别测试一下。

4. 元素类型

在前面已经以文档结构树形图的形式讲解了文档中元素的层次关系，这种层次关系同时也要依赖于这些元素类型间的关系。CSS 使用 display 属性规定元素应该生成的框架类型，任何元素都可以通过 display 属性改变默认的显示类型。

1）块级元素（display：block）

display 属性设置为 block，将显示块级元素。块级元素的默认宽度为 100%，而且后面隐藏附带有换行符，使块级元素无论被怎样设置宽度，始终占据一行。如< div >常常被称为块级元素，这意味着这些元素将显示为一块内容。标题、段落、列表、表格、分区 div 和 body 等元素都是块级元素。

2）行级元素（display：inline）

行级元素也称内联元素，display 属性设置为 inline 将显示行级元素。元素前、后没有换行符，行级元素没有高度和宽度属性，因此也就没有可以设置的形状，显示时只占据其内容的大小。超链接、图像、范围 span、表单元素等都是行级元素。

3）列表项元素（display：listitem）

listitem 属性值表示列表项目，其实质上也是块状显示，不过是一种特殊的块状类型，它增加了缩进和项目符号。

4）隐藏元素（display：none）

none 属性值表示隐藏并取消盒模型，所包含的内容不会被浏览器解析和显示。通过把 display 设置为 none，该元素及其所有内容就不再显示，也不占用文档中的空间。

5）其他分类

除了上述常用的分类之外，还包括以下分类：

display：inline-table | run-in | table | table-caption | table-cell | table-column | table-column-group | table-row | table-row-group | inherit

如果从布局角度来分析，上述显示类型都可以划归为 block 和 inline 两种，其他类型都是这两种类型的特殊显示，真正能够应用并获得所有浏览器支持的只有 4 个：none、block、inline 和 listitem。

5. 案例——制作 H5 创新学院课程设置局部页面

下面结合文档结构的基础知识制作一个实用案例。

【例 4-14】 制作 H5 创新学院课程设置局部页面。本例文件 4-14.html 在浏览器中显示的效果如图 4-25 所示。

图 4-25 H5 创新学院课程设置局部页面

1）前期准备

（1）栏目目录结构。在栏目文件夹下创建文件夹 images 和 css，分别用来存放图像素材和外部样式表文件。

（2）页面素材。将本页面需要使用的图像素材存放在文件夹 images 下。

（3）外部样式表。在文件夹 css 下新建一个名为 H5_style.css 的样式表文件。

2）制作页面

（1）制作页面的 CSS 样式。打开建立的 style.css 文件，定义页面的 CSS 规则，代码如下：

```
main{                              /*设置容器整体样式*/
  max-width: 1100px;               /*最大宽度 1100px */
  margin: 0 auto;                  /*自动水平居中对齐*/
}
.index-main-title {                /*设置标题区域样式*/
  text-align: center;              /*文本居中对齐*/
  padding: 40px 0;                 /*上、下内边距 40px,左、右内边距 0px */
}
.index-main-title p {              /*设置标题段落样式*/
  font-family:"黑体";
  font-size: 30px;                 /*文字大小 30px */
  font-weight: bold;               /*字体加粗*/
  margin: 0;
  padding: 0;
  color: #28905a;                  /*绿色文字*/
}
.index-main-title span {           /*设置副标题样式*/
  color: #b4b4b4;                  /*浅灰色文字*/
  font-size: 14px;                 /*文字大小 14px */
}
.feature {                         /*设置主题图片容器的样式*/
  width: 100%;                     /*宽度 100% */
}
.feature img {                     /*设置主题图片的样式*/
  width: 100%;
  margin-bottom: 30px;             /*下外边距为 30px */
}
```

（2）制作页面的网页结构代码。网页结构文件 4-14.html 的代码如下：

```
<!doctype html>
<html>
  <head>
    <meta charset="gb2312">
    <title>关于我们</title>
    <link rel="stylesheet" href="css/H5_style.css" />
  </head>
  <body>
    <main>
      <div class="index-main-title">
```

```
        <p>核心课程设置</p>
        <span>将 WEX5 开发平台与行业具体岗位密切结合，创立"国际化认证，可视化编程"的全新
模式。</span>
      </div>
      <div class="feature">
        <img src="images/courses.jpg">
      </div>
    </main>
  </body>
</html>
```

说明：本例中使用元素的内边距和外边距实现了元素的精确定位，请读者参考 6.2 节盒模型的属性的相关知识。

习题 4

1. 建立内部样式表，制作如图 4-26 所示的页面。

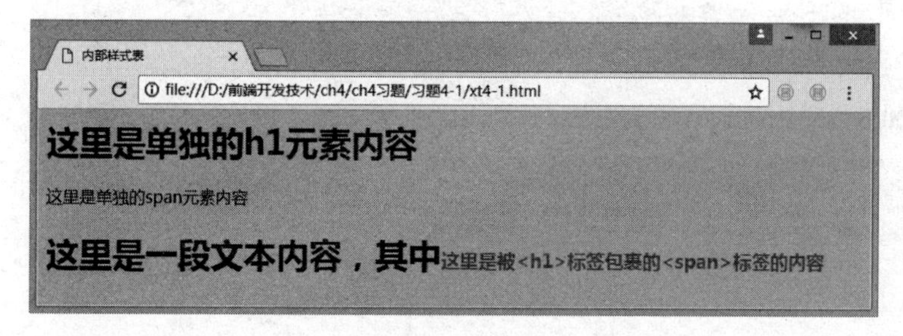

图 4-26　题 1 图

2. 使用文档结构的基本知识制作如图 4-27 所示的页面。

图 4-27　题 2 图

3. 使用 CSS 制作 H5 认证信息区，如图 4-28 所示。
4. 使用 CSS 制作 HTML5 简介页面，如图 4-29 所示。

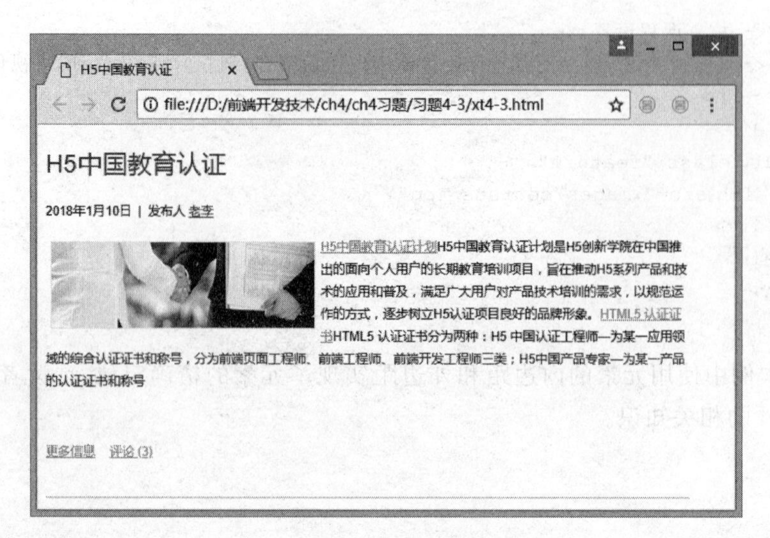

图 4-28 题 3 图

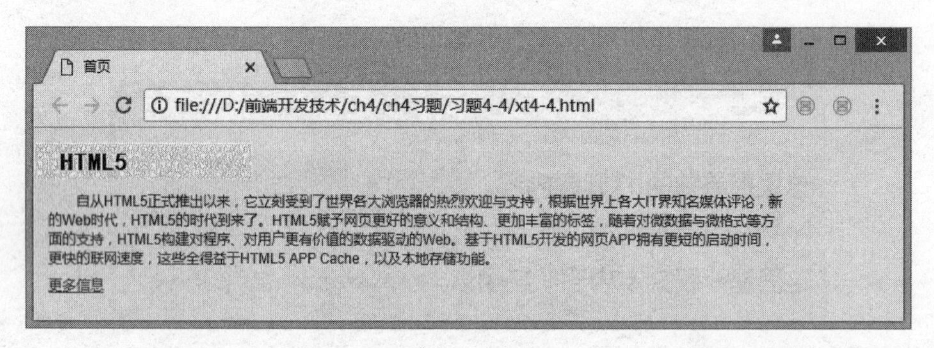

图 4-29 题 4 图

使用CSS修饰页面外观

从本章开始，逐一介绍网页设计的各种元素，如图 5-1 所示，例如文本、图像、表格、表单、链接、列表、导航菜单等，以及如何使用 CSS 对这些元素进行样式设置，进而达到修饰页面外观的效果。

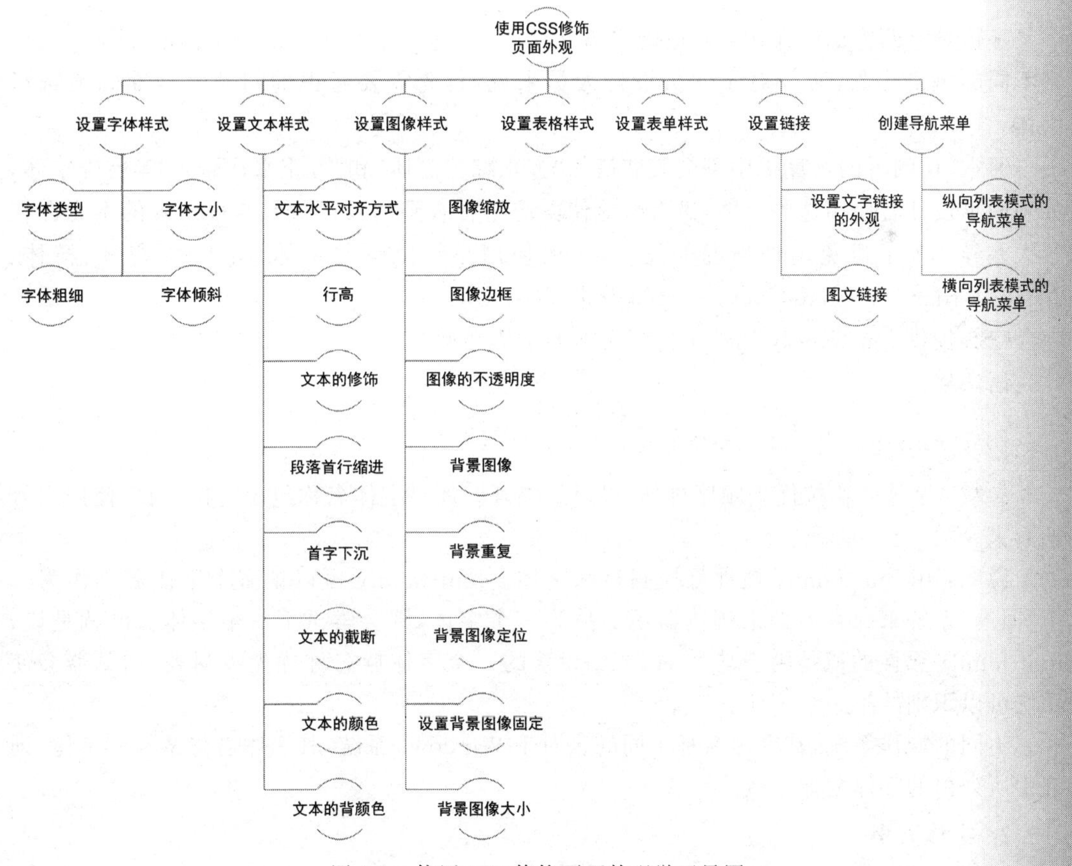

图 5-1　使用 CSS 修饰页面外观学习导图

5.1 设置字体样式

CSS的网页排版功能十分强大，不仅可以控制文本的大小、颜色、对齐方式、字体，还可以控制行高、首行缩进、字母间距和字符间距等。在学习HTML时，通常也会使用HTML对文本字体进行简单的样式设置，而使用CSS对字体样式进行设置远比使用HTML灵活、精确得多，同时可以达到网页内容结构与外观分离的目的。CSS样式中有关字体样式的常用属性见表5-1。

表5-1 字体样式的常用属性

属　性	说　　明	属　性	说　　明
font-family	设置字体的类型	font-weight	设置字体的粗细
font-size	设置字体的大小	font-style	设置字体的倾斜

1. 字体类型

字体具有两方面的作用：一是传递语义功能，二是美学效应。由于不同的字体给人带来不同的风格感受，所以对于网页设计人员来说，首先需要考虑的问题就是准确地选择字体。

通常，访问者的计算机中不会安装诸如“方正综艺简体”和“方正水柱简体”等特殊字体，如果网页设计者使用这些字体，极有可能使得访问者看到的页面效果与设计者的本意存在很大差异。为了避免这种情况的发生，一般使用系统默认的宋体、仿宋体、黑体、楷体、Arial、Verdana和Times New Roman等常规字体。

CSS提供font-family属性来控制文本的字体类型。

微课：字体类型、字体大小、字体倾斜

语法格式：

```
font-family:字体名称 1,字体名称 2,...
```

参数：字体名称按优先顺序排列，以逗号隔开。如果字体名称包含空格，则应使用引号括起来。

说明：用font-family属性可控制显示字体。font-family可以把多个字体名称作为一个“回退”系统来保存。如果浏览器不支持第一个字体，则会尝试下一个字体。也就是说，font-family属性的值是用于某个HTML元素的一个字体族名称优先级列表，浏览器会使用它可以识别的第一个字体。

不同的操作系统，其字体名是不同的。对于Windows系统，其字体名与Word“字体”列表中所列出的字体名称一致。

2. 字体大小

在设计页面时，通常使用不同大小的字体来区分需要突出表现的主题和普通内容。在CSS样式中，使用font-size属性设置字体的大小，其值可以是绝对值也可以是相对值。常见的有px(绝对单位)、pt(绝对单位)、em(相对单位)和%(相对单位)等。

语法格式：

```
font-size:绝对尺寸 | 相对尺寸
```

参数：绝对字体尺寸是根据对象字体进行调节的，包括 xx-small、x-small、small、medium、large、x-large 和 xx-large 7 种字体尺寸，这些尺寸都没有精确定义，只是相对而言的，在不同的设备下，这些关键字可能会显示不同的字号。

相对尺寸是利用百分比或者 em，以相对父元素大小的方式来设置字体尺寸。

3. 字体粗细

CSS 样式中使用 font-weight 属性设置字体的粗细，它包含 normal、bold、bolder、lighter、100、200、300、400、500、600、700、800 和 900 多个属性值。

微课：字体粗细

语法格式：

```
font-weight:bold | number | normal | lighter | 100-900
```

参数：bold 表示粗体（bolder 表示粗体再加粗），normal 表示默认字体，lighter 表示比默认字体还细，100～900 共分为 9 个层次（100、200…900），数字越小字体越细、数字越大字体越粗，数字值 400 相当于关键字 normal，700 等价于 bold。

说明：设置文本字体的粗细。

4. 字体倾斜

CSS 中的 font-style 属性用来设置字体的倾斜。

语法格式：

```
font-style:normal || italic || oblique
```

参数：normal 为“正常”（默认值），italic 为“斜体”，oblique 为“倾斜体”。

说明：设置文本字体的倾斜。

5.2 设置文本样式

网页的排版离不开对文本的设置。本节主要讲述常用的文本样式，包括文本水平对齐方式、行高、文本的修饰、段落首行缩进、首字下沉、文本的截断、文本的颜色及文本的背景颜色。

字体样式主要涉及文字本身的效果，而文本样式主要涉及多个文字（段落）的排版效果。所以 CSS 在命名属性时，特意使用了 font 前缀和 text 前缀来区分两类不同性质的属性。

CSS 样式中有关文本样式的常用属性见表 5-2。

表 5-2 文本样式的常用属性

属　性	说　明
text-align	设置文本的水平对齐方式
line-height	设置行高
text-decoration	设置文本修饰效果

续表

属性	说明
text-indent	设置段落的首行缩进
first-letter	设置首字下沉
text-overflow	设置文本的截断
color	设置文本的颜色
background-color	设置文本的背景颜色

5.2.1 文本水平对齐方式

使用 text-align 属性可以设置元素中文本的水平对齐方式。

语法格式：

```
text-align:left | right | center | justify
```

参数：left 为左对齐，right 为右对齐，center 为居中，justify 为两端对齐。

说明：设置对象中文本的对齐方式。

微课：文本水平对齐方式、文本的修饰和段落首行缩进

5.2.2 行高

段落中两行文本之间垂直的距离称为行高。在 HTML 中是无法控制行高的。在 CSS 样式中，使用 line-height 属性控制行与行之间的垂直间距。

语法格式：

```
line-height:length | normal
```

参数：length 为由百分比数字或由数值、单位标识符组成的长度值，允许为负值。其百分比取值是基于字体的高度尺寸。normal 为默认行高。

说明：设置对象的行高。

5.2.3 文本的修饰

使用 CSS 样式可以对文本进行简单的修饰。text 属性所提供的 text-decoration 属性，主要实现文本加下划线、顶线、删除线及文本闪烁等效果。

语法格式：

```
text-decoration:underline || blink || overline || line-through | none
```

参数：underline 为下划线，blink 为闪烁，overline 为上划线，line-through 为贯穿线，none 为无装饰。

说明：设置对象中文本的修饰。对象（标签）a、u、ins 的文本修饰默认值为 underline。对象（标签）strike、s、del 的默认值是 line-through。如果应用的对象不是文本，则此属性不起作用。

5.2.4 段落首行缩进

首行缩进是指段落的第一行从左向右缩进一定的距离，而首行以外的其他行保持不变，其目的是为了便于阅读和区分文章整体结构。

在 Web 页面中，将段落的第一行进行缩进，同样是一种最常用的文本格式化效果。在 CSS 样式中 text-indent 属性可以方便地实现文本缩进。可以为所有块级元素应用 text-indent，但不能应用于行级元素。如果想把一个行级元素的第一行缩进，可以用左内边距或外边距创造这种效果。

语法格式：

```
text-indent:length
```

参数：length 为百分比数字或由浮点数字、单位标识符组成的长度值，允许为负值。

说明：设置对象中的文本段落的缩进。本属性只应用于整块的内容。

5.2.5 首字下沉

在许多文档的排版中经常出现首字下沉的效果，所谓首字下沉指的是设置段落的第一行第一个字的字体变大，并且向下一定的距离，而段落的其他部分保持不变。

在 CSS 样式中，伪对象":first-letter"可以实现对象内第一个字符的样式控制。

【例 5-1】 实现段落的首字下沉。本例页面 5-1.html 的显示效果如图 5-2 所示。

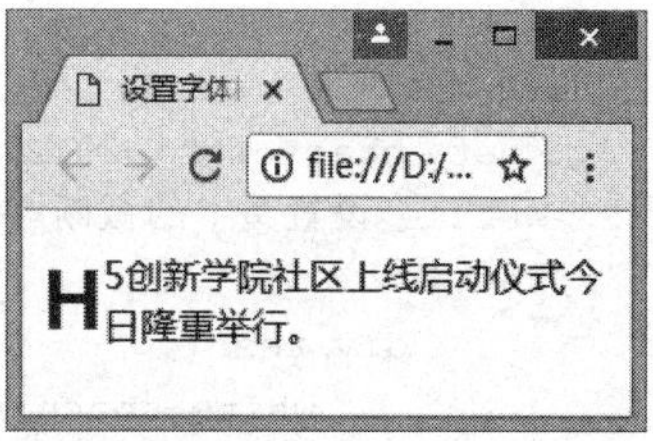

图 5-2 首字下沉

代码如下：

```
<!doctype html>
<html>
  <head>
    <meta charset="gb2312">
    <title>设置首字下沉</title>
    <style type="text/css">
      p:first-letter{
        float:left;          /*设置向左浮动，其目的是占据多行空间*/
        font-size:2em;       /*下沉字体大小为其他字体的 2 倍*/
        font-weight:bold;    /*首字体加粗显示*/
      }
    </style>
  </head>
  <body>
    <p>H5 创新学院社区上线启动仪式今日隆重举行。</p>
  </body>
</html>
```

说明：如果不使用伪对象":first-letter"来实现首字下沉的效果，就要对段落中第一个文字添加< span >标签，然后定义< span >标签的样式。但是这样做的后果是每个段落都要对第一个文字添加< span >标签，非常烦琐。因此，使用伪对象":first-letter"来实现首字下沉，提高了网页排版的效率。

5.2.6 文本的截断

在 CSS 样式中，text-overflow 属性可以实现文本的截断效果，该属性包含 clip 和

ellipsis 两个属性值。前者表示简单的裁切，不显示省略标记(...)；后者表示当文本溢出时显示省略标记(...)。

语法格式：

```
text-overflow:clip | ellipsis
```

说明：要实现溢出文本显示省略号的效果，除了使用 text-overflow 属性以外，还必须配合 white-space：nowrap（white-space 属性指定元素内的空白怎样处理，nowrap 属性值规定了段落中的文本不进行换行）和 overflow：hidden（溢出内容为隐藏）同时使用才能实现。

图 5-3　文本截断

【例 5-2】 实现文本的截断。本例页面 5-2.html 的显示效果如图 5-3 所示。

代码如下：

```
<!doctype html>
<html>
  <head>
    <meta charset="gb2312">
    <title>设置文本的截断</title>
    <style>
          div.test{
              white-space:nowrap;
              width:12em;
              overflow:hidden;
              border:1px solid #000000;
          }
    </style>
  </head>
  <body>
    <p>下面两个 div 包含无法在框中容纳的长文本，所以文本被修剪了。</p>
    <p>这个 div 使用 "text-overflow:ellipsis" : </p>
    <div class="test" style="text-overflow:ellipsis;">This is some long text that
will not fit in the box</div>
    <p>这个 div 使用 "text-overflow:clip": </p>
    <div class="test" style="text-overflow:clip;">This is some long text that
will not fit in the box</div>
  </body>
</html>
```

说明：width 属性定义了宽度为 12em，第一个 div 使用 ellipsis 参数值，因此后半部分被截断的文字用“...”代替了；第二个 div 使用 clip 参数值，因此后半部分文字被直接截断。

5.2.7 文本的颜色

在 CSS 样式中，对文本增加颜色修饰十分简单，只须添加 color 属性即可。color 属性的语法格式：

```
color:颜色值;
```

这里颜色值可以使用多种书写方式：

微课：文本的颜色和文本的背景颜色

```
color:red;              /*规定颜色值为颜色名称的颜色*/
color: #000000;         /*规定颜色值为十六进制值的颜色*/
color:rgb(0,0,255);     /*规定颜色值为 rgb 代码的颜色*/
color:rgb(0%,0%,80%);/*规定颜色值为 rgb 百分数的颜色*/
```

有关设置色彩的具体方法见 4.1.1 小节。

5.2.8 文本的背景颜色

在 HTML 中，可以使用标签的 bgcolor 属性设置网页的背景颜色，而在 CSS 里，不仅可以用 background-color 属性来设置网页背景颜色，还可以设置文本的背景颜色。

语法格式：

```
background-color:color | transparent
```

参数：color 指定颜色，transparent 表示透明的意思，也是浏览器的默认值。

说明：background-color 不能继承，默认值是 transparent，如果一个元素没有指定背景色，那么背景就是透明的，这样其父元素的背景才能看见。

【例 5-3】 设置文本样式综合案例。本例页面 5-3. html 的显示效果如图 5-4 所示。

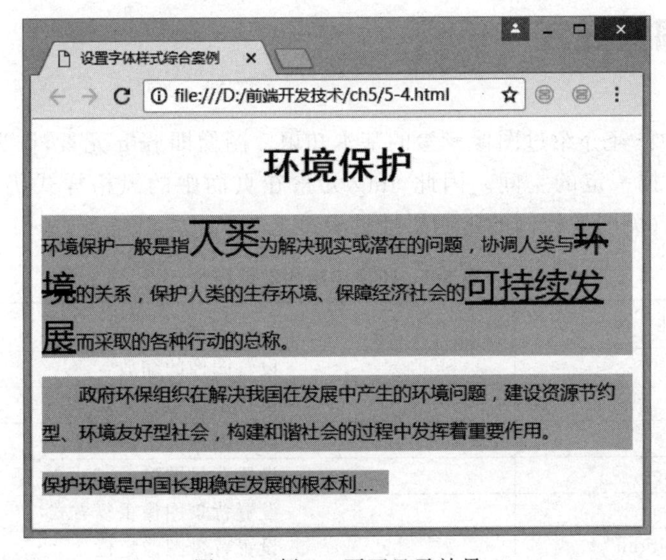

图 5-4 例 5-3 页面显示效果

代码如下：

```
<!doctype html>
<html>
  <head>
    <meta charset="gb2312">
    <title>设置文本的截断</title>
    <style>
```

```
        div.test{
                white-space:nowrap;
                width:12em;
                overflow:hidden;
                border:1px solid #000000;
        }
    </style>
  </head>
  <body>
    <p>下面两个 div 包含无法在框中容纳的长文本,所以文本被修剪了。</p>
    <p>这个 div 使用 "text-overflow:ellipsis" : </p>
    <div class="test" style="text-overflow:ellipsis;">This is some long text that
will not fit in the box</div>
    <p>这个 div 使用 "text-overflow:clip": </p>
    <div class="test" style="text-overflow: clip;">This is some long text that
will not fit in the box</div>
  </body>
</html>
```

说明：text-indent 属性是以各种长度为属性值,为了缩进两个汉字的距离,最经常用的是 2em 这个距离。1em 等于一个中文字符,两个英文字符相当于一个中文字符。因此,如果用户需要英文段落的首行缩进两个英文字符,只需设置"text-indent:1em;"即可。

5.3 设置图像样式

在 HTML 中已经介绍过图像元素的基本知识。图像即 img 元素,作为 HTML 的一个独立对象,需要占据一定的空间。因此,img 元素在页面中的风格样式仍然用盒模型来设计。CSS 样式中有关图像控制的常用属性见表 5-3。

表 5-3 图像控制的常用属性

属性	说明
width、height	设置图像的缩放
border	设置图像边框样式
opacity	设置图像的不透明度
background-image	设置背景图像
background-repeat	设置背景图像重复方式
background-position	设置背景图像定位
background-attachment	设置背景图像固定
background-size	设置背景图像大小

作为单独的图像本身,它的很多属性可以直接在 HTML 中进行调整,但是通过 CSS 统一管理,不但可以更加精确地调整图像的各种属性,还可以实现很多特殊的效果。

5.3.1 图像缩放

使用 CSS 样式控制图像的大小,可以通过 width 和 height 两个属性来实现。需要注意的是,当 width 和 height 两个属性的取值使用百分比数值时,它是相对于父元素而言的。如果将这两个属性设置为相对于 body 的宽度或高度,就可以实现当浏览器窗口改变时图像大小也发生相应变化的效果。

【例 5-4】 设置图像缩放。本例页面 5-4. html 的显示效果如图 5-5 所示。

图 5-5　例 5-4 页面显示效果

代码如下:

```
<!doctype html>
<html>
  <head>
    <meta charset="gb2312">
    <title>设置图像的缩放</title>
    <style type="text/css">
      #box{
        padding:10px;
        width:880px;
        height:240px;
        border:2px dashed #fd8e47;
      }
      img. test1{
          width:30%;                          /*相对宽度为 30%*/
          height:40%;                         /*相对高度为 40%*/
      }
      img. test2{
          width:150px;                        /*绝对宽度为 150px */
          height:150px;                       /*绝对高度为 150px */
      }
    </style>
  </head>
  <body>
    <div id="box">
      <img src="images/H5tech. png">                  <!--图像的原始大小-->
      <img src="images/H5tech. png" class="test1">    <!--相对于父元素缩放的大小-->
      <img src="images/H5tech. png" class="test2">    <!--绝对像素缩放的大小-->
    </div>
  </body>
</html>
```

说明：

① 本例中图像的父元素为 id="box"的 div 容器，在 img. test1 中定义 width 和 height 两个属性的取值为百分比数值，该数值是相对于 id="box"的 div 容器而言的，而不是相对于图像本身。

② img. test2 中定义 width 和 height 两个属性的取值为绝对像素值，图像将按照定义的像素值显示大小。

5.3.2 图像边框

图像的边框就是利用 border 属性作用于图像元素而呈现的效果。在 HTML 中可以直接通过< img >标记的 border 属性值为图像添加边框。属性值为边框的粗细，以像素为单位，从而控制边框的粗细。当设置 border 属性值为 0 时，则显示为没有边框。例如以下示例代码：

```
<img src="images/H5tech.png " border="0">        <!--显示为没有边框-->
<img src="images/H5tech.png " border="1">        <!--设置边框的粗细为 1px-->
<img src="images/H5tech.png " border="2">        <!--设置边框的粗细为 2px -->
<img src="images/H5tech.png " border="3">        <!--设置边框的粗细为 3px -->
```

通过浏览器的解析，图像的边框粗细从左至右依次递增，效果如图 5-6 所示。

图 5-6 在 HTML 中控制图像的边框

然而，使用这种方法存在很大的限制，即所有的边框都只能是黑色，而且都是实线，只是在边框粗细上能够进行调整，风格十分单一。

如果希望更换边框的颜色，或者换成虚线边框，仅仅依靠 HTML 都是无法实现的。下面的实例讲解了如何用 CSS 样式美化图像的边框。

【例 5-5】 设置图像边框。本例页面 5-5. html 的显示效果如图 5-7 所示。

图 5-7 例 5-5 页面显示效果

代码如下：

```
<!doctype html>
<html>
  <head>
    <meta charset="gb2312">
    <title>设置边框</title>
      <style type="text/css">
        .test1{
          border-style:dotted;          /*点画线边框*/
          border-color:#fd8e47;         /*边框颜色为橘红色*/
          border-width:4px;             /*边框粗细为 4px */
          margin:2px;
        }
        .test2{
          border-style:dashed;          /*虚线边框 */
          border-color:blue;            /*边框颜色为蓝色*/
          border-width:2px;             /*边框粗细为 2px */
          margin:2px;
        }
        .test3{
          border-style:solid dotted dashed double;  /*4边的线型依次为实线、点画线、
虚线和双线边框 */
          border-color:red green blue purple;        /*4边的颜色依次为红色、绿色、蓝
色和紫色*/
          border-width:1px 2px 3px 4px;              /*4边的边框粗细依次为 1px、2px、
3px 和 4px */
          margin:2px;
        }
    </style>
  </head>
  <body>
    <img src="images/H5tech.png" class="test1">
    <img src="images/H5tech.png" class="test2">
    <img src="images/H5tech.png" class="test3">
  </body>
</html>
```

说明：如果希望分别设置4条不同样式的边框，在CSS中也是可以实现的，只需要分别设定 border-left、border-right、border-top 和 border-bottom 的样式即可，依次对应于左、右、上、下4条边框，如本例中“.test3”的设定。

5.3.3 图像的不透明度

在CSS3中，使用 opacity 属性能够使图像呈现出不同的透明效果。其语法格式如下：

```
opacity: opacityValue;
```

opacity 属性用于定义元素的不透明度，参数 opacityValue 表示不透明度的值，是一个介于0～1的浮点数值。其中，0表示完全透明，1表示完全不透明，而0.5表示半透明。

【例 5-6】 设置图像的透明度。本例页面 5-6. html 的显示效果如图 5-8 所示。

图 5-8 例 5-6 页面显示效果

代码如下：

```
<!doctype html>
<html>
  <head>
    <meta charset="gb2312">
    <title>设置图像的透明度</title>
      <style type="text/css">
        #boxwrap{
          width:380px;
          margin:10px auto;
          border:2px dashed #fd8e47;
        }
        img:first-child{opacity:1;}
        img:nth-child(2){opacity:0.8;}
        img:nth-child(3){opacity:0.5;}
        img:nth-child(4){opacity:0.2;}
    </style>
  </head>
  <body>
    <div id="boxwrap">
      <img src="images/H5tech.png">
      <img src="images/H5tech.png">
      <img src="images/H5tech.png">
      <img src="images/H5tech.png">
    </div>
  </body>
</html>
```

5.3.4 背景图像

在网页设计中，无论是单一的纯色背景，还是加载的背景图片，都能够给整个页面带来丰富的视觉效果。CSS 除了可以设置背景颜色，还可以用 background-image 来设置背景图像。

语法格式：

```
background-image:url(url) | none
```

参数：url 表示要插入背景图像的路径，none 表示不加载图像。

说明：设置对象的背景图像。若把图像添加到整个浏览器窗口，可以将其添加到< body >标签。

图 5-9　例 5-7 页面显示效果

【例 5-7】 设置背景图像。本例页面 5-7. html 的显示效果如图 5-9 所示。

代码如下：

微课：背景图像和背景重复

```
<!doctype html>
<html>
  <head>
    <meta charset="gb2312">
    <title>设置背景图像</title>
      <style type="text/css">
        body {
          background-color:#fd8e47;
          background-image:url("images/H5tech.png");
          background-repeat:no-repeat;
        }
    </style>
  </head>
  <body>

  </body>
</html>
```

说明：如果网页中某元素同时具有 background-image 属性和 background-color 属性，那么 background-image 属性优先于 background-color 属性，也就是说背景图像永远覆盖于背景色之上。

5.3.5　背景重复

背景重复(background-repeat)属性的主要作用是设置背景图像以何种方式在网页中显示。通过背景重复，设计人员使用很小的图像就可以填充整个页面，有效地减少图像字节的大小。

在默认情况下，图像会自动向水平和竖直两个方向平铺。如果不希望平铺，或者只希望沿着一个方向平铺，可以使用 background-repeat 属性来控制。

语法格式：

```
background-repeat:repeat | no-repeat | repeat-x | repeat-y
```

参数：repeat 表示背景图像在水平和垂直方向平铺，是默认值；no-repeat 表示背景图像不平铺；repeat-x 表示背景图像在水平方向平铺；repeat-y 表示背景图像在垂直方向平铺。例 5-8 中设置的就是这种形式。

说明：设置对象的背景图像是否平铺及如何平铺，必须先指定对象的背景图像。

【例 5-8】 设置背景重复。本例页面 5-8. html 的显示效果如图 5-10 所示。

(a) 背景不重复

(b) 背景水平重复

(c) 背景垂直重复

(d) 背景重复

图 5-10 例 5-8 页面显示效果

背景不重复的 CSS 定义代码如下：

```
body{
  background-color:#fd8e47;
  background-image:url("images/H5tech.png");
  background-repeat:no-repeat;
}
```

背景水平重复的 CSS 定义代码如下：

```
body{
  background-color:#fd8e47;
  background-image:url("images/H5tech.png");
  background-repeat:repeat-x;
}
```

背景垂直重复的 CSS 定义代码如下：

```
body{
  background-color:#fd8e47;
  background-image:url("images/H5tech.png");
  background-repeat:repeat-y;
}
```

背景重复的 CSS 定义代码如下：

```
body{
  background-color:#fd8e47;
```

```
  background-image:url("images/H5tech.png");
  background-repeat:repeat;
}
```

5.3.6 背景图像定位

当在网页中插入背景图像时，每一次插入的位置都位于网页的左上角，可以通过background-position属性来改变图像的插入位置。

语法格式：

```
background-position:length || length
background-position:position || position
```

参数：position可取top、center、bottom、left、right之一。

说明：利用百分比和长度来设置图像位置时，都要指定两个值，并且这两个值都要用空格隔开。一个代表水平位置，一个代表垂直位置。水平位置的参考点是网页页面的左边，垂直位置的参考点是网页页面的上边。用于定义水平或垂直位置的特定名词就是关键字，关键字在水平方向的主要有left、center、right，关键字在垂直方向的主要有top、center、bottom。水平方向和垂直方向相互搭配使用。

设置背景定位有以下3种方法。

1. 使用关键字进行背景定位

微课：背景图像定位、设置背景图像固定、背景图像大小

关键字参数的取值及含义如下。

(1) top：将背景图像同元素的顶部对齐。

(2) bottom：将背景图像同元素的底部对齐。

(3) left：将背景图像同元素的左边对齐。

(4) right：将背景图像同元素的右边对齐。

(5) center：将背景图像相对于元素水平居中或垂直居中。

【例5-9】 使用关键字进行背景定位。本例页面5-9.html的显示效果如图5-11所示。

图5-11 例5-9页面显示效果

代码如下：

```
<!doctype html>
<html>
  <head>
    <meta charset="gb2312">
    <title>使用关键字设置背景定位</title>
    <style type="text/css">
      body{
        background-color:#fd8e47;
      }
      #box{
        width:400px;                                    /*设置元素宽度*/
        height:300px;                                   /*设置元素高度*/
        border:6px dashed #00f;                         /*6px 蓝色虚线边框*/
        background-image:url("images/H5tech.png");      /*背景图像*/
        background-repeat:no-repeat;                    /*背景图像不重复*/
        background-position:center bottom;              /*定位背景向 box 的底部中央对齐*/
      }
    </style>
  </head>
  <body>
    <div id="box"></div>
  </body>
</html>
```

说明：根据规范，关键字可以按任何顺序出现，只要保证不超过两个关键字，一个对应水平方向，另一个对应垂直方向。如果只出现一个关键字，则认为另一个关键字是 center。

2. 使用长度进行背景定位

长度参数可以对背景图像的位置进行更精确的控制，实际上定位的是图像左上角相对于元素左上角的位置。

【例 5-10】 使用长度进行背景定位。本例页面 5-10.html 的显示效果如图 5-12 所示。

图 5-12 例 5-10 页面显示效果

在例 5-9 的基础上，修改 box 的 CSS 定义，代码如下：

```
#box{
  width:350px;                              /*设置元素宽度*/
  height:260px;                             /*设置元素高度*/
  border:6px dashed #00f;                   /*6px 蓝色虚线边框*/
  background-image:url("images/H5tech.png");     /*背景图像*/
  background-repeat:no-repeat;             /*背景图像不重复*/
  background-position: 150px 70px;  /*定位背景在距容器左 150px、距顶 70px 的位置*/
}
```

3. 使用百分比进行背景定位

使用百分比进行背景定位，其实是将背景图像的百分比指定的位置和元素的百分比位置对齐。也就是说，百分比定位改变了背景图像和元素的对齐基点，不再像使用关键字或长度单位定位时，使用背景图像和元素的左上角为对齐基点。

【例 5-11】 使用百分比进行背景定位。本例页面 5-11.html 的显示效果如图 5-13 所示。

图 5-13　例 5-11 页面显示效果

在例 5-10 的基础上，修改 box 的 CSS 定义，代码如下：

```
#box{
  width:350px;                            /*设置元素宽度*/
  height:260px;                           /*设置元素高度*/
  border:6px dashed #00f;                 /*6px 蓝色虚线边框*/
  background-image:url("images/H5tech.png");      /*背景图像*/
  background-repeat:no-repeat;    /*背景图像不重复*/
  background-position: 100% 50%; /*背景在容器 100%(水平方向)、50%(垂直方向)的
位置*/
}
```

说明：本例中使用百分比进行背景定位时，其实就是将背景图像的"100%(right),50%(center)"这个点和 box 容器的"100%(right),50%(center)"这个点对齐。

5.3.7　设置背景图像固定

如果希望背景图像固定在屏幕的某一位置，不随着滚动条移动，可以使用 background-attachment 属性来设置。

background-attachment 属性有两个属性值,分别代表不同的含义,具体解释如下。

(1) scroll:图像随页面元素一起滚动(默认值)。

(2) fixed:图像固定在屏幕上,不随页面元素滚动。

【例 5-12】 设置背景图像固定。页面打开后,无论如何拖动浏览器的滚动条,背景图像的位置始终固定不变。本例页面 5-12.html 的显示效果如图 5-14 所示。

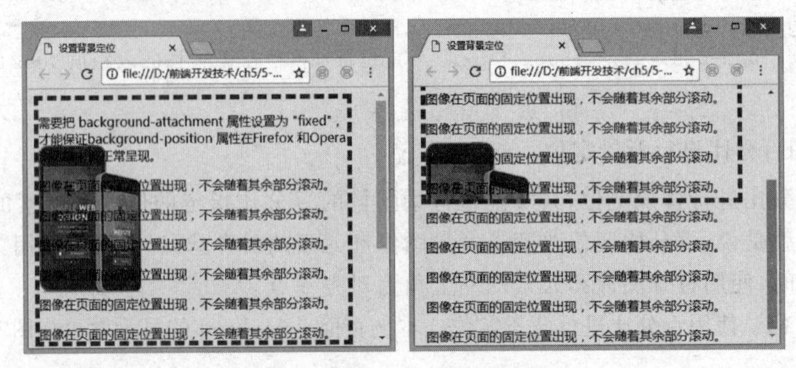

图 5-14 例 5-12 页面显示效果

代码如下:

```
<!doctype html>
<html>
  <head>
    <meta charset="gb2312">
    <title>设置背景定位</title>
    <style type="text/css">
      body{
        background-color:#f0f0f0;
      }
      #box{
        width:400px;                              /*设置元素宽度*/
        height:300px;                             /*设置元素高度*/
        border:6px dashed #00f;                   /*6px 蓝色虚线边框*/
        background-image:url("images/H5tech.png");      /*背景图像*/
        background-repeat:no-repeat;              /*背景图像不重复*/
        background-position:left center;/*定位背景向 box 的底部中央对齐*/
        background-attachment:fixed;      /*设置图像固定在屏幕上,不随页面元素滚动*/
      }
    </style>
  </head>
  <body>
    <div id="box">
      <p>需要把 background-attachment 属性设置为 "fixed",才能保证 background-
position 属性在 Firefox 和 Opera 浏览器中被正常呈现。</p>
      <p>图像在页面的固定位置出现,不会随着其余部分滚动。</p>
      <p>图像在页面的固定位置出现,不会随着其余部分滚动。</p>
      <p>图像在页面的固定位置出现,不会随着其余部分滚动。</p>
      <p>图像在页面的固定位置出现,不会随着其余部分滚动。</p>
      <p>图像在页面的固定位置出现,不会随着其余部分滚动。</p>
      <p>图像在页面的固定位置出现,不会随着其余部分滚动。</p>
      <p>图像在页面的固定位置出现,不会随着其余部分滚动。</p>
```

```
        <p>图像在页面的固定位置出现,不会随着其余部分滚动。</p>
        <p>图像在页面的固定位置出现,不会随着其余部分滚动。</p>
        <p>图像在页面的固定位置出现,不会随着其余部分滚动。</p>
        <p>图像在页面的固定位置出现,不会随着其余部分滚动。</p>
        <p>图像在页面的固定位置出现,不会随着其余部分滚动。</p>
    </div>
  </body>
</html>
```

5.3.8　背景图像大小

background-size 属性用于设置背景图像的大小。

语法格式：

```
background-size:auto | length | percentage | cover | contain
```

参数：auto 为默认值，保持背景图像的原始高度和宽度；length 设置具体的值，可以改变背景图像的大小；percentage 为百分值，可以是 0%～100%任何值，但此值只能应用在块元素上，所设置百分值将使用背景图像大小根据所在元素的宽度的百分比来计算；cover 将图像放大以适合铺满整个容器，采用 cover 将背景图像放大到适合容器的大小，但这种方法会使背景图像失真；contain 此值刚好与 cover 相反，用于将背景图像缩小以适合铺满整个容器，这种方法同样会使图像失真。

当 background-size 取值为 length 和 percentage 时，可以设置两个值，也可以设置一个值。当只取一个值时，第二个值相当于 auto，但这里的 auto 并不会使背景图像的高度保持自己原始高度，而会与第一个值相同。

说明：设置背景图像的大小以像素或百分比显示。当指定为百分比时，大小会由所在区域的宽度、高度决定，还可以通过 cover 和 contain 来对图片进行伸缩。

示例：

```
<div style="border: 1px solid #00f; padding: 90px 5px 10px; background-image: url
(images/H5tech.png); background-repeat:no-repeat; background-size:100% 80%">
  这里的 background-size: 100% 80px。背景图像将与 Div 一样宽，高为 80px。
</div>
```

浏览器中的显示效果如图 5-15 所示。

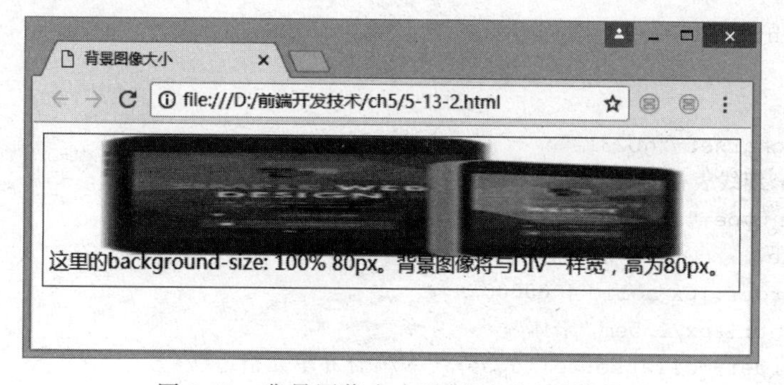

图 5-15　背景图像大小示例页面显示效果

5.4 设置表格样式

在前面的章节中已经讲解了表格的基本用法，本节将重点讲解如何使用 CSS 设置表格样式美化表格的外观。虽然网页的布局形式应该是 Div+CSS，但并不是所有的布局都应该如此，在某些时候表格布局更为便利。

CSS 表格属性可以帮助设计者极大地改善表格的外观，常用的 CSS 表格属性见表 5-4。

表 5-4 常用的 CSS 表格属性

属 性	说 明
border-collapse	设置表格的行和单元格的边是合并在一起还是按照标准的 HTML 样式分开
border-spacing	设置当表格边框独立时，行和单元格的边框在横向和纵向上的间距
empty-cells	设置当表格的单元格无内容时，是否显示该单元格的边框

1. border-collapse 属性

border-collapse 属性用于设置表格的边框是合并成单边框，还是分别有各自的边框。

语法格式：

```
border-collapse:separate | collapse
```

参数：separate 为默认值，表示边框分开，不合并；collapse 表示边框合并，即如果两个边框相邻，则共用同一个边框。

表格的默认样式虽然有立体的感觉，但它在整体布局中并不是很美观。通常情况下，用户会把表格的 border-collapse 属性设置为 collapse（合并边框），然后设置表格单元格 td 的 border（边框）为 1px，即可显示细线表格的样式。

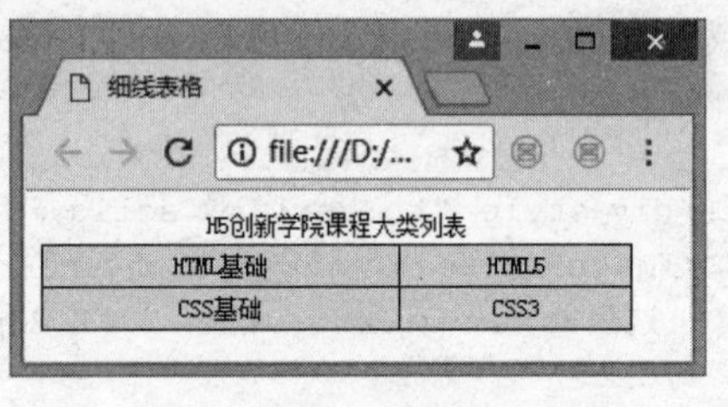

图 5-16 细线表格

【例 5-13】 使用合并边框技术制作细线表格。本例页面 5-13.html 的显示效果如图 5-16 所示。

代码如下：

微课：设置表格样式-border-collapse 属性和 border-spacing 属性

```
<!doctype html>
<html>
  <head>
    <meta charset="gb2312">
    <title>细线表格</title>
    <style type="text/css">
      table{
        border:1px solid #000000;
        font:12px/1.5em "宋体";
        border-collapse:collapse;      /*合并单元格边框*/
      }
      td{     /*设置所有 td 内容单元格的文字居中显示，并添加黑色边框和背景颜色*/
```

```
        text-align:center;
        border:1px solid #000000;
        background: #e5f1f4;
      }
    </style>
  </head>
  <body>
    <table width="300" border="0">
      <caption>H5 创新学院课程大类列表</caption>
      <tr>
        <td>HTML 基础</td><td>HTML5</td>
      </tr>
      <tr>
        <td>CSS 基础</td><td>CSS3</td>
      </tr>
    </table>
  </body>
</html>
```

2. border-spacing 属性

border-spacing 属性用来设置相邻单元格边框间的距离。

语法格式：

```
border-spacing:length || length
```

参数：length 为由浮点数字和单位标识符组成的长度值，不可为负值。

说明：该属性用于设置当表格边框独立(border-collapse 属性等于 separate)时，单元格的边框在横向和纵向上的间距。当只指定一个 length 值时，这个值将作用于横向和纵向上的间距；当指定了全部两个 length 值时，第 1 个作用于横向间距，第 2 个作用于纵向间距。

图 5-17　例 5-14 页面显示效果

【例 5-14】 使用 border-spacing 属性设置相邻单元格边框间的距离。本例页面 5-14.html 的显示效果如图 5-17 所示。

代码如下：

```
<!doctype html>
<html>
  <head>
    <meta charset="gb2312">
    <title>空单元的边框</title>
    <style type="text/css">
    table.one
    {
      border-collapse:separate;           /*表格边框独立*/
      border-spacing:10px;                /*单元格水平、垂直距离均为 10px */
    }
```

```
    table.two
    {
      border-collapse:separate;        /*表格边框独立*/
      border-spacing:10px;
      empty-cells:hide;                /*表格的单元格无内容时隐藏单元格的边框*/
    }
    </style>
  </head>
  <body>
    <table class="one" border="1">
      <tr>
        <td>HTML 基础</td><td>HTML5 技术</td>
      </tr>
      <tr>
        <td>CSS 基础</td><td></td>
      </tr>
    </table>
    <br/>
    <table class="two" border="1">
      <tr>
        <td>HTML 基础</td><td>HTML5 技术</td>
      </tr>
      <tr>
        <td>CSS 基础</td><td></td>
      </tr>
    </table>
  </body>
</html>
```

3. empty-cells 属性

empty-cells 属性用于设置当表格的单元格无内容时，是否显示该单元格的边框。

案例：使用隔行换色表格制作环保工程年度排行榜

语法格式：

```
empty-cells:hide | show
```

参数：show 为默认值，表示当表格的单元格无内容时显示单元格的边框；hide 表示当表格的单元格无内容时隐藏单元格的边框。

说明：只有当表格边框独立时，该属性才起作用。

5.5 设置表单样式

在前面章节中讲解的表单设计大多采用表格布局，这种布局方法对表单元素的样式控制很少，仅局限于功能上的实现。本节主要讲解如何使用 CSS 控制和美化表单。

表单中的元素很多，包括常用的文本域、单选钮、复选框、下拉菜单和按钮等。下面通过实例讲解怎样使用 CSS 修饰常用的表单元素。

1. 修饰文本域

文本域主要用于采集用户在其中编辑的文字信息,通过CSS样式可以对文本域内的字体、颜色,以及背景图像加以控制。下面以示例的形式介绍如何使用CSS修饰文本域。

【例5-15】 使用CSS修饰文本域。本例页面5-15.html的显示效果如图5-18所示。

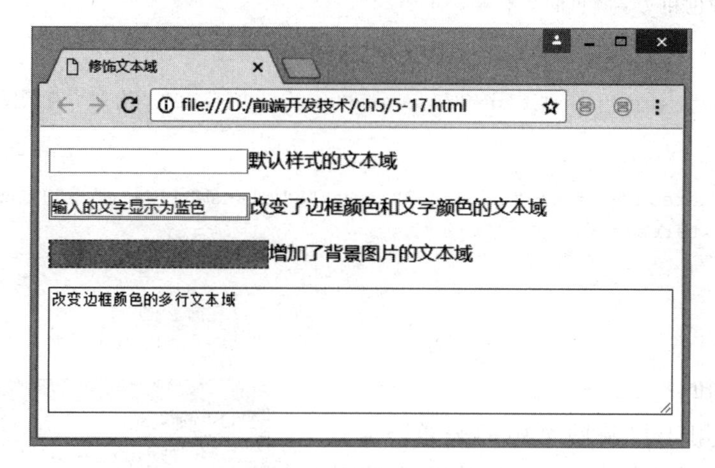

图5-18 修饰文本域

代码如下:

```
<!doctype html>
<html>
  <head>
    <meta charset="gb2312">
    <title>修饰文本域</title>
    <style type="text/css">
      .text1 {
        border:3px double #f60;            /*3px双线红色边框*/
        color:#03c;                        /*文字颜色为蓝色*/
      }
      .text2 {
        border:1px dashed #c3c;            /*1px实线紫红色边框*/
        height:20px;
        background:#fff url(images/action.jpg) left center no-repeat;
                                           /*背景图像无重复*/
        padding-left:20px;
      }
      .area {
        border:1px solid #00f;             /*1px实线蓝色边框*/
        overflow:auto;
        width:99%;
        height:100px;
      }
    </style>
  </head>
  <body>
    <p>
```

```
      <input type="text" name="normal"/>
      默认样式的文本域
    </p>
    <p>
      <input name="chbd" type="text" value="输入的文字显示为蓝色" class="text1"/>
改变了边框颜色和文字颜色的文本域
    </p>
    <p>
      <input name="pass" type="password" class="text2"/>增加了背景图片的文本域
    </p>
    <p>
      <textarea name="cha" cols="60" rows="5" class="area">改变边框颜色的多行文本域
      </textarea>
    </p>
  </body>
</html>
```

2. 修饰按钮

按钮主要用于控制网页中的表单。通过CSS样式可以对按钮的字体、颜色、边框，以及背景图像加以控制。下面以示例的形式介绍如何使用CSS修饰按钮。

【例 5-16】 使用CSS修饰按钮。本例页面5-16.html的显示效果如图5-19所示。

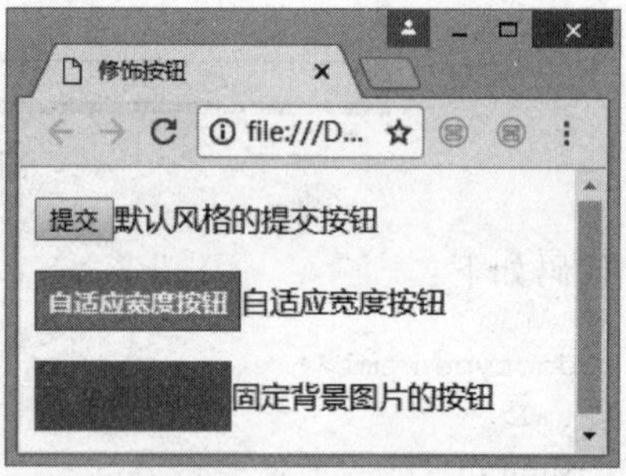

图 5-19　修饰按钮

代码如下：

```
<!doctype html>
<html>
  <head>
    <meta charset="gb2312">
    <title>修饰按钮</title>
    <style type="text/css">
      .btn01 {
        background: url(images/btn_bg01.jpg) repeat-x;      /*背景图像水平重复*/
        border:1px solid #f00;                              /*1px实线红色边框*/
        height:32px;
        font-weight:bold;                                   /*字体加粗*/
        padding-top:2px;
        cursor:pointer;                                     /*鼠标指针样式为手形*/
        font-size:14px;
        color:#fff;                                         /*文字颜色为白色*/
      }
      .btn02 {
        background: url(images/btn_bg02.jpg) 0 0 no-repeat;     /*背景图像无重复*/
        width:107px;
        height:37px;
        border:none;                          /*无边框，背景图像本身就是边框风格的图像*/
        font-size:14px;
        font-weight:bold;                     /*字体加粗*/
```

```
        color:#d84700;
        cursor:pointer;             /*鼠标指针样式为手形*/
      }
    </style>
  </head>
  <body>
    <p>
      <input name="button" type="submit" value="提交" />默认风格的提交按钮
    </p>
    <p>
      <input name="button01" type="submit" class="btn01" id="button1" value="自适
应宽度按钮" />
        自适应宽度按钮
    </p>
    <p>
      <input name="button02" type="submit" class="btn02" id="button2" value="免费
注册" />
        固定背景图片的按钮
    </p>
  </body>
</html>
```

案例：制作H5创新学院学员调查页面

5.6 设置链接

超链接是网页上最普通的元素，通过超链接能够实现页面的跳转、功能的激活等，而要实现链接的多样化效果则离不开CSS样式的辅助。在前面的章节中已经讲到了伪类选择符的基本概念和简单应用，本节重点讲解使用CSS制作丰富的超链接特效的方法。

5.6.1 设置文字链接的外观

在HTML语言中，超链接是通过标记< a >来实现的，链接的具体地址则是利用< a >标记的href属性，代码如下：

```
<a href="http://www.baidu.com">百度</a>
```

在默认的浏览器方式下，超链接统一为蓝色并且带有下画线。访问过的超链接则为紫色并且也有下画线。这种最基本的超链接样式已经无法满足设计人员的要求。通过CSS可以设置超链接的各种属性，而且通过伪类还可以制作出许多动态效果。

伪类中通过:link、:visited、:hover和:active来控制链接内容访问前、访问后、鼠标指针悬停时，以及用户激活时的样式。需要说明的是，这4种状态的顺序不能颠倒，否则可能会导致伪类样式不能实现。这4种状态并不是每次都要用到，一般情况下只需要定义链接标签的样式以及:hover伪类样式即可。

【例5-17】 制作网页中不同区域的链接效果。本例文件5-17.html在浏览器中显示的效果如图5-20所示。

图 5-20　使用 CSS 制作不同区域的超链接风格

代码如下：

```
<!doctype html>
<html>
  <head>
    <meta charset="gb2312">
    <title>使用 CSS 制作不同区域的超链接风格</title>
    <style type="text/css">
      a:link{                          /*未访问的链接*/
        font-size: 13pt;
        color: #0000ff;
        text-decoration: none;         /*无修饰*/
      }
      a:visited{                       /*访问过的链接*/
        font-size: 13pt;
        color: #00ffff;
        text-decoration: none;         /*无修饰*/
      }
      a:hover{                         /*鼠标指针悬停的链接*/
        font-size: 13pt;
        color: #cc3333;
        text-decoration: underline; /*下划线*/
      }
      .navi {
        text-align:center;             /*文字居中对齐*/
        background-color: #eee;
      }
      .navi span{
        margin-left:10px;              /*左外边距为 10px */
        margin-right:10px;             /*右外边距为 10px */
      }
      .navi a:link {
        color: #ff0000;
        text-decoration: underline; /*下划线*/
        font-size: 17pt;
        font-family: "黑体";
      }
```

```
        .navi a:visited {
          color: #0000ff;
          text-decoration: none;/*无修饰*/
          font-size: 17pt;
          font-family: "黑体";
        }
        .navi a:hover {
          color: #000;
          font-family: "黑体";
          font-size: 17pt;
          text-decoration: overline;  /*上划线*/
        }
        .footer{
          text-align:center;            /*文字居中对齐*/
          margin-top:120px;             /*上外边距为 120px */
        }
      </style>
    </head>
    <body>
      <h2 align="center">H5 创新学院</h2>
      <p class="navi">
        <a href="#">首页</a>
        <a href="#">关于</a>
        <a href="#">客服</a>
        <a href="#">联系</a>
      </p>
      <div class="footer">
        <a href="mailto:laoli@163.com">联系我们</a>
      <div>
    </body>
  </html>
```

说明：由于页面中的导航区域套用了类.navi，并且在其后分别定义了.navi a:link、.navi a:visited 和.navi a:hover 这 3 个继承，从而使导航区域的超链接风格区别于“联系我们”文字默认的超链接风格。

5.6.2　图文链接

网页设计中对文字链接的修饰不仅限于增加边框、修改背景颜色等方式，还可以利用背景图片将文字链接进一步美化。

【例 5-18】　图文链接。鼠标指针未悬停时文字链接的效果如图 5-21(a)所示；鼠标指针悬停在文字链接上时的效果如图 5-21(b)所示。

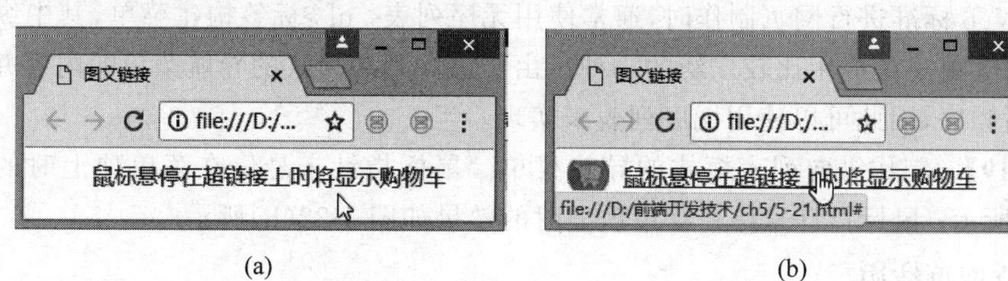

(a)　　　　(b)

图 5-21　图文链接的效果

代码如下：

```
<!doctype html>
<html>
  <head>
    <meta charset="gb2312">
    <title>图文链接</title>
    <style type="text/css">
      .a{
        padding-left:40px;                /*设置左内边距用于增加空白显示背景图片*/
        font-size:16px;
        text-decoration: none;            /*无修饰*/
      }
      .a:hover {
        background:url(images/cart.jpg) no-repeat left center;    /*增加背景图*/
        text-decoration: underline;     /*下画线*/
      }
    </style>
  </head>
  <body>
    <a href="#" class="a">鼠标指针悬停在超链接上时将显示购物车</a>
  </body>
</html>
```

说明：本例 CSS 代码中的 padding-left:40px;用于增加容器左侧的空白,为后来显示背景图片做准备。当触发鼠标指针悬停操作时,增加背景图片,位置是容器的左边中间。

5.7 创建导航菜单

作为一个成功的网站,导航菜单必不可少,导航菜单的风格决定了整个网站的风格。在传统方式下,制作导航菜单是很烦琐的工作。设计者不仅要用表格布局,还要使用 JavaScript 实现相应鼠标指针悬停或按下的动作。如果使用 CSS 来制作导航菜单,将大大简化设计流程。导航菜单按照菜单的布局显示来分,可以分为纵向导航菜单和横向导航菜单。

5.7.1 纵向列表模式的导航菜单

应用 Web 标准进行网页制作时,通常使用无序列表< ul >标签构建菜单,其中纵向列表模式的导航菜单又是应用比较广泛的一种。由于纵向列表模式的导航菜单的内容并没有逻辑上的先后顺序,因此可以使用无序列表来实现。

【例 5-19】 制作纵向列表模式的导航菜单。鼠标指针未悬停在菜单项上时的效果如图 5-22(a)所示；鼠标指针悬停在菜单项上时的效果如图 5-22(b)所示。

1. 建立网页结构

首先建立一个包含无序列表的 Div 容器,列表包含 5 个选项,每个选项中包含 1 个用于

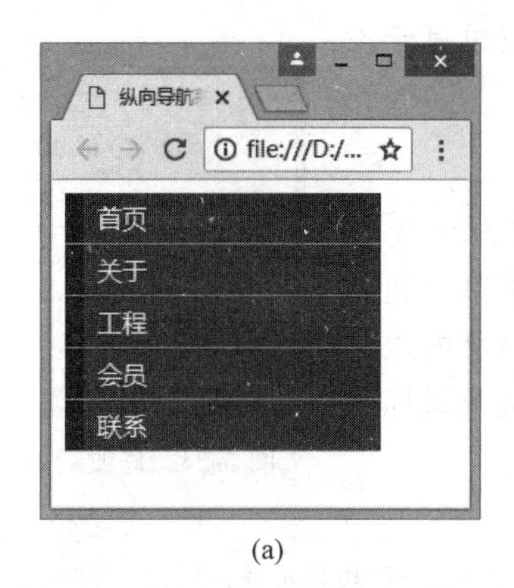

(a)

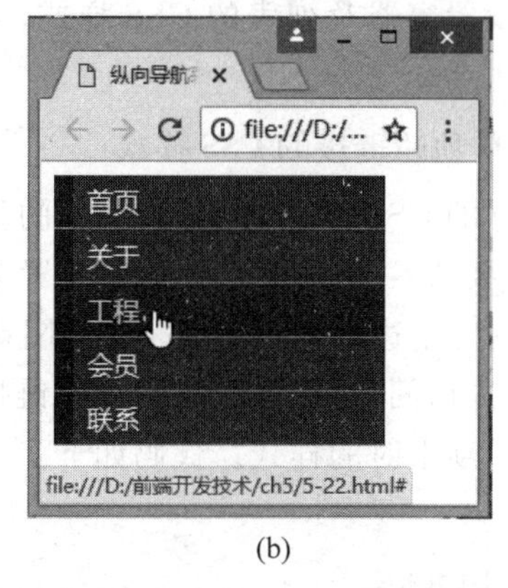

(b)

图 5-22　纵向列表模式的导航菜单

实现导航菜单的文字链接。代码如下：

```
<body>
  <div id="nav">
    <ul>
      <li><a href="#">首页</a></li>
      <li><a href="#">关于</a></li>
      <li><a href="#">工程</a></li>
      <li><a href="#">会员</a></li>
      <li><a href="#">联系</a></li>
    </ul>
  </div>
</body>
```

在没有 CSS 样式的情况下，菜单的效果如图 5-23 所示。

图 5-23　无 CSS 样式的

2. 设置容器及列表的 CSS 样式

下面设置菜单 Div 容器的整体区域样式，设置菜单的宽度、字体，以及列表和列表选项的类型和边框样式。代码如下：

```
#nav{
  width:200px;                /*设置菜单的宽度 */
  font-family:Arial;
}
#nav ul{
  list-style-type:none;     /*不显示项目符号 */
  margin:0px;                 /*外边距为 0px */
  padding:0px;                /*内边距为 0px */
}
#nav li{
  border-bottom:1px solid #ed9f9f;     /*设置列表选项(菜单项)的下边框线 */
}
```

经过以上设置容器及列表的CSS样式，菜单显示效果如图5-24所示。

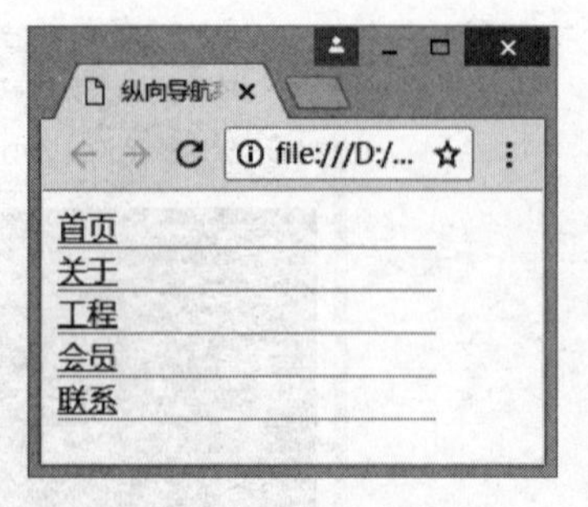

图5-24 修改后的菜单效果

3. 设置菜单项超链接的CSS样式

在设置容器的CSS样式之后，菜单项的显示效果并不理想，还需要进一步美化。接下来设置菜单项超链接的区块显示、左边的粗红边框、右侧阴影及内边距。最后，建立未访问过的链接、访问过的链接及鼠标指针悬停于菜单项上时的样式。代码如下：

```
#nav li a{
  display:block;                              /*区块显示 */
  padding:5px 5px 5px 0.5em;
  text-decoration:none;                       /*链接无修饰 */
  border-left:12px solid #711515;             /*左边的粗红边框 */
  border-right:1px solid #711515;             /*右侧阴影 */
}
#nav li a:link, #nav li a:visited{            /*未访问过的链接、访问过的链接的样式*/
  background-color:#c11136;                   /*改变背景色 */
  color:#fff;                                 /*改变文字颜色 */
}
#nav li a:hover{                              /*鼠标指针悬停于菜单项上时的样式 */
  background-color:#990020;                   /*改变背景色 */
  color:#ff0;                                 /*改变文字颜色 */
}
```

菜单经过进一步美化的显示效果如图5-22示。

5.7.2 横向列表模式的导航菜单

在设计人员制作网页时，经常要求导航菜单能够在水平方向上显示。通过CSS属性的控制，可以实现列表模式导航菜单的横竖转换。在保持原有HTML结构不变的情况下，将纵向导航转变成横向导航。其中最重要的环节就是设置<li>标签为浮动。

【例5-20】 制作横向列表模式的导航菜单。鼠标指针未悬停在菜单项上时的效果如图5-25(a)所示；鼠标指针悬停在菜单项上时的效果如图5-25(b)所示。

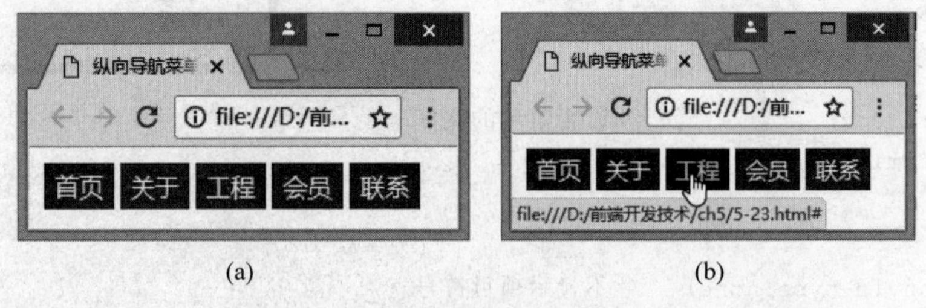

图5-25 横向列表模式的导航菜单

1. 建立网页结构

首先建立一个包含无序列表的Div容器，列表包含5个选项，每个选项中包含1个用于实现导航菜单的文字链接。代码如下：

```
<body>
  <div id="nav">
    <ul>
      <li><a href="#">首页</a></li>
      <li><a href="#">关于</a></li>
      <li><a href="#">工程</a></li>
      <li><a href="#">会员</a></li>
      <li><a href="#">联系</a></li>
    </ul>
  </div>
</body>
```

在没有 CSS 样式的情况下，菜单的效果如图 5-26 所示。

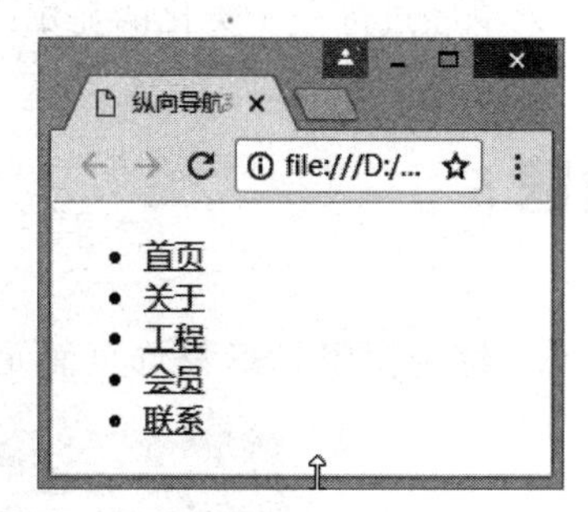

图 5-26　无 CSS 样式的效果

2. 设置容器及列表的 CSS 样式

接着设置菜单 Div 容器的整体区域样式，设置菜单的宽度、字体，以及列表和列表选项的类型和边框样式。代码如下：

```
#nav{
  width:360px;                         /*设置菜单水平显示的宽度*/
  font-family:Arial;
}
#nav ul{                               /*设置列表的类型*/
  list-style-type:none;                /*不显示项目符号*/
  margin:0px;                          /*外边距为 0px */
  padding:0px;                         /*内边距为 0px */
}
#nav li{
  float:left;                          /*使得菜单项都水平显示*/
}
```

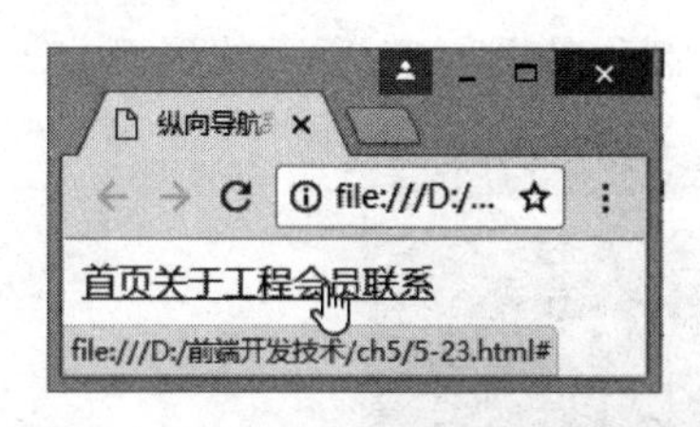

图 5-27　设置 CSS 样式后的效果

以上设置中最为关键的代码就是“float:left;”。正是设置了<li>标签为浮动，才将纵向导航菜单转变成横向导航菜单。经过以上设置容器及列表的 CSS 样式，菜单显示效果如图 5-27 所示。

3. 设置菜单项超链接的 CSS 样式

在设置容器的 CSS 样式之后，菜单项的显示横向拥挤在一起，效果非常不理想，还需要进一步美化。接下来设置菜单项超链接的区块显示、四周的边框线及内外边距。最后，建立未访问过的链接、访问过的链接及鼠标指针悬停于菜单项上时的样式。代码如下：

```
#nav li a{
  display:block;                          /*块级元素 */
  padding:3px 6px 3px 6px;
  text-decoration:none;                   /*链接无修饰 */
  border:1px solid #711515;               /*超链接区块四周的边框线效果相同 */
  margin:2px;
}
#nav li a:link, #nav li a:visited{        /*未访问过的链接、访问过的链接的样式*/
```

```
  background-color:#c11136;          /*改变背景色*/
  color:#fff;                         /*改变文字颜色*/
}
#nav li a:hover{                      /*鼠标指针悬停于菜单项上时的样式*/
  background-color:#990020;          /*改变背景色*/
  color:#ff0;                         /*改变文字颜色*/
}
```

案例：制作H5创新学院认证中心页面

菜单经过进一步美化的显示效果如图 5-25 所示。

习题 5

1. 综合使用 CSS 修饰页面元素与制作导航菜单技术制作如图 5-28 所示的页面。

图 5-28　题 1 图

2. 综合使用 CSS 修饰页面元素与制作导航菜单技术制作如图 5-29 所示的页面。

图 5-29　题 2 图

盒模型

W3C 建议把网页上所有的元素都放在一个个盒模型(box model)中,通过 CSS 来控制这些盒子的显示属性,以及对这些盒子进行定位,完成整个页面的布局。盒模型是 CSS 定位布局的核心内容,只有很好地掌握了盒子模型及其中每个元素的用法,才能真正地控制好页面中的各个元素。盒模型学习导图如图 6-1 所示。

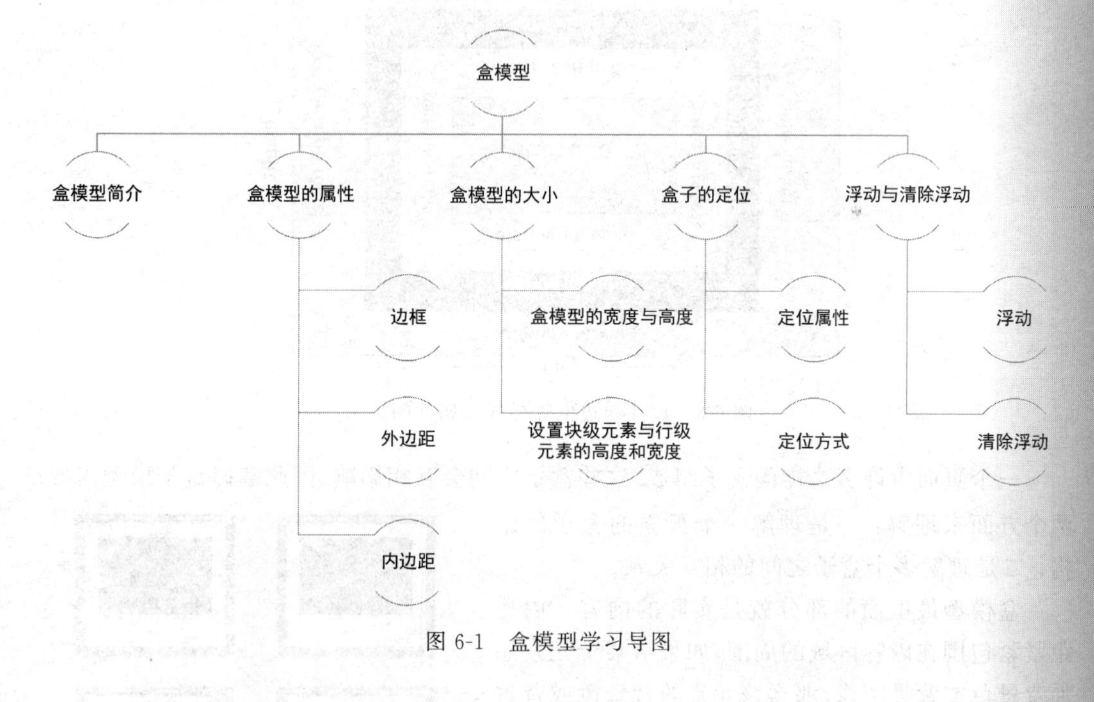

图 6-1 盒模型学习导图

6.1 盒模型简介

在 Web 页面中,“盒子”的结构包括厚度、边距(边缘与盒外其他物体的距离)、填充(填充厚度)等元素,引申到 CSS 中,就是 border、margin 和 padding,当然盒中的内容也不能少。

也就是说，整个盒子在页面中所占位置的大小应该是内容的大小加上填充的厚度再加上边框的厚度最后加上它的边距。

盒模型将页面中的每个元素看作一个矩形盒子，这个盒子由元素的内容、内边距、边框和外边距组成，如图 6-2 所示。盒中每个对象的尺寸与边框等样式表属性的关系如图 6-3 所示。

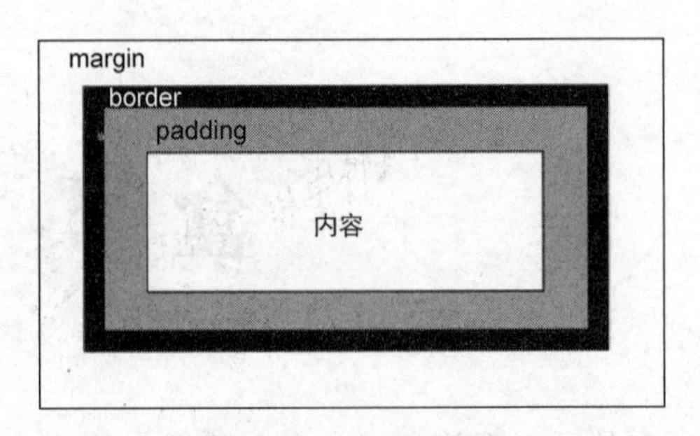

图 6-2　CSS 盒模型

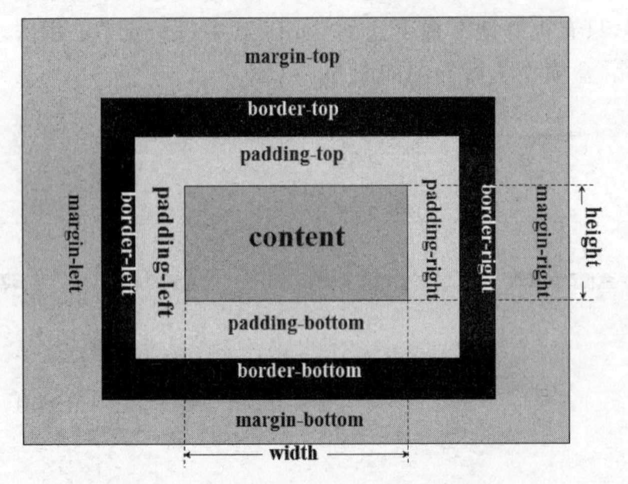

图 6-3　尺寸与边框等样式表属性的关系

一个页面由许多这样的盒子组成，这些盒子之间会互相影响，因此掌握盒子模型需要从两个方面来理解：一是理解一个孤立的盒子的结构；二是理解多个盒子之间的相互关系。

盒模型最里面的部分就是实际的内容。内边距紧紧包围在内容区域的周围，如果给某个元素添加背景色或背景图像，那么该元素的背景色或背景图像也将出现在内边距中。在内边距的外侧边缘是边框，边框以外是外边距。边框的作用就是在内边外距之间创建一个隔离带，以避免视觉上的混淆。

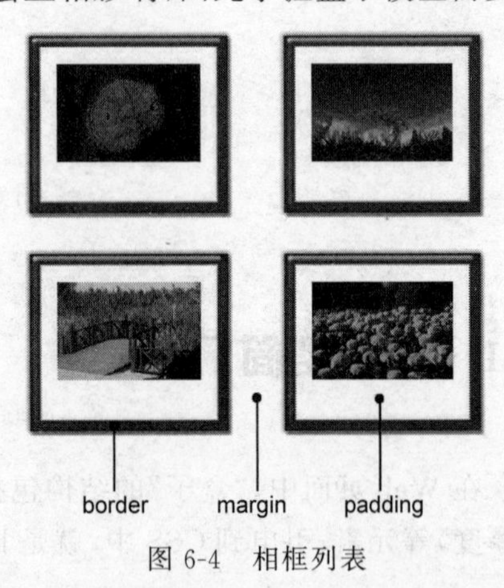

图 6-4　相框列表

例如，在图 6-4 所示的相框列表中，可以把相框看成是一个个盒子，相片是盒子的内容；相片和相框之间的距离就是内边距；相框的宽度就是边框；相框之间的距离就是外边距。

6.2 盒模型的属性

padding-border-margin 模型是一个极其通用的描述盒子布局形式的方法。对于任何一个盒子，都可以分别设定 4 条边的 padding、border 和 margin，实现各种各样的排版效果。

6.2.1 边框

边框一般用于分隔不同元素，边框的外围即为元素的最外围。边框是围绕元素内容和内边距的一条或多条线。border 属性允许规定元素边框的宽度、颜色和样式。

常用的边框属性有 8 项：border-width、border-top、border-right、border-bottom、border-left、border-color、border-style 和 border-radius。其中，border-width 可以一次性设置所有的边框宽度；border-color 同时设置 4 面边框的颜色时，可以连续写上 4 种颜色，并用空格分隔。上述连续设置的边框属性都是按 border-top、border-right、border-bottom、border-left 的顺序（顺时针）设置。

微课：边框

1. 所有边框宽度

语法格式：

```
border-width:medium | thin | thick | length
```

参数：medium 为默认宽度，thin 为小于默认宽度，thick 为大于默认宽度。Length 是由数字和单位标识符组成的长度值，不能为负值。

说明：如果只提供一个参数，将用于全部的 4 条边。如果提供两个参数，第 1 个参数用于上、下，第 2 个参数用于左、右。如果提供 3 个参数，第 1 个参数用于上，第 2 个参数用于左、右，第 3 个参数用于下。

要使用该属性，必须先设定对象的 height 或 width 属性，或者设定 position 属性为 absolute。如果 border-style 设置为 none，本属性将失去作用。

示例：

```
span { border-style:solid; border-width: thin }
span { border-style:solid; border-width: 1px thin }
```

2. 上边框宽度

语法格式：

```
border-top: border-width || border-style || border-color
```

参数：该属性是复合属性。请参阅各参数对应的属性。

说明：请参阅 border-width 属性。

示例：

```
div { border-bottom:25px solid red; border-left: 25px solid yellow; border-right:
```

```
25px solid blue; border-top: 25px solid green }
```

3. 右边框宽度

语法格式：

```
border-right:border-width || border-style || border-color
```

参数：该属性是复合属性。请参阅各参数对应的属性。

说明：请参阅 border-width 属性。

4. 下边框宽度

语法格式：

```
border-bottom:border-width || border-style || border-color
```

参数：该属性是复合属性。请参阅各参数对应的属性。

说明：请参阅 border-width 属性。

5. 左边框宽度

语法格式：

```
border-left:border-width || border-style || border-color
```

参数：该属性是复合属性。请参阅各参数对应的属性。

说明：请参阅 border-width 属性。

示例：

```
h4{border-top-width:2px; border-bottom-width:5px; border-left-width:1px; border-
right-width:1px}
```

6. 边框颜色

语法格式：

```
border-color:color
```

参数：color 指定颜色。

说明：要使用该属性，必须先设定对象的 height 或 width 属性，或者设定 position 属性为 absolute。如果 border-width 等于 0 或 border-style 设置为 none，本属性将失去作用。

示例：

```
body { border-color:silver red }
body { border-color:silver red rgb(223, 94, 77) }
body { border-color:silver red rgb(223, 94, 77) black }
h4 { border-color:#ff0033; border-width:thick }
p { border-color:green; border-width:3px }
p { border-color:#666699 #ff0033 #000000 #ffff99; border-width:3px }
```

7. 边框样式

语法格式：

```
border-style: none | hidden | dotted | dashed | solid | double | groove | ridge |
inset | outset
```

参数：border-style 属性包括多个边框样式的参数。

① none：无边框。与任何指定的 border-width 值无关。

② dotted：边框为点线。

③ dashed：边框为短线。

④ solid：边框为实线。

⑤ double：边框为双线。两条单线与其间隔的和等于指定的 border-width 值。

⑥ groove：根据 border-color 的值画 3D 凹槽。

⑦ ridge：根据 border-color 的值画菱形边框。

⑧ inset：根据 border-color 的值画 3D 凹边。

⑨ outset：根据 border-color 的值画 3D 凸边。

说明：如果只提供 1 个参数，将用于全部的 4 条边。如果提供两个参数，第 1 个参数用于上、下，第 2 个参数用于左、右。如果提供 3 个参数，第 1 个参数用于上，第 2 个参数用于左、右，第 3 个参数用于下。

要使用该属性，必须先设定对象的 height 或 width 属性，或者设定 position 属性为 absolute。

如果 border-width 不大于 0，本属性将失去作用。

8. 圆角边框

语法格式：

```
border-radius:length {1,4}
```

参数：length 由浮点数字和单位标识符组成的长度值，不允许为负值。

说明：边框圆角的第 1 个 length 值是水平半径，如果第 2 个值省略，则它等于第 1 个值，这时这个角就是一个 1/4 圆角，如果任意一个值为 0，则这个角是矩形，不再是圆角。

【例 6-1】 边框样式的不同表现形式示例。本例文件 6-1. html 在浏览器中的显示效果如图 6-5 所示。

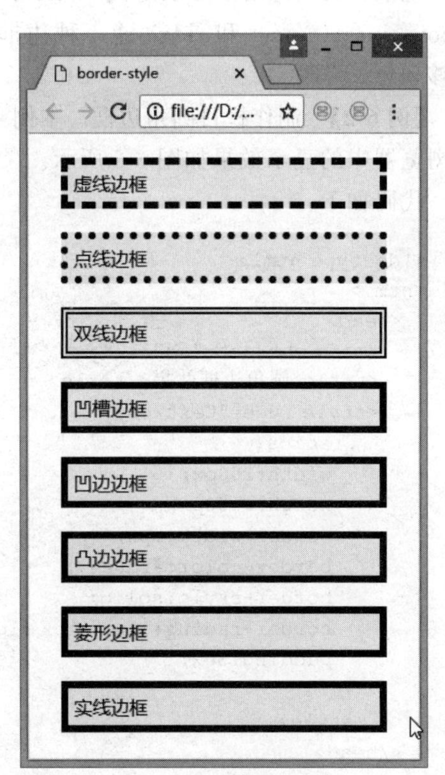

图 6-5　边框样式效果

代码如下：

```
<!doctype html>
<html>
  <head>
    <meta charset="gb2312">
    <title>border-style</title>
    <style type="text/css">
      div{
```

```
        border-width:6px;                /*边框宽度为 6px */
        border-color:#000000;            /*边框颜色为黑色*/
        margin:20px;                     /*外边距为 20px */
        padding:5px;                     /*外边距为 5px */
        background-color:#FFFFCC;        /*淡黄色背景*/
      }
    </style>
  </head>
  <body>
    <div style="border-style:dashed">虚线边框</div>
    <div style="border-style:dotted">点线边框</div>
    <div style="border-style:double">双线边框</div>
    <div style="border-style:groove">凹槽边框</div>
    <div style="border-style:inset">凹边边框</div>
    <div style="border-style:outset">凸边边框</div>
    <div style="border-style:ridge">菱形边框</div>
    <div style="border-style:solid">实线边框</div>
  </body>
</html>
```

说明：从执行结果可以看到，Chrome 浏览器对于 groove、inset、outset 和 ridge 这 4 种边框效果支持得不够理想。

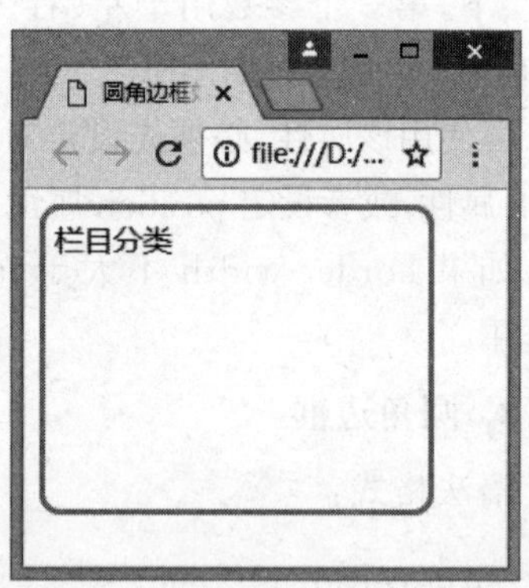

图 6-6　圆角边框

【例 6-2】 制作栏目圆角边框。本例文件 6-2.html 在浏览器中的显示效果如图 6-6 所示。

代码如下：

```
<!doctype html>
<html>
  <head>
    <meta charset="gb2312">
    <title>圆角边框效果</title>
    <style type="text/css">
      .radius{
        width:200px;                              /*栏目容器宽度为 200px */
        height:150px;                             /*栏目容器高度为 150px */
        border-width:3px;                         /*边框宽度为 3px */
        border-color:#fd8e47;                     /*边框颜色为橘红色*/
        border-style:solid;                       /*实线边框*/
        border-radius:11px 11px 11px 11px;        /*圆角半径为 11px */
        padding:5px;                              /*内边距为 5px */
      }
    </style>
  </head>
  <body>
    <div class="radius">
      栏目分类
    </div>
  </body>
</html>
```

说明：在 CSS3 出现之前，要制作圆角边框的效果可以通过图像切片来实现，但实现过程很烦琐。CSS3 的到来简化了实现圆角边框的过程。

6.2.2 外边距

外边距是指元素与元素之间的距离，外边距设置属性有 margin-top、margin-right、margin-bottom、margin-left，可分别设置，也可以用 margin 属性，一次设置所有边距。

1. 上外边距(margin-top)

语法格式：

```
margin-top:length | auto
```

参数：length 是由数字和单位标识符组成的长度值或者百分数，百分数是基于父对象的高度。auto 值被设置为对边的值。

说明：设置对象的外边距始终透明。内联元素要使用该属性，必须先设定元素的 height 或 width 属性，或者设定 position 属性为 absolute。

微课：外边距

示例：

```
body { margin-top:11.5% }
```

2. 右外边距(margin-right)

语法格式：

```
margin-right:length | auto
```

参数：同 margin-top。

说明：同 margin-top。

示例：

```
body { margin-right:11.5%; }
```

3. 下外边距(margin-bottom)

语法格式：

```
margin-bottom:length | auto
```

参数：同 margin-top。

说明：同 margin-top。

示例：

```
body { margin-bottom:11.5%; }
```

4. 左外边距(margin-left)

语法格式：

```
margin-left:length | auto
```

参数：同 margin-top。

说明：同 margin-top。

示例：

```
body { margin-left:11.5%; }
```

以上 4 项属性可以控制一个要素四周的边距，每一个边距都可以有不同的设置。或者只设置一个边距，然后让浏览器用默认设置设定其他几个边距。可以将边距应用于文字和其他元素。

示例：

```
h4 { margin-top:20px; margin-bottom:5px; margin-left:100px; margin-right:55px }
```

设定边距参数值最常用的方法是利用长度单位(px、pt 等)，也可以用比例值设定边距。

将边距值设为负值，就可以将两个对象叠在一起。例如，把下边距设为－55px，右边距设为 60px。

5. 外边距(margin)

语法格式：

```
margin:length | auto
```

参数：length 是由数字和单位标识符组成的长度值或百分数，百分数是基于父对象的高度；对于行级元素来说，左、右外边距可以是负数值。auto 值被设置为对边的值。

说明：设置对象四边的外边距，如图 6-2 所示，位于盒模型的最外层，包括 4 项属性：margin-top、margin-right、margin-bottom、margin-left，外延边距始终是透明的。

如果提供全部 4 个参数值，将按 margin-top(上)、margin-right(右)、margin-bottom(下)、margin-left(左)的顺序作用于 4 条边(顺时针)。每个参数中间用空格分隔。如果只提供 1 个参数，将用于全部的四边。如果提供两个参数，第 1 个参数用于上、下，第 2 个参数用于左、右。如果提供 3 个参数，第 1 个参数用于上，第 2 个参数用于左、右，第 3 个参数用于下。

行级元素要使用该属性，必须先设定对象的 height 或 width 属性，或者设定 position 属性为 absolute。

示例：

```
body { margin:36pt 24pt 36pt}
body { margin:11.5%}
body { margin:10% 10% 10% 10%}
```

微课：内边距

6.2.3 内边距

内边距用于控制内容与边框之间的距离。padding 属性用于定义元素内容与元素边框之间的空白区域。内边距包括 4 项属性：padding-top(上内边距)、padding-right(右内边距)、padding-bottom(下内边距)、padding-left(左内边距)。内边距属性不允许负值。与外边距类似，内边距也可以用 padding 一次性设置所有的对象间隙，格式也和 margin 相似，这里不再一一列举。

案例：盒模型的演示

讲解了盒模型的 border、margin 和 padding 属性之后，需要说明的是，各种元素盒子属性的默认值不尽相同，区别如下。

(1) 大部分 html 元素的盒子属性(margin、padding)默认值都为 0。

(2) 有少数 html 元素的盒子属性(margin、padding)在浏览器解析时的默认值不为 0。例如< body >、< p >、< ul >、< li >、< form >标签等,有时有必要先设置它们的这些属性为 0。

(3) < input >元素的边框属性默认不为 0,可以设置为 0,达到美化输入框和按钮的目的。

6.3 盒模型的大小

当设计人员布局一个网页时,经常会遇到最终网页成型的宽度或高度会超出事先预算的数值的情况,这是盒模型宽度或高度的计算误差造成的。

6.3.1 盒模型的宽度与高度

在 CSS 中 width 和 height 属性也经常用到,它们分别表示内容区域的宽度和高度。增加或减少内边距、边框和外边距不会影响内容区域的大小,但是会增加盒模型的总尺寸。盒模型的宽度和高度要在 width 和 height 属性值基础上加上内边距、边框和外边距。

1. 盒模型的宽度

盒模型的宽度=左外边距+左边框+左内边距+内容宽度+右内边距+右边框+右外边距

2. 盒模型的高度

盒模型的高度=上外边距+上边框+上内边距+内容高度+下内边距+下边框+下外边距

为了更好地理解盒模型的宽度与高度,定义某个元素的 CSS 样式,代码如下:

```
#test{
  margin:10px 20px;    /*定义元素上、下外边距分别为 10px,左、右外边距分别为 20px */
  padding:20px 10px;   /*定义元素上、下内边距分别为 20px,左、右内边距分别为 10px */
  border-width:10px 20px;
                       /*定义元素上、下边框宽度分别为 10px,左、右边框宽度分别为 20px */
  border:solid #f00;   /*定义元素边框类型为实线型,颜色为红色*/
  width:100px;         /*定义元素宽度为 100px */
  height:100px;        /*定义元素高度为 100px */
}
```

盒模型的宽度=20px+20px+10px+100px+10px+20px+20px=200px

盒模型的高度=10px+10px+20px+100px+20px+10px+10px=180px

6.3.2 设置块级元素与行级元素的宽度和高度

在前面的章节中已经讲到块级元素与行级元素的区别,本小节重点讲解两者宽度、高度属性的区别。默认情况下,块级元素可以设置宽度、高度,但行级元素是不能设置的。

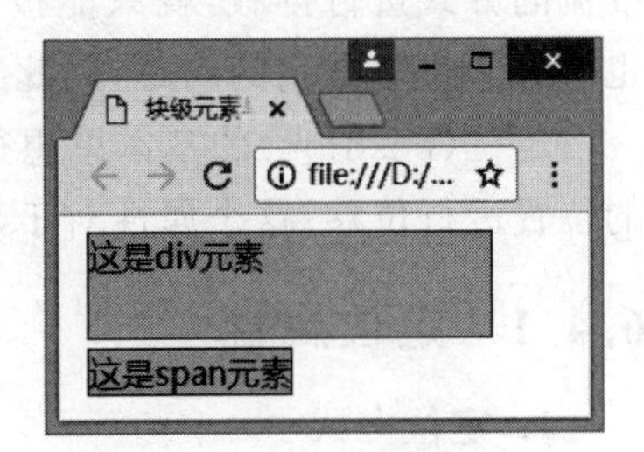

图 6-7 默认情况下行级元素不能设置高度

【例 6-3】 块级元素与行级元素宽度和高度的区别示例。本例文件 6-3. html 在浏览器中的显示效果如图 6-7 所示。

代码如下:

```
<!doctype html>
<html>
  <head>
    <meta charset="gb2312">
    <title>块级元素与行级元素的宽度和高度</title>
    <style type="text/css">
      .special{
        border:1px solid #036;              /*元素边框为 1px 蓝色实线*/
        width:200px;                        /*元素宽度 200px */
        height:50px;                        /*元素高度 200px */
        background:#ccc;                    /*背景色灰色*/
        margin:5px                          /*元素外边距 5px */
      }
    </style>
  </head>
  <body>
    <div class="special">这是 div 元素</div>
    <span class="special">这是 span 元素</span>
  </body>
</html>
```

说明：代码中设置行级元素 span 的样式.special 后，由于行级元素设置宽度、高度无效，因此，样式中定义的宽度 200px 和高度 50px 并未影响 span 元素的外观。

如何让行级元素也能设置宽度、高度属性呢？这里要用到前面章节讲解的元素显示类型的知识。只需要让元素的 display 属性设置为 display:block（块级显示）即可。在上面的.special 样式的定义中添加一行定义 display 属性的代码，代码如下：

案例：H5创新学院顶部内容

```
display:block;            /*块级元素显示*/
```

浏览网页，即可看到 span 元素的宽度和高度设置为定义的宽度和高度，如图 6-8 所示。

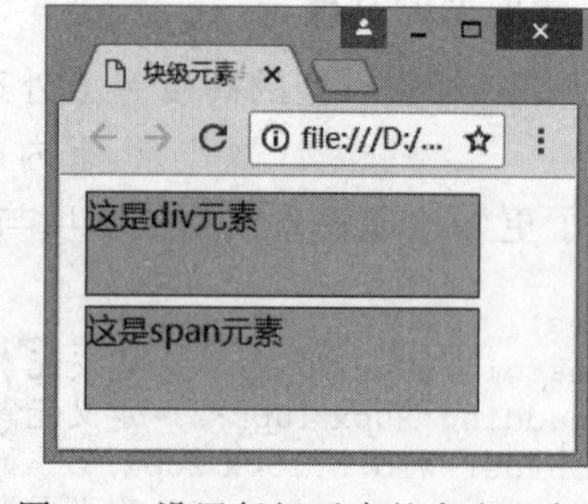

图 6-8 设置行级元素的宽度和高度

6.4 盒子的定位

前面介绍了独立的盒模型，以及在标准流情况下的盒子的相互关系。如果仅仅按照标准流的方式进行排版，就只能按照仅有的几种可能性进行排版，限制太大。CSS 的制定者也想到了排版限制的问题，因此又给出了若干不同的方法以适应各种排版需要。

定位(position)的基本思想很简单，它允许用户通过属性定义将元素相对于其应该出现的位置进行位移，这个属性对于建立元素布局的定位机制起着重要作用。

6.4.1 定位属性

1. 定位方式

position 属性可以选择 4 中不同类型的定位方式，语法格式如下：

```
position:static | relative | absolute | fixed
```

参数：static 静态定位为默认值，为无特殊定位，对象遵循 HTML 定位规则。relative 生成相对定位的元素，相对于其正常位置进行定位。absolute 生成绝对定位的元素，元素的位置通过 left、top、right 和 bottom 属性进行规定。fixed 生成绝对定位的元素，相对于浏览器窗口进行定位，元素的位置通过 left、top、right 以及 bottom 属性进行规定。

2. 左、右、上、下位置

语法格式：

```
left:auto | length
right:auto | length
top:auto | length
bottom:auto | length
```

参数：auto 无特殊定位，根据 HTML 定位规则在文档流中分配。length 是由数字和单位标识符组成的长度值或百分数。必须定义 position 属性值为 absolute 或者 relative，此取值方可生效。

说明：用于设置对象与其最近一个定位的父对象左边相关的位置。

3. 宽度

语法格式：

```
width:auto | length
```

参数：auto 无特殊定位，根据 HTML 定位规则在文档中分配。length 是由数字和单位标识符组成的长度值或百分数，百分数是基于父对象的宽度，不能为负值。

说明：用于设置对象的宽度。对于 img 对象来说，如果仅指定此属性，其 height 值将根据图片原尺寸进行等比例缩放。

4. 高度

语法格式：

```
height:auto | length
```

参数：同宽度(width)。

说明：用于设置对象的高度。对于 img 对象来说，如果仅指定此属性，其 width 值将根据图片原尺寸进行等比例缩放。

5. 最小高度(min-height)

语法格式：

```
min-height:auto | length
```

参数：同宽度(width)。

说明：用于设置对象的最小高度，即为对象的高度设置一个最低限制。因此，元素可以比指定值高，但不能比指定值低，也不允许指定负值。

6. 可见性(visibility)

语法格式：

```
visibility:inherit | visible | collapse | hidden
```

参数：inherit 继承上一个父对象的可见性。visible 使对象可见，如果希望对象可见，其父对象也必须是可见的。collapse 主要用来隐藏表格的行或列，隐藏的行或列能够被其他内容使用，对于表格外的其他对象，其作用等同于 hidden。hidden 使对象被隐藏。

说明：用于设置是否显示对象。与 display 属性不同，此属性为隐藏的对象保留其占据的物理空间，即当一个对象被隐藏后，它仍然要占据浏览器窗口中的原有空间。所以，如果将文字包围在一幅被隐藏的图像周围，则其显示效果是文字包围着一块空白区域。这条属性在编写语言和使用动态 HTML 时很有用，例如，可以使图像只在鼠标指针滑过时才显示。

7. 层叠顺序(z-index)

语法格式：

```
z-index:auto | number
```

参数：auto 遵从其父对象的定位。number 为无单位的整数值，可为负数。

微课：定位属性和定位方式

说明：设置对象的层叠顺序。如果两个绝对定位对象的此属性具有同样的值，那么将依据它们在 HTML 文档中声明的顺序层叠。

示例：当定位多个要素并将其重叠时，可以使用 z-index 来设定哪一个要素应出现在最上层。由于<h2>文字的 z-index 参数值更高，所以它显示在<h1>文字的上面。代码如下：

```
h2{ position:relative; left:10px; top:0px; z-index:10}
h1{ position:relative; left:33px; top:-35px; z-index:1}
div { position:absolute; z-index:3; width:6px }
```

6.4.2 定位方式

1. 静态定位

静态定位是 position 属性的默认值，盒子按照标准流(包括浮动方式)进行布局，即该元素出现在文档的常规位置，不会重新定位。

【例 6-4】 静态定位示例。本例文件 6-4.html 在浏览器中的显示效果如图 6-9 所示。

图 6-9 静态定位

代码如下：

```
<!doctype html>
<html>
  <head>
    <meta charset="gb2312">
    <title>静态定位</title>
    <style type="text/css">
     body{
       margin:20px;                    /*页面整体外边距为 20px*/
       font :Arial 12px;
     }
     #father{
       background-color:#a0c8ff;     /*父容器的背景为蓝色*/
       border:1px dashed #000000;    /*父容器的边框为 1px 黑色实线*/
       padding:15px;                  /*父容器内边距为 15px*/
```

```
        }
        #block_one{
          background-color:#fff0ac;   /*盒子的背景为黄色*/
          border:1px dashed #000000;  /*盒子的边框为 1px 黑色实线*/
          padding:10px;               /*盒子的内边距为 10px */
        }
      </style>
    </head>
    <body>
        <div id="father">
            <div id="block_one">盒子 1</div>
        </div>
    </body>
</html>
```

说明："盒子 1"没有设置任何 position 属性，相当于使用静态定位方式，页面布局也没有发生任何变化。

2. 相对定位

使用相对定位的盒子会相对于自身原本的位置，通过偏移指定的距离，到达新的位置。使用相对定位，除了要将 position 属性值设置为 relative 外，还需要指定一定的偏移量。其中，水平方向的偏移量由 left 和 right 属性指定；垂直方向的偏移量由 top 和 bottom 属性指定。

图 6-10　相对定位

【例 6-5】　相对定位示例。本例文件 6-5.html 在浏览器中的显示效果如图 6-10 所示。

修改例 6-4 中 id="block_one"盒子的 CSS 定义，代码如下：

```
#block_one{
  background-color:#fff0ac;       /*盒子背景为黄色*/
  border:1px dashed #000000;      /*盒子的边框为 1px 黑色实线*/
  padding:10px;                   /*盒子的内边距为 10px */
  position:relative;              /*relative 相对定位*/
  left:30px;                      /*距离父容器左端 30px */
  top:30px;                       /*距离父容器顶端 30px */
}
```

说明：id="block_one"的盒子使用相对定位方式定位，因此向下，并且"相对于"初始位置向右各移动了 30px。使用相对定位的盒子仍在标准流中，它对父容器没有影响。

3. 绝对定位

使用绝对定位的盒子以它的"最近"的一个"已经定位"的"祖先元素"为基准进行偏移。如果没有已经定位的祖先元素，就以浏览器窗口为基准进行定位。"已经定位"是指定义了除 static 之外的 position。

绝对定位的盒子从标准流中脱离，对其后的兄弟盒子的定位没有影响，其他的盒子就好像这个盒子不存在一样。原先在正常文档流中所占的空间会关闭，就好像元素原来不存在一样。元素定位后，生成一个块级框，与原来它在正常流中生成的框无关。

【例 6-6】 绝对定位示例。本例文件 6-6.html 中的父容器包含 3 个使用相对定位的盒子，对盒子 2 使用绝对定位前的效果如图 6-11 所示；对盒子 2 使用绝对定位后的效果如图 6-12 所示。

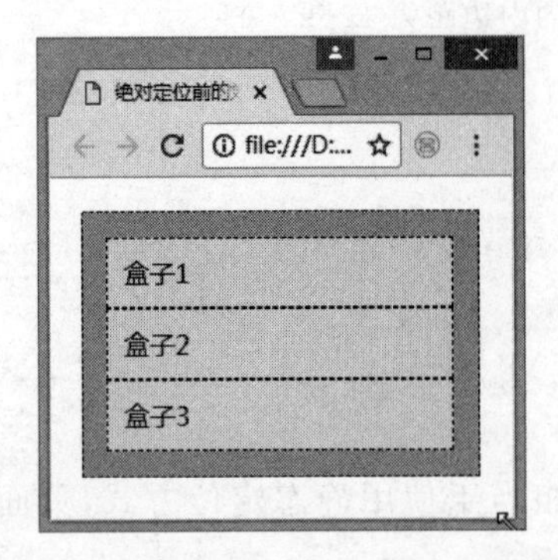

图 6-11 盒子 2 使用绝对定位前的效果

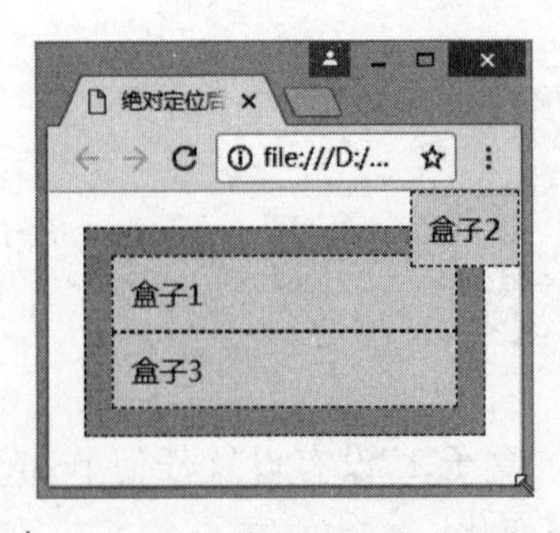

图 6-12 盒子 2 使用绝对定位后的效果

对盒子 2 使用绝对定位前的代码如下：

```
<!doctype html>
<html>
  <head>
    <meta charset="gb2312">
    <title>绝对定位前的效果</title>
    <style type="text/css">
      body{
        margin:20px;                          /*页面整体外边距为 20px */
        font:Arial 12px;
      }
      #father{
        background-color:#a0c8ff;             /*父容器的背景为蓝色*/
        border:1px dashed #000000;            /*父容器的边框为 1px 黑色实线*/
        padding:15px;                         /*父容器内边距为 15px */
      }
      #block_one{
        background-color:#fff0ac;             /*盒子的背景为黄色*/
        border:1px dashed #000000;            /*盒子的边框为 1px 黑色实线*/
        padding:10px;                         /*盒子的内边距为 10px */
        position:relative;                    /*relative 相对定位 */
      }
      #block_two{
        background-color:#fff0ac;             /*盒子的背景为黄色*/
        border:1px dashed #000000;            /*盒子的边框为 1px 黑色实线*/
        padding:10px;                         /*盒子的内边距为 10px */
        position:relative;                    /*relative 相对定位 */
      }
      #block_three{
        background-color:#fff0ac;             /*盒子的背景为黄色*/
        border:1px dashed #000000;            /*盒子的边框为 1px 黑色实线*/
        padding:10px;                         /*盒子的内边距为 10px */
        position:relative;                    /*relative 相对定位 */
      }
    </style>
  </head>
  <body>
```

```
    <div id="father">
        <div id="block_one">盒子 1</div>
        <div id="block_two">盒子 2</div>
        <div id="block_three">盒子 3</div>
    </div>
  </body>
</html>
```

父容器中包含 3 个使用相对定位的盒子,效果如图 6-11 所示。接下来,只修改盒子 2 的定位方式为绝对定位,代码如下：

```
#block_two{
  background-color:#fff0ac;        /*盒子的背景为黄色*/
  border:1px dashed #000000;       /*盒子的边框为 1px 黑色实线*/
  padding:10px;                    /*盒子的内边距为 10px*/
  position:absolute;               /*absolute 绝对定位 */
  top:0;                           /*向上偏移至浏览器窗口顶端 */
  right:0;                         /*向右偏移至浏览器窗口右端 */
}
```

说明：盒子 2 采用绝对定位后从标准流中脱离,对其后的兄弟盒子(盒子 3)的定位没有影响。盒子 2 最近的“祖先元素”就是 id="father"的父容器,但由于该容器不是“已经定位”的“祖先元素”。因此,对盒子 2 使用绝对定位后,盒子 2 以浏览器窗口为基准进行定位,向右偏移至浏览器窗口顶端,向上偏移至浏览器窗口右端,即盒子 2 偏移至浏览器窗口的右上角,如图 6-12 所示。

微课：定位方式-绝对定位和固定定位

4. 固定定位

固定定位(position:fixed)其实是绝对定位的子类别,一个设置了 position:fixed 的元素是相对于视窗固定的,就算页面文档发生了滚动,它也会一直待在相同的地方。

【例 6-7】 固定定位示例。为了对固定定位演示得更加清楚,将盒子 2 进行固定定位,并且调整页面高度使浏览器显示出滚动条。本例文件 6-7.html 在浏览器中显示的效果如图 6-13 所示。

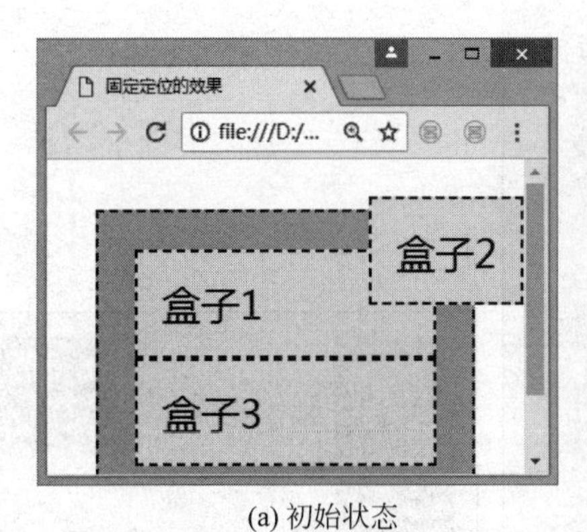

(a) 初始状态

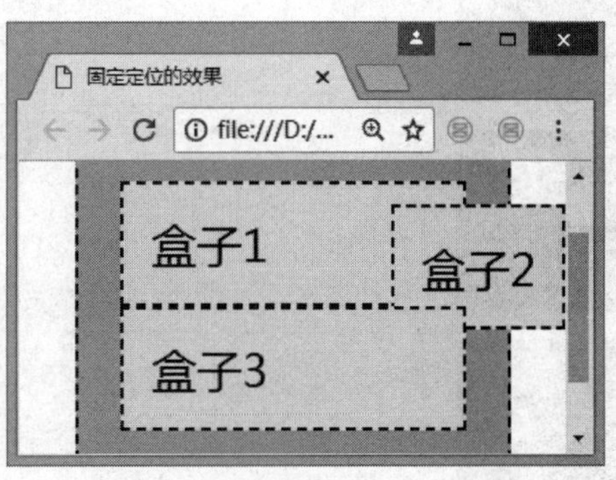

(b) 向下拖动滚动条时的状态

图 6-13 固定定位的效果

在例 6-6 的基础上只修改盒子 2 的 CSS 定义即可,代码如下：

```
#block_two{
```

```
    background-color:#fff0ac;          /*盒子的背景为黄色*/
    border:1px dashed #000000;         /*盒子的边框为 1px 黑色实线*/
    padding:10px;                      /*盒子的内边距为 10px */
    position:fixed;                    /*fixed 固定定位*/
    top:15px;                          /*垂直方向上偏移至距离浏览器窗口顶端 15px */
    right:0;                           /*向右偏移至浏览器窗口右端 */
}
```

6.5 浮动与清除浮动

浮动(float)是使用率较高的一种定位方式。有时希望相邻块级元素的盒子左右排列(所有盒子浮动),或者希望一个盒子被另一个盒子中的内容所环绕(一个盒子浮动)做出图文混排的效果时,最简单的方法就是运用浮动属性使盒子在浮动方式下定位。

6.5.1 浮动

浮动元素可以向左或向右移动,直到它的外边距边缘碰到包含块内边距边缘或另一个浮动元素的外边距边缘为止。float 属性定义元素在哪个方向浮动,任何元素都可以浮动,而浮动元素就会变成一个块状元素。

语法格式:

```
float:none | left |right
```

参数:none 为对象不浮动,left 为对象浮在左边,right 为对象浮在右边。

【例 6-8】 向右浮动的元素示例。本例文件 6-8.html 页面布局的初始状态如图 6-14(a)所示,"盒子 1"向右浮动后的结果如图 6-14(b)所示。

微课:浮动

(a) 没有浮动的初始状态

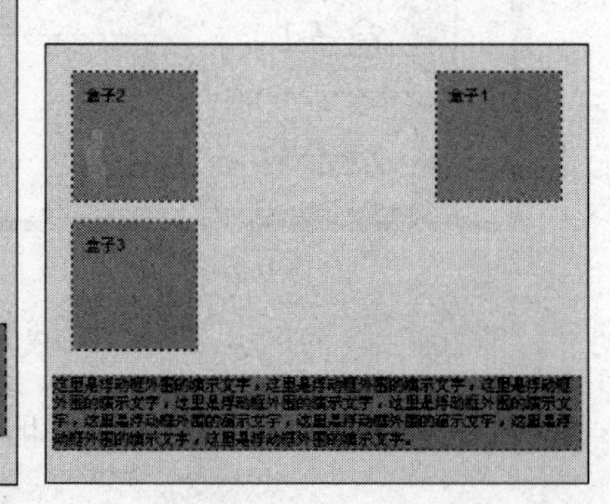

(b) 向右浮动的盒子1

图 6-14 向右浮动的结果

代码如下：

```
<!doctype html>
<html>
  <head>
    <meta charset="gb2312">
    <title>向右浮动</title>
    <style type="text/css">
      body{
        margin:15px;
        font-family:Arial; font-size:12px;
      }
      .father{                    /*设置容器的样式*/
        background-color:#ffff99;
        border:1px solid #111111;
        padding:5px;
      }
      .father div{                /*设置容器中 div 标签的样式*/
        padding:10px;
        margin:15px;
        border:1px dashed #111111;
        background-color:#90baff;
      }
      .father p{                  /*设置容器中段落的样式*/
        border:1px dashed #111111;
        background-color:#ff90ba;
      }
      .son_one{
        width:100px;              /*设置元素宽度*/
        height:100px;             /*设置元素高度*/
        float:right;              /*向右浮动*/
      }
      .son_two{
        width:100px;              /*设置元素宽度*/
        height:100px;             /*设置元素高度*/
      }
      .son_three{
        width:100px;              /*设置元素宽度*/
        height:100px;             /*设置元素高度*/
      }
    </style>
  </head>
  <body>
    <div class="father">
<div class="son_one">盒子 1</div>
<div class="son_two">盒子 2</div>
<div class="son_three">盒子 3</div>
  <p>这里是浮动框外围的演示文字,这里是浮动框外围的……(此处省略文字)</p>
    </div>
  </body>
</html>
```

说明：本例页面中先定义了一个类名为.father 的父容器，然后在其内部又定义了 3 个并列关系的 Div 容器。当把其中的类名为.son_one 的 Div(盒子 1)增加 float:right；属性后，盒子 1 便脱离文档流向右移动，直到它的右边缘碰到包含框的右边缘。

【例 6-9】 向左浮动的元素示例。使用上面的例 6-8 继续讨论，只将盒子 1 向左浮动的页面布局如图 6-15(a)所示；所有元素向左浮动后的结果如图 6-15(b)所示。

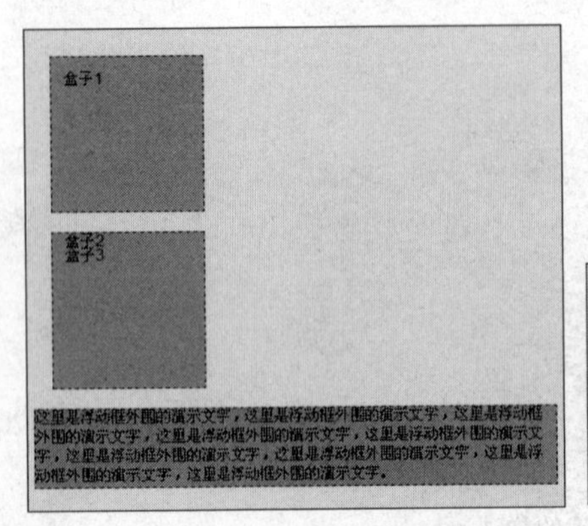

(a) 单个元素向左浮动

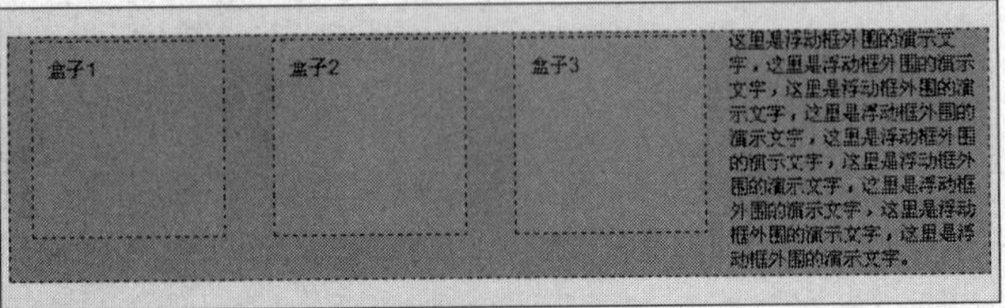

(b) 所有元素向左浮动

图 6-15 向左浮动的结果

单个元素向左浮动的布局中只修改了盒子 1 的 CSS 定义，代码如下：

```
.son_one{
  width:100px;            /*设置元素宽度*/
  height:100px;           /*设置元素高度*/
  float:left;             /*向左浮动*/
}
```

所有元素向左浮动的布局中修改了盒子 1、盒子 2 和盒子 3 的 CSS 定义，代码如下：

```
.son_one{
  width:100px;                 /*设置元素宽度*/
  height:100px;                /*设置元素高度*/
  float:left;                  /*向左浮动*/
}
.son_two{
  width:100px;                 /*设置元素宽度*/
  height:100px;                /*设置元素高度*/
  float:left;                  /*向左浮动*/
}
.son_three{
  width:100px;                 /*设置元素宽度*/
  height:100px;                /*设置元素高度*/
  float:left;                  /*向左浮动*/
}
```

说明：

① 本例页面中如果只将盒子 1 向左浮动，该元素同样脱离文档流向左移动，直到它的左边缘碰到包含框的左边缘，如图 6-15(a)所示。由于盒子 1 不再处于文档流中，所以它不占据空间，实际上覆盖了盒子 2，导致盒子 2 从布局中消失。

② 如果所有元素向左浮动，那么盒子 1 向左浮动直到碰到左边框时静止，另外两个盒子也向左浮动，直到碰到前一个浮动框也静止，如图 6-15(b)所示。这样就将纵向排列的

Div 容器，变成了横向排列。

【例 6-10】 父容器空间不够时的元素浮动示例。使用上面的例 6-9 继续讨论，如果类名为.father 的父容器宽度不够，无法容纳 3 个浮动元素盒子 1、盒子 2 和盒子 3 并排放置，那么部分浮动元素将会向下移动，直到有足够的空间放置它们，如图 6-16(a)所示。如果浮动元素的高度彼此不同，那么当它们向下移动时可能会被其他浮动元素"挡住"，如图 6-16(b)所示。

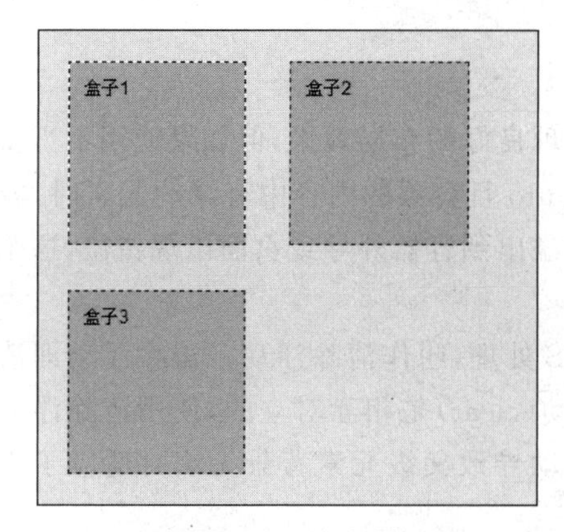

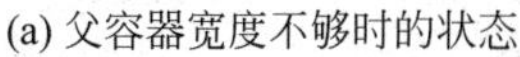
(a) 父容器宽度不够时的状态

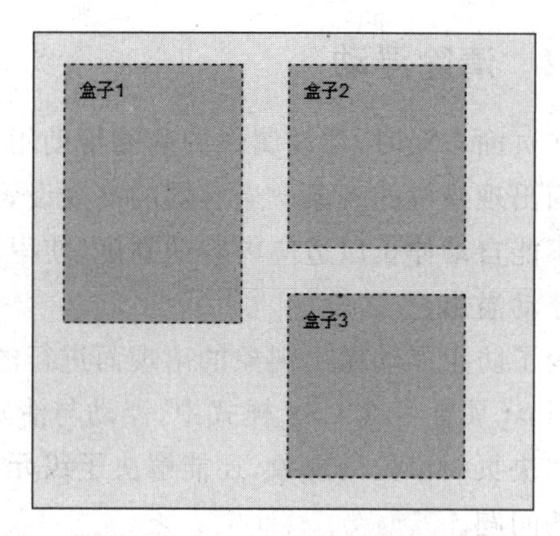

(b) 父容器宽度不够且高度不同的浮动元素

图 6-16 父容器空间不够时的元素浮动

当父容器宽度不够时，浮动元素盒子 1、盒子 2 和盒子 3 的 CSS 定义同例 6-9，此处只修改了父容器的 CSS 定义；同时，为了看清盒子之间的排列关系，去掉了父容器中段落的样式定义及结构代码，添加的父容器 CSS 定义代码如下：

```
.father{          /*设置容器的样式*/
  background-color:#ffff99;
  border:1px solid #111111;
  padding:5px;
  width:330px;      /*父容器的宽度不够，导致浮动元素"盒子 3"向下移动*/
  float:left;       /*向左浮动*/
}
```

当出现父容器宽度不够且不同高度的浮动元素时，盒子 1、盒子 2 和盒子 3 的 CSS 定义代码如下：

```
.son_one{
  width:100px;              /*设置元素宽度*/
  height:150px;             /*浮动元素高度不同导致盒子 3 向下移动时被盒子 1"挡住"*/
  float:left;               /*向左浮动*/
}
.son_two{
  width:100px;              /*设置元素宽度*/
  height:100px;             /*设置元素高度*/
  float:left;               /*向左浮动*/
}
.son_three{
  width:100px;              /*设置元素宽度*/
  height:100px;             /*设置元素高度*/
```

```
    float:left;                    /*向左浮动*/
}
```

说明：浮动元素盒子1的高度超过了向下移动的浮动元素盒子3的高度，因此才会出现盒子3向下移动时被盒子1挡住的现象。如果浮动元素盒子1的高度小于浮动元素盒子3的高度，就不会发生盒子3向下移动时被盒子1挡住的现象。

6.5.2 清除浮动

在页面布局时，浮动属性的确能帮助用户实现良好的布局效果，但如果使用不当就会导致页面出现错位的现象。当容器的高度设置为auto且容器的内容中有浮动元素时，容器的高度不能自动伸长以适应内容的高度，使得内容溢出到容器外导致页面出现错位，这个现象称为浮动溢出。

微课：清除浮动

为了防止浮动溢出现象的出现而进行的CSS处理，叫作清除浮动。清除浮动即清除掉元素float属性。在CSS样式中，浮动与清除浮动(clear)是相互对立的，使用清除浮动不仅能够解决页面错位的现象，还能解决子级元素浮动导致父级元素背景无法自适应子级元素高度的问题。

语法格式：

```
clear:none | left |right | both
```

参数：none允许两边都可以有浮动对象，both不允许有浮动对象，left不允许左边有浮动对象，right不允许右边有浮动对象。

【例6-11】 清除浮动示例。使用上面的例6-9继续讨论，将盒子1、盒子2设置为向左浮动，盒子3设置为向右浮动，未清除浮动时的段落文字填充在盒子2与盒子3之间，如图6-17(a)所示，清除浮动后的状态如图6-17(b)所示。

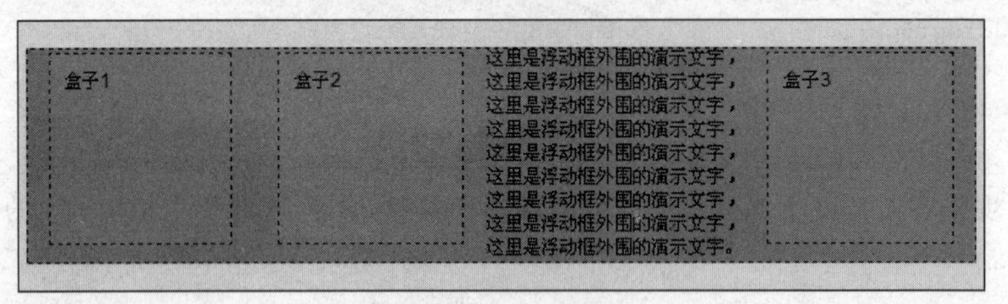

(a) 未清除浮动时的状态

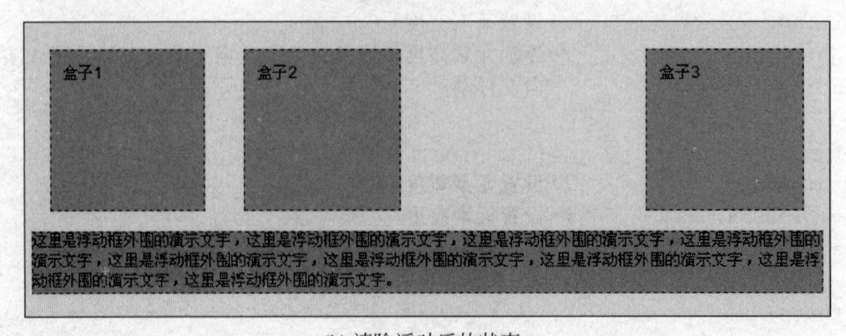

(b) 清除浮动后的状态

图6-17 清除浮动示例

将盒子 1、盒子 2 设置为向左浮动，盒子 3 设置为向右浮动的 CSS 代码如下：

```
.son_one{
  width:100px;               /*设置元素宽度*/
  height:100px;              /*设置元素高度*/
  float:left;                /*向左浮动*/
}
.son_two{
  width:100px;               /*设置元素宽度*/
  height:100px;              /*设置元素高度*/
  float:left;                /*向左浮动*/
}
.son_three{
  width:100px;               /*设置元素宽度*/
  height:100px;              /*设置元素高度*/
  float:right;               /*向右浮动*/
}
```

设置段落样式中清除浮动的 CSS 代码如下：

```
.father p{          /*设置容器中段落的样式*/
border:1px dashed #111111;
background-color:#ff90ba;
clear:both;         /*清除所有浮动*/
}
```

案例：H5 APP创新学院认证中心页面的整体布局

说明：在对段落设置了 clear:both；清除浮动后，可以将段落之前的浮动全部清除，使段落按照正常的文档流显示，如图 6-17(b)所示。

习题 6

1. 使用盒模型技术制作如图 6-18 所示的商城结算页面。

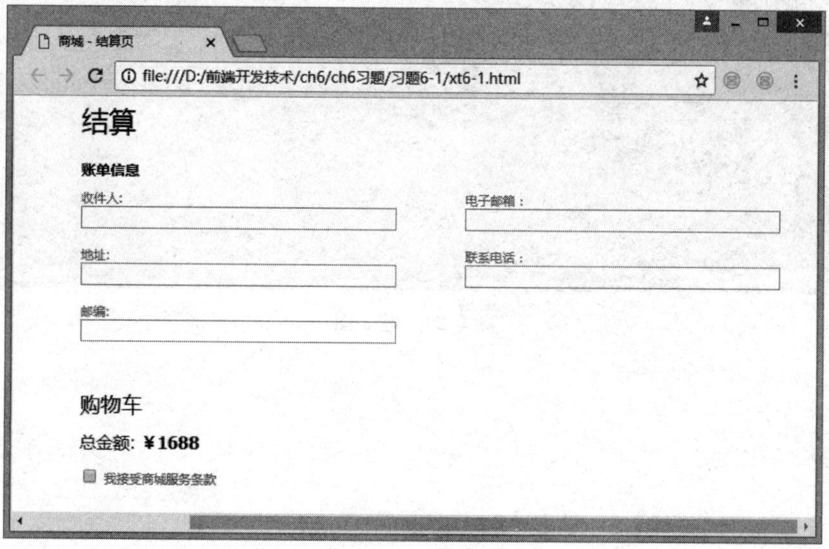

图 6-18 题 1 图

2. 使用盒模型技术制作如图 6-19 所示的天地环保市场团队页面。

图 6-19　题 2 图

3. 使用盒模型技术制作如图 6-20 所示的页面。

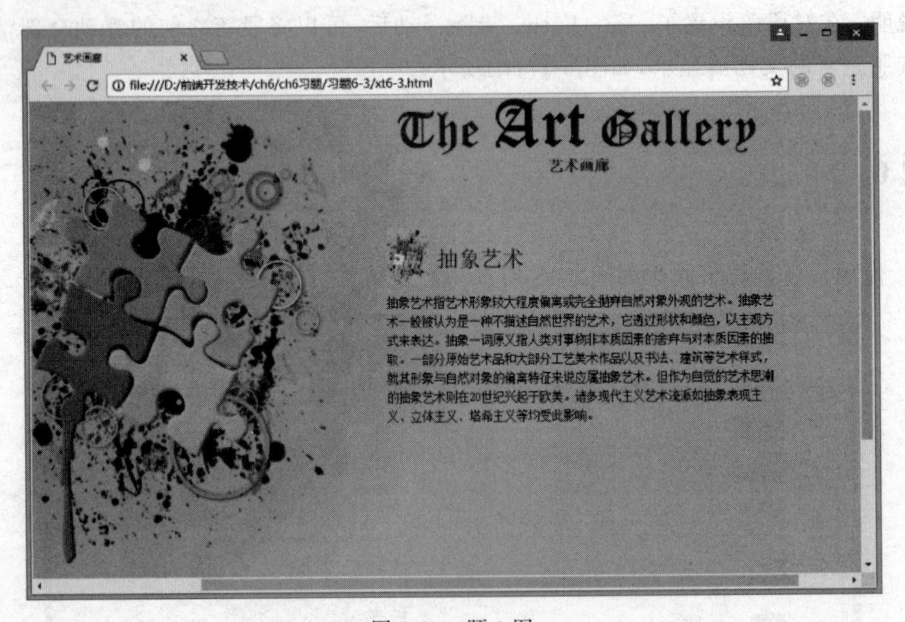

图 6-20　题 3 图

第 7 章

CSS布局技术

传统网站是采用表格进行布局的，但这种方式已经逐渐淡出设计舞台，取而代之的是符合 Web 标准的 Div＋CSS 布局方式。Web 标准提出将网页的内容与表现分离，同时要求 HTML 文档具有良好的结构。如何进行 Div＋CSS 布局，就是本章所要介绍的内容。CSS 布局技术学习导图如图 7-1 所示。

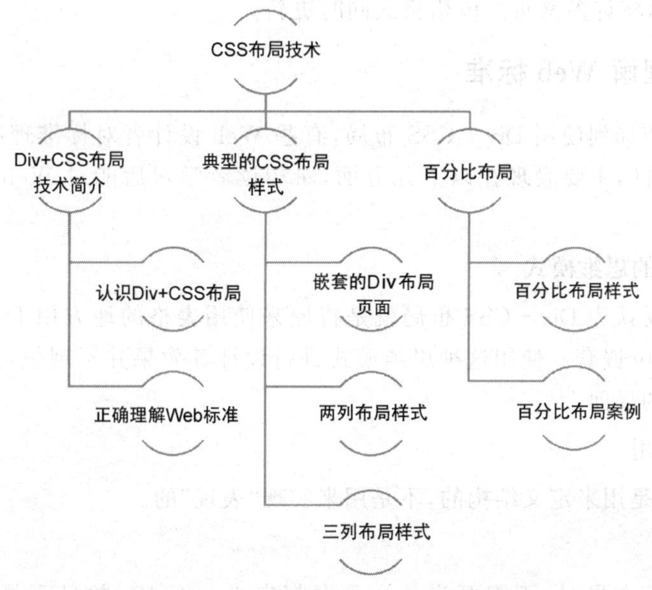

图 7-1　CSS 布局技术学习导图

7.1　Div＋CSS 布局技术简介

使用 Div＋CSS 布局页面是当前制作网站流行的技术。网页设计师必须按照设计要求，首先搭建一个可视的排版框架，这个框架有自己在页面中显示的位置、浮动方式，然后再向框架中填充排版的细节，这就是 Div＋CSS 布局页面的基本理念。

7.1.1 认识 Div+CSS 布局

传统的 HTML 标签中，既有控制结构的标签（如<ul>标签和<p>标签），又有控制表现的标签（如<font>标签和<b>标签），还有本意用于结构后来被滥用于控制表现的标签（如<h1>标签和<table>标签）。页面的整个结构标签与表现标签混合在一起。

相对于其他从 HTML 继承而来的元素，Div 标签的特性就是它是一种块级元素，更容易被 CSS 代码控制样式。

Div+CSS 的页面布局不仅是设计方式的转变，而且是设计思想的转变，这一转变为网页设计带来了许多便利。虽然在设计中使用的元素依然没有改变，在旧的表格布局中，也会使用到 Div 和 CSS，但它们却没有被用于页面布局。采用 Div+CSS 布局方式的优点如下。

(1) Div 用于搭建网站结构，CSS 用于创建网站表现，将表现与内容分离，便于大型网站的协作开发和维护。

(2) 缩短了网站的改版时间，设计者只要简单地修改 CSS 文件就可以轻松地改版网站。

(3) 强大的字体控制和排版能力，使设计者能够更好地控制页面布局。

(4) 使用只包含结构化内容的 HTML 代替嵌套的标签，提高搜索引擎对网页的索引效率。

(5) 用户可以将许多网页的风格格式同时更新。

7.1.2 正确理解 Web 标准

从使用表格布局到使用 Div+CSS 布局，有些 Web 设计者对标准理解不深，很容易步入 Web 标准的误区，主要表现在以下几方面，希望读者学习后能对 Web 标准有一个新的认识。

1. 表格布局的思维模式

初学者很容易认为 Div+CSS 布局就是将原来使用表格的地方用 Div 代替，原来是表格嵌套，现在是 Div 嵌套。使用这种思维模式进行设计其效果并不理想，意义也不大，还容易造成滥用 Div 的局面。

2. 标签的使用

HTML 标签是用来定义结构的，不是用来实现“表现”的。

3. CSS 与 ID

在对页面进行布局时，不需要为每个元素都定义一个 ID，并且不是每段内容都要用<div>标签进行布局，完全可以使用<p>标签代替，这两个标签都是块级元素，使用<div>标签仅是在浮动时便于操作。

7.2 典型的 CSS 布局样式

网页设计师为了让页面外观与结构分离，就要用 CSS 样式规范布局。使用 CSS 样式规范布局可以让代码更加简洁和结构化，使站点的访问和维护更加容易。

网页设计的第一步是设计版面布局。就像传统的报纸杂志编辑一样，将网页看作一张报纸或者一本杂志来进行排版布局。通过前面的学习，已经对页面布局的实现过程有了基本理解。本节结合目前较为常用的CSS布局样式，向读者进一步讲解布局的实现方法。

7.2.1 嵌套的Div布局

Div标签是可以被嵌套的，这种嵌套的Div主要用于实现更为复杂的页面排版。

使用Div+CSS布局页面完全有别于传统的网页布局习惯，它将页面首先在整体上进行Div标签的分块，然后对各个块进行CSS定位，最后在各个块中添加相应的内容。

【例7-1】 将页面用Div分块示例。本例文件的Div布局示意图如图7-2(a)所示，页面布局效果如图7-2(b)所示。

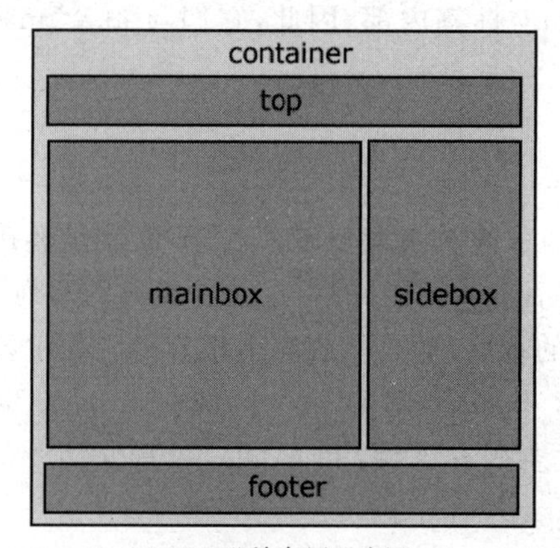

(a) Div分块布局示意图

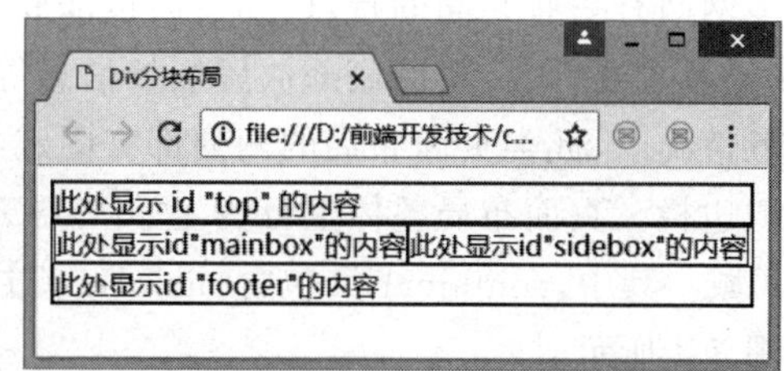

(b) 页面布局效果示意图

图7-2 将页面用Div分块

代码如下：

```
<!doctype html>
<html>
  <head>
    <meta charset="gb2312">
    <title>Div 分块布局</title>
    <style type="text/css">
      div{
          border:1px blue solid;
      }
      #main #mainbox,#main #sidebox{
          float:left;
      }
      #footer{
          clear:both;
      }
    </style>
  </head>
  <body>
    <div id="container">
      <div id="top">此处显示  id "top" 的内容</div>
```

```
        <div id="main">
          <div id="mainbox">此处显示 id"mainbox"的内容</div>
          <div id="sidebox">此处显示 id"sidebox"的内容</div>
        </div>
        <div id="footer">此处显示 id "footer"的内容</div>
      </div>
    </body>
  </html>
```

案例：制作H5创新学院页面

本例中，id="container"的 Div 作为盛放其他元素的容器，它所包含的所有元素对于 id="container"的 Div 来说都是嵌套关系。对于 id="main"的 Div 容器，则根据实际情况进行布局。这里分别定义 id="mainbox"和"sidebox"两个 Div 标签，虽然新定义的 Div 标签之间是并列的关系，但都处于 id="main"的 Div 标签内部，因此，它们与 id="main"的 Div 形成一个嵌套关系。

7.2.2 两列布局样式

许多网站有一些共同的特点，如页面顶部放置一个大的导航或广告条，右侧是链接或图片，左侧放置主要内容，页面底部放置版权信息等，图 7-3 所示的布局就是经典的两列布局。

一般情况下，此类页面布局的两列都有固定的宽度，而且从内容上很容易区分主要内容区域和侧边栏。页面布局整体上分为上、中、下 3 个部分，即 header 区域、container 区域和 footer 区域。其中，container 又包含 mainBox(主要内容区域)和 sideBox(侧边栏)，布局示意图如图 7-4 所示。

图 7-3 经典的两列布局

这里以最经典的三行两列宽度固定布局为例，讲解经典的两列布局。

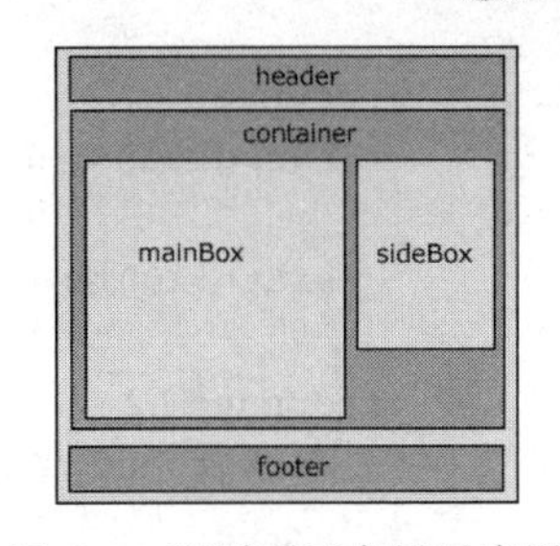

图 7-4 两列页面布局示意图

【例 7-2】 三行两列宽度固定布局示例。该布局比较简单，整个页面被 id="header"的 Div 容器、id="container"的 Div 容器和 id="footer"的 Div 容器分成 3 个部分，中间的 container 又再被 id="mainBox"的 Div 容器和 id="sideBox"的 Div 容器分成两块，页面效果如图 7-5 所示。

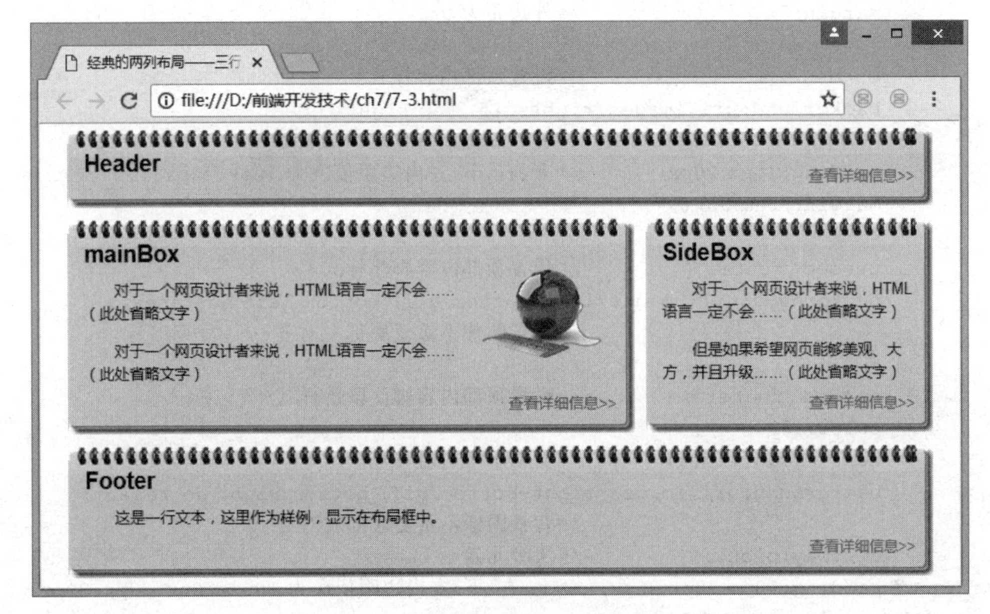

图 7-5 三行两列宽度固定布局的页面效果

代码如下：

```
<!doctype html>
<html>
  <head>
    <meta charset="gb2312">
    <title>经典的两列布局——三行两列宽度固定布局</title>
    <style type="text/css">
      body{                         /*设置页面整体样式*/
        background: #fff;
        font: 13px/1.5 Arial;
        margin:0;                   /*外边距为 0*/
        padding:0;                  /*内边距为 0*/
      }
      p{
        text-indent:2em;            /*段落首行缩进*/
      }
      #header,#pagefooter,#container{/*设置顶部容器、底部容器和中间内容容器的样式*/
        margin:0 auto;              /*水平居中对齐*/
        width:760px;                /*主体宽度 760px */
      }
```

```
    .rounded {                     /*设置顶部样式*/
      background: url(images/left-top.gif) top left no-repeat;
                                   /*背景图像不重复顶部左对齐*/
      width:100%;
    }
    .rounded h2 {                  /*设置顶部标题样式*/
      background:url(images/right-top.gif) top right no-repeat;
                                   /*背景图像不重复顶部右对齐*/
      padding:20px 20px 10px;  /*上、右、下、左内边距依次为 20px、20px、10px、20px */
      margin:0;                    /*外边距为 0*/
    }
    .rounded .main {               /*设置顶部内容样式*/
      background:url(images/right.gif) top right repeat-y;
                                   /*背景图像垂直重复顶部右对齐*/
      padding:10px 20px;           /*上、右、下、左内边距依次为 10px、20px、10px、20px */
      margin:-2em 0 0 0;
    }
    .rounded .footer {             /*设置顶部内容脚注样式*/
      background:url(images/left-bottom.gif) bottom left no-repeat;
                                   /*背景图像不重复底部左对齐*/
    }
    .rounded .footer p {           /*设置顶部内容脚注段落样式*/
      color:#888;
      text-align:right;            /*文本水平右对齐*/
      background:url(images/right-bottom.gif) bottom right no-repeat;
                                   /*背景图像不重复底部右对齐*/
      display:block;               /*块级元素*/
      padding:10px 20px 20px;  /*上、右、下、左内边距依次为 10px、20px、20px、20px */
      margin:-2em 0 0 0;
    }
    #container{                    /*设置中间内容容器的样式*/
      position:relative;           /*相对定位*/
    }
    #content{                      /*设置中间内容的样式*/
      position:absolute;           /*绝对定位*/
      top:0;
      left:0;
      width:500px;
    }
    #content img{                  /*设置中间内容中图像的样式*/
      float:right;                 /*向右浮动*/
    }
    #side{                         /*设置中间内容侧边栏的样式*/
      margin:0 0 0 500px;          /*上、右、下、左外边距依次为 0px、0px、0px、500px */
    }
  </style>
</head>
<body>
  <div id="header">
    <div class="rounded">
      <h2>Header</h2>
```

```
        <div class="main">
        </div>
        <div class="footer">
          <p>查看详细信息 &gt;&gt;</p>
        </div>
      </div>
    </div>
    <div id="container">
      <div id="content">
<div class="rounded">
  <h2>mainBox</h2>
  <div class="main">
    <img src="images/globe.jpg" width="128" height="128" />
            <p>对于一个网页设计者来说,HTML 语言一定不会……(此处省略文字)</p>
    <p>对于一个网页设计者来说,HTML 语言一定不会……(此处省略文字)</p>
  </div>
  <div class="footer">
    <p>查看详细信息 &gt;&gt;</p>
  </div>
  </div>
</div>
<div id="side">
  <div class="rounded">
    <h2>SideBox</h2>
    <div class="main">
      <p>对于一个网页设计者来说,HTML 语言一定不会……(此处省略文字)</p>
      <p>但是如果希望网页能够美观、大方,并且升级……(此处省略文字)</p>
    </div>
    <div class="footer">
      <p>查看详细信息 &gt;&gt;</p>
    </div>
  </div>
        </div>
      </div>
    <div id="pagefooter">
      <div class="rounded">
        <h2>Footer</h2>
        <div class="main">
  <p>这是一行文本,这里作为样例,显示在布局框中。</p>
        </div>
        <div class="footer">
  <p>查看详细信息 &gt;&gt;</p>
        </div>
      </div>
    </div>
  </body>
</html>
```

说明：两列宽度固定是指 mainBox 和 sideBox 两个块级元素的宽度固定，通过样式控制将其放置在 container 区域的两侧。两列布局的方式主要是以 mainBox 和 sideBox 的浮动实现。

7.2.3 三列布局样式

三列布局在网页设计时较常用，如图 7-6 所示。对于这种类型的布局，浏览者的注意力最容易集中在中栏的信息区域，其次才是左、右两侧的信息。

图 7-6 经典的三列布局

三列布局与两列布局非常相似，在处理方式上可以利用两列布局结构的方式处理，如图 7-7 所示的就是 3 个独立的列组合而成的三列布局。三列布局仅比两列布局多了一列内容，无论形式上怎么变化，最终还是基于两列布局结构演变出来。

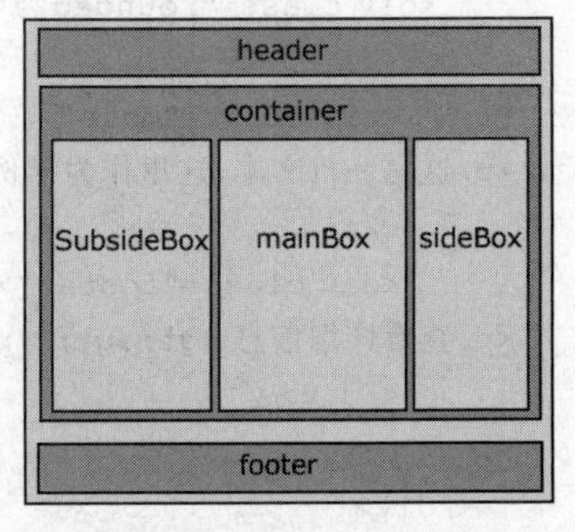

图 7-7 三列布局示意图

【例 7-3】 三行三列宽度固定布局。页面中 id="container"的 Div 容器包含了主要内容区(mainBox)、次要内容区(SubsideBox)和侧边栏(sideBox)，页面显示效果如图 7-8 所示。

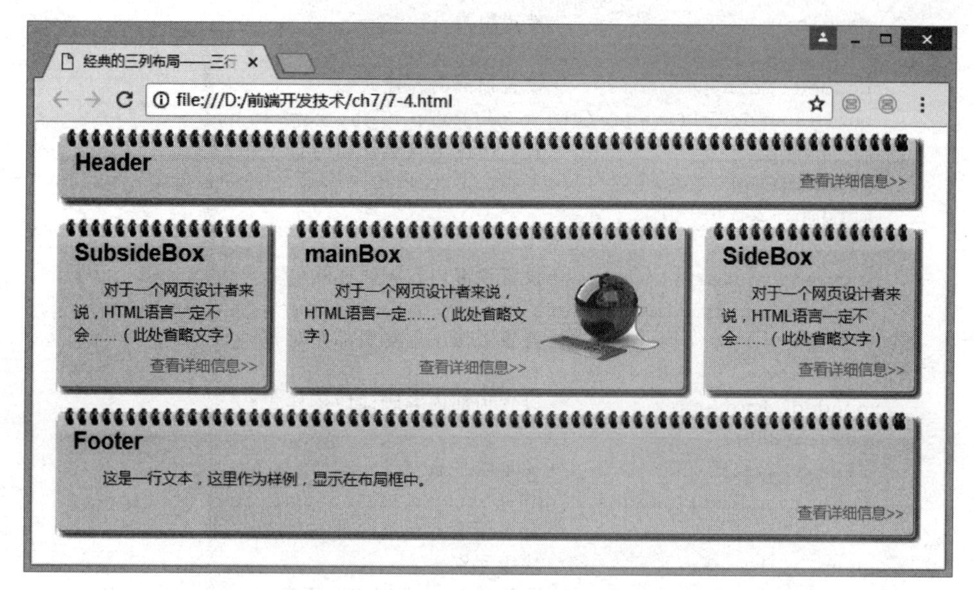

图 7-8　三行三列宽度固定布局的页面效果

代码如下：

```
<!doctype html>
<html>
  <head>
    <meta charset="gb2312">
    <title>经典的三列布局——三行三列宽度固定布局</title>
    <style type="text/css">
      body{                          /*设置页面整体样式*/
        background: #fff;
        font: 13px/1.5 Arial;
        margin:0;                    /*外边距为 0*/
        padding:0;                   /*内边距为 0*/
      }
      p{
        text-indent:2em;             /*段落首行缩进*/
      }
      #header,#pagefooter,#container{
                                     /*设置顶部容器、底部容器和中间内容容器的样式*/
        margin:0 auto;               /*水平居中对齐*/
        width:760px;                 /*主体宽度 760px */
      }
      .rounded {                     /*设置顶部样式*/
        background: url(images/left-top.gif) top left no-repeat;
                                     /*背景图像不重复顶部左对齐*/
        width:100%;
      }
      .rounded h2 {                  /*设置顶部标题样式*/
        background:url(images/right-top.gif) top right no-repeat;
                                     /*背景图像不重复顶部右对齐*/
        padding:20px 20px 10px;      /*上、右、下、左内边距依次为 20px、20px、10px、20px */
```

```
    margin:0;                  /*外边距为 0*/
  }
  .rounded .main {             /*设置顶部内容样式*/
    background:url(images/right.gif) top right repeat-y;
                               /*背景图像垂直重复顶部右对齐*/
    padding:10px 20px;         /*上、右、下、左内边距依次为 10px、20px、10px、20px */
    margin:-2em 0 0 0;
  }
  .rounded .footer {           /*设置顶部内容脚注样式*/
    background:url(images/left-bottom.gif) bottom left no-repeat;
                               /*背景图像不重复底部左对齐*/
  }
  .rounded .footer p {         /*设置顶部内容脚注段落样式*/
    color:#888;
    text-align:right;          /*文本水平右对齐*/
    background:url(images/right-bottom.gif) bottom right no-repeat;
                               /*背景图像不重复底部右对齐*/
    display:block;             /*块级元素*/
    padding:10px 20px 20px;    /*上、右、下、左内边距依次为 10px、20px、20px、20px */
    margin:-2em 0 0 0;
  }
  #container{                  /*设置中间内容容器的样式*/
    position:relative;         /*相对定位*/
  }
  #navi{                       /*设置中间内容左侧容器的样式*/
    position:absolute;         /*绝对定位*/
    top:0;
    left:0;
    width:200px;               /*左侧容器宽度为 200px */
  }
  #content{                    /*设置中间内容的样式*/
    margin:0 200px 0 200px;    /*上、右、下、左内边距依次为 0px、20px、0px、200px */
    width:360px;
  }
  #content img{                /*设置中间内容中图像的样式*/
    float:right;               /*向右浮动*/
  }
  #side{                       /*设置中间内容右侧边栏的样式*/
    position:absolute;         /*绝对定位*/
    top:0;
    right:0;
    width:200px;               /*右侧容器宽度为 200px */
  }
 </style>
</head>
<body>
 <div id="header">
  <div class="rounded">
   <h2>Header</h2>
<div class="main">
</div>
```

```
<div class="footer">
  <p>查看详细信息 &gt;&gt;</p>
</div>
      </div>
    </div>
    <div id="container">
      <div id="navi">
<div class="rounded">
  <h2>SubsideBox</h2>
  <div class="main">
    <p>对于一个网页设计者来说,HTML语言一定不会……(此处省略文字)</p>
  </div>
  <div class="footer">
    <p>查看详细信息 &gt;&gt;</p>
  </div>
</div>
      </div>
      <div id="content">
<div class="rounded">
  <h2>mainBox</h2>
  <div class="main">
    <img src="images/globe.jpg" width="128" height="128" />
    <p>对于一个网页设计者来说,HTML语言一定……(此处省略文字)</p>
  </div>
  <div class="footer">
    <p>查看详细信息 &gt;&gt;</p>
  </div>
</div>
      </div>
      <div id="side">
<div class="rounded">
  <h2>SideBox</h2>
  <div class="main">
    <p>对于一个网页设计者来说,HTML语言一定不会……(此处省略文字)</p>
  </div>
  <div class="footer">
    <p>查看详细信息 &gt;&gt;</p>
  </div>
</div>
      </div>
    </div>
    <div id="pagefooter">
      <div class="rounded">
<h2>Footer</h2>
<div class="main">
  <p>这是一行文本,这里作为样例,显示在布局框中。</p>
</div>
<div class="footer">
  <p>查看详细信息 &gt;&gt;</p>
        </div>
      </div>
    </div>
```

```
  </body>
</html>
```

7.3 百分比布局

7.3.1 百分比布局样式

有时候需要一个页面刚好充满整个屏幕或浏览器窗口，如果网页结构里面有子容器，也希望它能刚好充满父容器。百分比布局能较好地解决这个问题。百分比布局的应用场景包括富图表的大屏幕展示页面、丰富交互体验的单页面程序或需要强调页面细节的项目。

百分比是相对于固定像素尺寸单位而言的，是一种相对于父级元素的计量单位，通常重点强调宽度。百分比的宽度计算方法是：目标元素宽度/父级元素宽度＝百分比宽度。

CSS 中常用属性的百分比关系见表 7-1。

表 7-1　CSS 中常用属性的百分比关系

属　　性	百分比关系
width	基于父级的 width
height	基于父级的 height
margin(right、left)	基于父级的 width
margin(top、bottom)	基于父级的 height
padding(right、left)	基于父级的 width
padding(top、bottom)	基于父级的 height
text-indent	基于父级的 width
font-size	基于父元素的 font-size
line-height	基于当前字体的 font-size
Transform(left、top)	基于自身的 left、top

注：相对定位时，top(bottom)、left(right)参照的是父元素的内容区域的高度与宽度，而绝对定位时，参照的是最近的定位元素包含 padding 的高度与宽度。

【例 7-4】 父盒子盒模型与不同定位方式的子盒子盒模型示例。页面中两个父 div，其中一个包含相对定位(relative)的子 div，另一个包含绝对定位(absolute)的子 div。模型如图 7-9 和图 7-10 所示。

(a) 父盒子盒与相对定位的子盒子盒

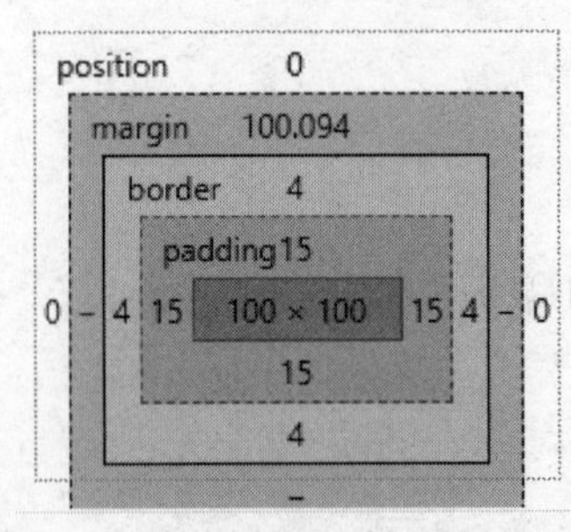

(b) 父盒子盒模型

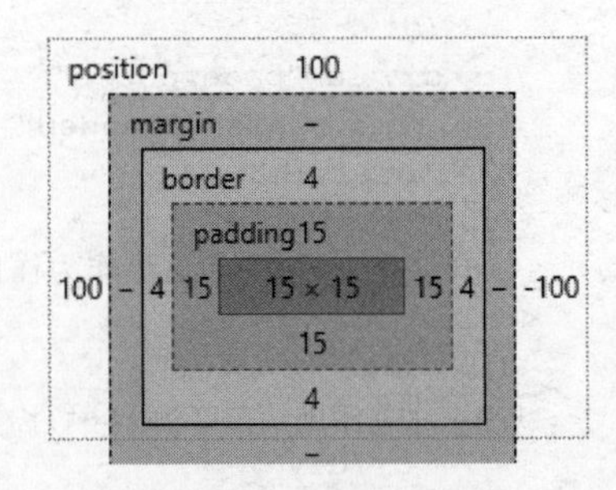

(c) 子盒子盒模型

图 7-9　父盒子盒模型与相对定位的子盒子盒的盒模型

(a) 父盒子盒与绝对定位的子盒子盒

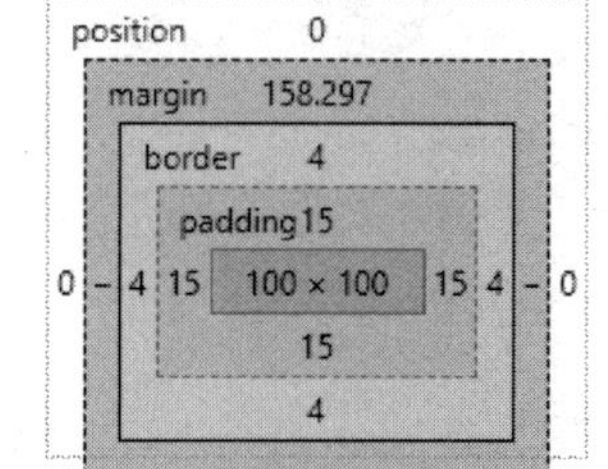

(b) 父盒子盒模型

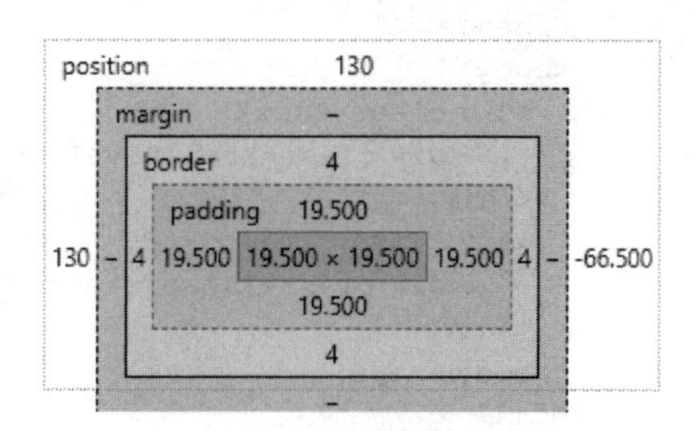

(c) 子盒子盒模型

图 7-10　父盒子盒模型与绝对定位的子盒子盒模型

代码如下：

```
<!DOCTYPE html>
<html>
  <head>
    <meta charset="utf-8" />
    <title>父子盒模型的定位关系</title>
    <style type="text/css">
    *{
        margin: 0;
        padding: 0;
    }
    .box{
        position: relative;                /*相对定位*/
        margin-top: 10%;
        width: 100px;
        height: 100px;
        padding: 15px;
        border: 4px solid #099;
        background: #FC0;
    }
    .box>.absolute-div{
        position: absolute;                /*绝对定位*/
        top: 100%;
        left: 100%;
        width: 15%;
        height: 15%;
        padding: 15%;
        border: 4px solid blue;
        background: white;
    }
    .box>.relative-div{
        position: relative;
        top: 100%;
        left: 100%;
        width: 15%;
        height: 15%;
        padding: 15%;
        border: 4px solid blue;
        background: white;
    }
    </style>
```

```
    </head>
    <body>
      <div class="box">
          <div class="relative-div"></div>
      </div>
      <div class="box">
          <div class="absolute-div"></div>
      </div>
    </body>
</html>
```

可以看出,相对定位的盒子的百分比定位的 top 和 left 值是参照父元素内容的宽度和高度,而不包括 padding。绝对定位后,盒子的大小发生了改变,也就是说子盒子绝对定位之后 top 和 left 值会参照最近的定位盒子的 padding-box 进行计算,所有大小的计算都要包括父盒子的 padding 值。

7.3.2 百分比布局案例

百分比布局经常用于自适应网页设计,也就是不同大小的设备上呈现同样页面的时候,同一个页面可以根据屏幕的大小,自动调整内容布局。在采用百分比布局的时候,改变浏览器窗口的大小,页面内元素的尺寸会发生变化,目前很多网站都适当采用百分比布局进行页面设计。

【例 7-5】 网页的 banner 有时候不方便作为背景图呈现,而是以内联< img >图片的形式存在。如果想要使 banner 在浏览器窗口中始终保持充满网页宽度的状态,就可以利用百分比 padding 的方法。7-5. html 的页面显示效果如图 7-11 所示。

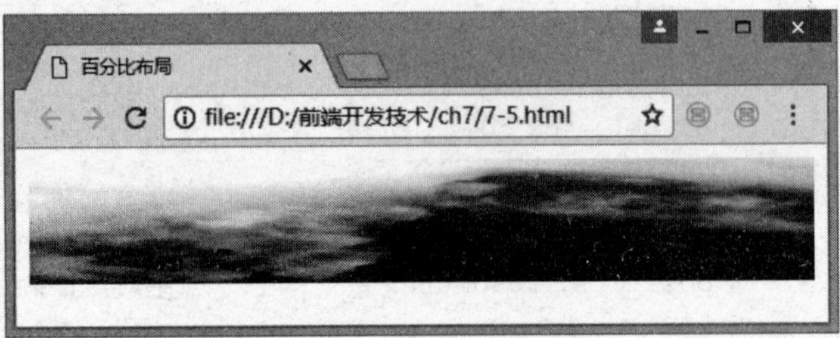

图 7-11 百分比布局的页面效果

代码如下:

```
<!DOCTYPE html>
<html>
  <head>
    <meta charset="utf-8" />
    <title>百分比布局</title>
    <style type="text/css">
      .banner {
          padding: 15% 0 0;
          position: relative;
        }
      .banner img {
        position: absolute;
```

```
        width: 100%;
        height: 100%;
        left: 0;
        top: 0;
      }
    </style>
  </head>
  <body>
    <div class="banner">
      <img src="images/banner.jpg">
    </div>
  </body>
</html>
```

可以看到，无论屏幕宽度如何变化，banner 图片比例都是固定的，不会有任何剪裁或是区域缺失，布局显得非常有弹性，也更健壮。需要注意的是，图片元素外面需要一个固定比例的容器元素，如< div >。

案例：制作H5创新学院博客页面

媒体查询布局

移动端 rem 布局

习题 7

1. 制作如图 7-12 所示的三行两列固定宽度型布局。

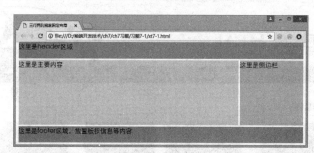

图 7-12　题 1 图

2. 制作如图 7-13 所示的两列定宽中间自适应的三行三列布局。

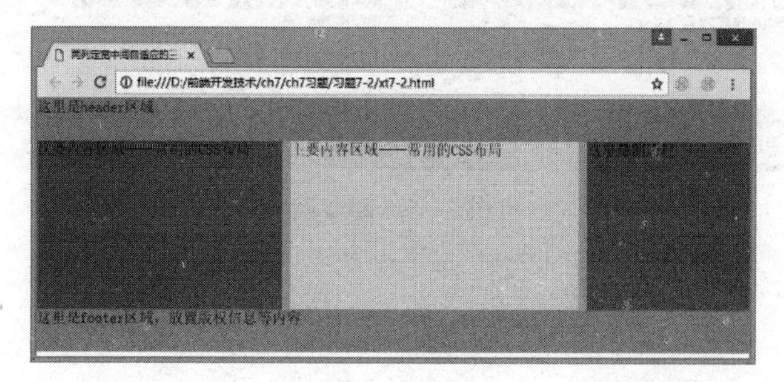

图 7-13　题 2 图

3. 综合使用 Div+CSS 布局技术制作如图 7-14 所示的页面。

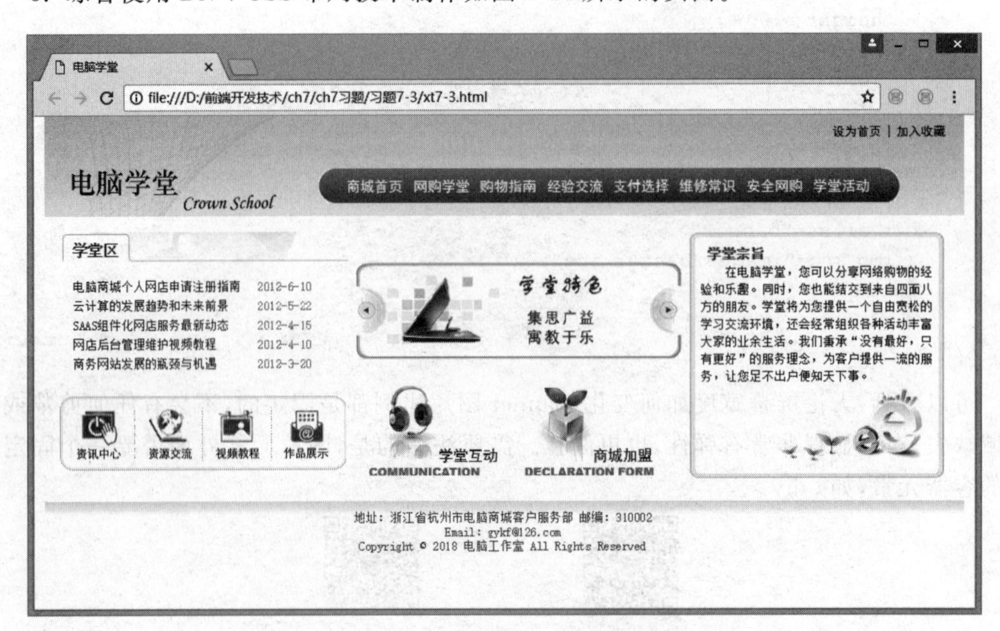

图 7-14 题 3 图

4. 综合使用 Div+CSS 布局技术制作如图 7-15 所示的页面。

图 7-15 题 4 图

第8章

JavaScript程序设计基础

使用 HTML 可以搭建网页的结构，使用 CSS 可以控制和美化网页的外观，但是对网页的交互行为和特效却无能为力。JavaScript 脚本语言提供了相关解决方案。JavaScript 是制作网页的行为标准之一，本章主要讲解 JavaScript 语言的基本知识，如图 8-1 所示。

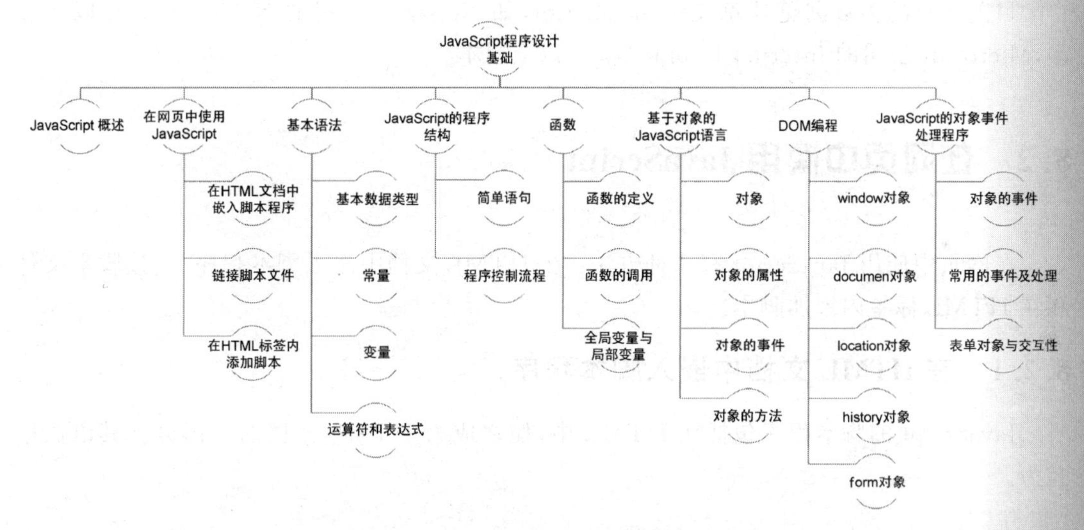

图 8-1　JavaScript 程序设计基础学习导图

8.1　JavaScript 概述

脚本(script)实际上就是一段程序，通常以解释方式运行，无须编译，相对来讲，开发简便、运行效率高。脚本程序同样用来完成某些特定的功能，既可以在服务器端运行(称为服务器脚本，例如 ASP 脚本、PHP 脚本等)，也可以直接在浏览器端运行(称为客户端脚本)。

客户端脚本通常用来响应用户动作、验证表单数据，以及显示各种自定义内容，如对话框、动画等。使用客户端脚本时，由于脚本程序随网页同时下载到客户机上，因此在对网页进行验证或响应用户动作时，无须通过网络与 Web 服务器进行通信，从而降低了网络的传输量和服务器的负荷，提升了系统的响应速度，改善了系统的整体性能。目前，JavaScript 是使用最广泛的脚本，几乎被所有浏览器支持。

JavaScript 是一种动态类型、弱类型、基于对象(object)和事件驱动(event driven)，并具备相对安全性能的脚本语言。它可与 HTML、CSS 一起用于实现在一个 Web 页面中链接多个对象，起到与 Web 客户交互的作用，从而开发出客户端的应用程序。JavaScript 通过嵌入或调入到 HTML 文档中实现其功能，它弥补了 HTML 语言的不足。JavaScript 的开发环境很简单，不需要类似 Java 编译器的 IDE，而是直接运行在浏览器中，由浏览器逐行加载解释执行，因而备受网页设计者的喜爱。如果浏览器不支持(或者用户禁用)JavaScript，浏览器仅仅忽略掉这些 JavaScript 代码。

微课：JavaScript 概述

JavaScript 语言的前身叫作 LiveScript。自从 Sun 公司推出著名的 Java 语言后，Netscape 公司引进了 Sun 公司有关 Java 的程序概念，将 LiveScript 重新进行设计，因此语法上有类似之处。LiveScript 的一些名称和命名规范也借鉴了 Java，并将其改名为 JavaScript。但是 JavaScript 与 Java 并无直接关系，两者的性质和性能也存在本质上的差异。JavaScript 的主要设计原则源自 Self 和 Scheme。

目前流行的多数浏览器都支持 JavaScript，如 Netscape 公司的 Navigator 3.0 以上版本，Microsoft 公司的 Internet Explorer 3.0 以上版本。

8.2 在网页中使用 JavaScript

在网页中使用 JavaScript 有 3 种方法：在 HTML 文档中嵌入脚本程序、链接脚本文件和在 HTML 标签内添加脚本。

8.2.1 在 HTML 文档中嵌入脚本程序

JavaScript 的脚本程序包括在 HTML 中，使之成为 HTML 文档的一部分。其语法格式为

```
<script type="text/javascript">
  JavaScript 语言代码;
  JavaScript 语言代码;
    …
</script>
```

微课：在网页中使用 JavaScript

script 是脚本标记，用于界定 JavaScript 脚本程序开始和结束的位置。在 HTML5 中，type="text/javascript"不再是必需的，而是可选项，默认值是"text/javascript"，用于说明脚本的 MIME 类型。早期的用法是< script language="JavaScript">，用来告诉浏览器这是用 JavaScript 编写的程序，需要调动相应的解释程序进行解释。目前 W3C 已经建议使用新的标准< script type="text/javascript">。

script 可以位于网页头< head >的部分，也可以在网页体< body >的任意位置。它在页面中的位置决定了什么时候装载脚本。如果希望在网页所有内容之前装载脚本，就要确保

脚本在页面的<head>...</head>之间。

JavaScript 脚本本身不能独立存在,它需要依附于某个 HTML 页面在浏览器端运行。在编写 JavaScript 脚本时,可以像编辑 HTML 文档一样,在文本编辑器中输入脚本代码。

【例 8-1】 在 HTML 文档中嵌入 JavaScript 的脚本。本例文件 8-1. html 在浏览器中显示的结果如图 8-2 和图 8-3 所示。

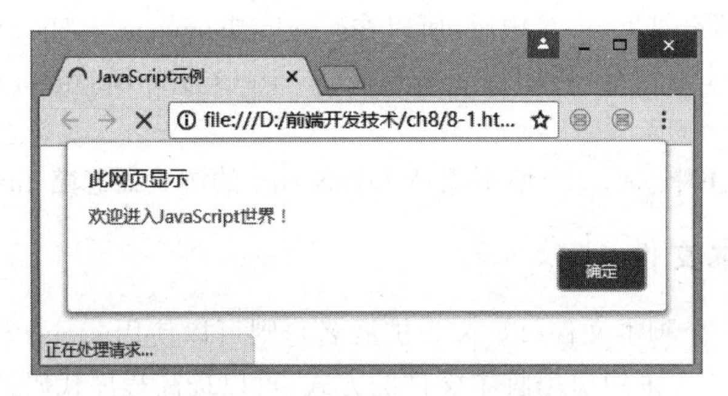

图 8-2 浏览器加载时的运行结果

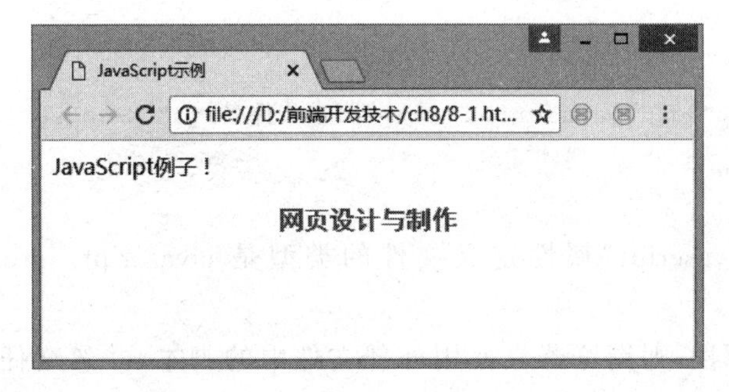

图 8-3 单击“确定”按钮后的运行结果

代码如下:

```
<!doctype html>
<html>
  <head>
    <meta charset="gb2312">
    <title>JavaScript 示例</title>
    <script type="text/javascript">
      <!--
      document.write("JavaScript 例子!");
      alert("欢迎进入 JavaScript 世界!");
      -->
    </script>  </head>
  <body>
    <h3 style="font:12pt; font-family:'黑体'; color:red; text-align:center">
网页设计与制作</h3>
  </body>
</html>
```

说明:

(1) document. write()是文档对象的输出函数,其功能是将参数表(括号)中的字符或变量值输出到窗口。alert()是 JavaScript 的窗口对象方法,其功能是弹出一个对话框并显示其中的字符串。

(2) 如图 8-2 所示为浏览器加载时的显示结果,图 8-3 所示为单击自动弹出对话框中的"确定"按钮后的显示结果。从上面的例题可以看出,在用浏览器加载 HTML 文件时,是从文件头向后解释并处理 HTML 文档的。

(3) JavaScript 语言对大、小写敏感,所以在< script language ="JavaScript">...</script >中的程序代码有大、小写之分,例如将 document. write()写成 Document. write(),程序将无法正确执行。

(4) 使用 html 注释<!--...-->使不支持 JavaScript 的浏览器忽略 JavaScript 代码。

8.2.2 链接脚本文件

如果已经存在一个脚本文件(以.js 为扩展名),则可以使用 script 标记的 src 属性引用外部脚本文件的 URL。采用引用脚本文件的方式,可以提高程序代码的利用率。其语法格式为

```
<head>
  …
  <script type="text/javascript" src="脚本文件名.js"></script>
  …
</head>
```

type="text/javascript"属性定义文件的类型是 javascript。src 属性定义.js 文件的 URL。

如果使用 src 属性,则浏览器只使用外部文件中的脚本,并忽略任何位于< script >...</script >之间的脚本。脚本文件可以用任何文本编辑器(如记事本)打开并编辑,一般脚本文件的扩展名为.js,内容是脚本,不包含 HTML 标记。其语法格式为

```
JavaScript 语言代码;      //注释
  …
JavaScript 语言代码;
```

例如,将例 8-1 改为链接脚本文件,运行过程和结果与例 8-1 相同。

```
<!doctype html>
<html>
  <head>
    <meta charset="gb2312">
    <title>JavaScript 示例</title>
    <script type="text/javascript" src="test.js"></script><!-- URL 为 test.js -->
  </head>
  <body>
    <h3 style="font:12pt; font-family:'黑体'; color:red; text-align:center">
网页设计与制作</h3>
  </body>
</html>
```

脚本文件 test.js 的内容为

```
document.write("JavaScript 例子!");
alert("欢迎进入 JavaScript 世界!");
```

8.2.3 在 HTML 标签内添加脚本

可以在 HTML 表单的输入标签内添加脚本,以响应输入的事件。

【例 8-2】 在标签内添加 JavaScript 的脚本。本例文件 8-2.html 在浏览器中显示的结果如图 8-4 和图 8-5 所示。

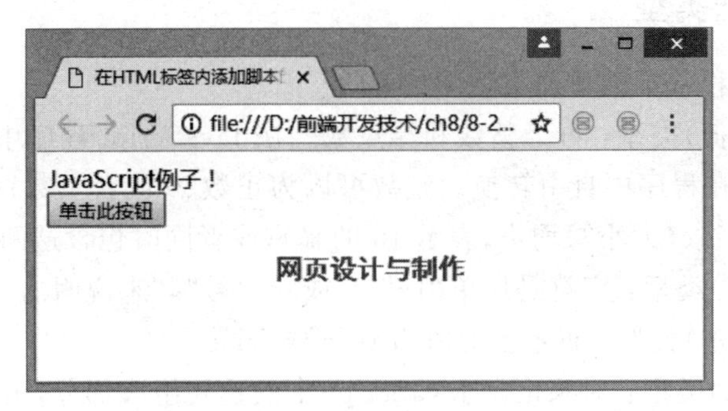

图 8-4 初始显示

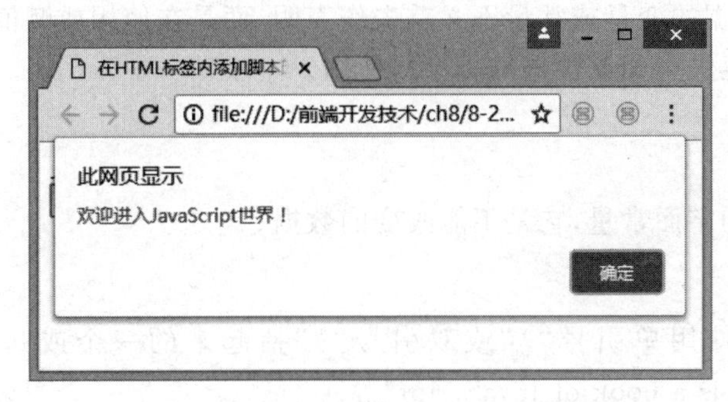

图 8-5 单击"确定"按钮后的运行结果

代码如下:

```
<!doctype html>
<html>
  <head>
    <meta charset="gb2312">
    <title>在 HTML 标签内添加脚本的 JavaScript 示例</title>
  </head>
  <body>
    JavaScript 例子!
    <form>
  <input type="button" onClick="JavaScript:alert('欢迎进入 JavaScript 世界!');
"value="单击此按钮">
    </form>
    <h3 style="font:12pt; font-family:'黑体'; color:red; text-align:center">
网页设计与制作</h3>
  </body>
</html>
```

8.3 基本语法

JavaScript 脚本语言同其他计算机语言一样，有其自身的基本数据类型、运算符和表达式。

8.3.1 基本数据类型

JavaScript 有 4 种基本的数据类型。

微课：基本数据类型

(1) number(数值)类型：可为整数和浮点数。在 JavaScript 程序中没有把整数和实数分开，这两种数据可在程序中自由转换。整数可以为正数、0 或者负数；浮点数可以包含小数点，也可以包含一个 e(大小写均可，表示 10 的幂)，或者同时包含这两项。

(2) string(字符)类型：字符是用单引号“'”或双引号“"”来说明的。

(3) boolean(布尔)类型：布尔型的值为 true 或 false。

(4) object(对象)类型：对象也是 JavaScript 中的重要组成部分，用于说明对象。

JavaScript 基本类型中的数据可以是常量，也可以是变量。由于 JavaScript 采用弱类型的形式，因而一个数据的变量或常量不必首先作声明，而是在使用或赋值时自动确定其数据的类型。当然也可以先声明该数据的类型再使用。

8.3.2 常量

常量通常又称为字面常量，它是不能改变的数据。

1. 字符型常量

字符型常量是使用单引号“'”或双引号“"”括起来的一个或几个字符，如"123"、'abcABC123'、"This is a book of JavaScript"等。

2. 数值型常量

数值型常量分为整型常量和实型常量。

(1) 整型常量：可以使用八进制、十进制、十六进制表示其值。八进制以 0 开头且数字只能为 0～7；十进制不能以 0 或 0x 开头；十六进制以 0x 开头且数字只能是 0～9，并用 A～F 或 a～f 表示数字 10～15。在表示整型常量时可以不区分大小写字母。

(2) 实型常量：由整数部分加小数部分表示，如 12.32、193.98。可以使用科学或标准方法表示，如 6E8、2.6e5 等。

微课：常量和变量

3. 布尔型常量

布尔型常量只有两个值：true 或 false。布尔型常量主要用来说明或代表一种状态或标志，以说明操作流程。JavaScript 只能用 true 或 false 表示其状态，不能用 1 或 0 表示。

8.3.3 变量

变量用来存放程序运行过程中的临时数据，在需要用到这个数据的地方可以用变量代表。对于变量，必须明确变量的命名、变量的类型、变量的声明及变量的作用域。

1. 变量的命名

JavaScript 中的变量命名同其他计算机语言非常相似，变量名称的长度是任意的，但要区分大小写。另外，还必须遵循以下规则。

（1）第一个字符必须是字母(大小写均可)、下画线或美元字符“$”。

（2）后续字符可以是字母、数字、下画线或美元字符。变量名中不能有空格、“+”“-”“,”或其他特殊符号。

（3）不能使用 JavaScript 中的关键字作为变量。在 JavaScript 中定义了 40 多个关键字，这些关键字是 JavaScript 内部使用的，如 var、int、double、true，它们不能作为变量名。

2. 变量的类型

JavaScript 是一种对数据类型变量要求不太严格的语言，所以不必声明每一个变量的类型，但在使用变量之前先进行声明是一种好的习惯。变量的类型是在赋值时根据数据的类型来确定的，变量的类型有字符型、数值型、布尔型。

3. 变量的声明

JavaScript 变量可以在使用前先作声明，并可赋值。通过使用 var 关键字对变量作声明。对变量作声明的最大好处就是能及时发现代码中的错误，因为 JavaScript 是采用动态编译的，而动态编译不易发现代码中的错误，特别是在变量命名方面。

变量的声明和赋值语句 var 的语法为

```
var  变量名称 1 [= 初始值 1], 变量名称 2 [= 初始值 2]...;
```

一个 var 可以声明多个变量，其间用“,”分隔。

4. 变量的作用域

变量的作用域是变量的重要概念。在 JavaScript 中同样有全局变量和局部变量，全局变量是定义在所有函数体之外，其作用范围是全部函数；局部变量是定义在函数体之内，只对该函数可见，而对其他函数不可见。需要注意的是，未经 var 关键词声明的变量，默认都是全局变量。

8.3.4 运算符和表达式

在定义完变量后，可以对变量进行赋值、计算等一系列操作，这一过程通常由表达式来完成。可以说它是变量、常量和运算符的集合，因此表达式可以分为算术表述式、字符串表达式、布尔表达式等。

运算符是完成操作的一系列符号，在 JavaScript 中有算术运算符、字符串运算符、比较运算符、布尔运算符、位运算符。

1. 算术运算符

微课：算术运算符

JavaScript 中的算术运算符有单目运算符和双目运算符。

单目运算符：++(递增 1)、--(递减 1)。

双目运算符：+(加)、-(减)、*(乘)、/(除)、%(取模)。

2. 字符串运算符

字符串运算符“＋”用于连接两个字符串。例如"abc"＋"123"，结果是"abc123"。

3. 比较运算符

微课：比较运算符

比较运算符也叫关系运算符，用于构成关系表达式。其运算规则是先对操作数进行比较，根据比较的结果返回一个 true 或 false 值。比较运算符包括＜（小于）、＜＝（小于或等于）、＞（大于）、＞＝（大于或等于）、＝＝（等于）、!＝（不等于）。

4. 布尔运算符

布尔运算符也叫逻辑运算符，用于构成逻辑表达式。在 JavaScript 中的布尔运算符包括：!（取反）、&&（逻辑与）、&＝（按位与之后赋值）、||（逻辑或）、|＝（按位或之后赋值）、^（逻辑异或）、^＝（按位异或之后赋值）、?:（三目操作符）等。

其中三目操作符主要格式如下：

微课：布尔运算符和位运算符

```
操作数 ?结果 1 : 结果 2
```

若操作数的结果为 true，则表达式的结果为结果 1，否则为结果 2。

5. 位运算符

位运算符分为位逻辑运算符和位移动运算符。

位逻辑运算符：&（位与）、|（位或）、^（位异或）、－（位取反）、～（位取补）。

位移动运算符：＜＜（左移）、＞＞（右移）、＞＞＞（右移，零填充）。

6. 运算符的优先顺序

表达式的运算是按运算符的优先级进行的。下列运算符按其优先顺序由高到低排列，相同优先级的运算符按从左向右的顺序进行计算。

(1) 算术运算符：＋＋、－－、*、/、%、＋、－。

(2) 字符串运算符：＋。

(3) 位移动运算符：＜＜、＞＞、＞＞＞。

(4) 比较运算符：＜、＜＝、＞、＞＝、＝＝、!＝。

(5) 位逻辑运算符：&、^、|、－、～。

(6) 布尔运算符：!、&＝、&&、|＝、||、^＝、^、?:。

圆括号用于改变由运算符优先级确定的计算顺序。也就是说，先计算完圆括号内的表达式，然后再将它的运算结果用于表达式其余部分的计算。例如：

```
var result = 78 *96 + 3;
document.write(result);
document.write("<br/>");

result = 78 *(9 + 3);
document.write(result);
```

```
//Output:
//7491
//936
```

第一个表达式中有 3 个运算符：=、* 和+。按照运算符优先级规则，遵照以下顺序计算：*、+、=，也就是 78 * 96=7488、7488+3=7491。

第二个表达式中，先计算( )运算符，因此，先计算括号中的加法表达式，再计算乘法表达式，也就是 9+3=12，12 * 78=936。

以下示例包括多个运算符的语句。

```
var num = 10;
if(5 == num / 2 && (2 + 2 *num).toString() === "22"){
    document.write(true);
}
//Output:
//true
```

运算符按以下顺序计算：用于分组的( )(分组内 *、+)、函数中的"."、函数中的( )、/、==、=== 和 &&，运算结果为 true。也就是 2 * num=20，2+20=22，22.toString()="22"，num/2=5，5==5=true，"22"==="22"=true，true&&true=true。

8.4 JavaScript 的程序结构

在任何编程语言中，程序都是通过语句来实现的。在 JavaScript 中包含一组完整的编程语句，用于实现基本的程序控制和操作功能。在 JavaScript 中，每条语句以半角分号结尾。JavaScript 的要求并不严格，脚本语句后面不加分号也可以执行。但是建议保留分号，养成良好的编程习惯。

JavaScript 脚本程序是由控制语句、函数、对象、方法、属性等组成的。JavaScript 所提供的语句分为以下几大类。

8.4.1 简单语句

1. 赋值语句

赋值语句的功能是把右边表达式赋值给左边的变量，其语法格式为

```
变量名 = 表达式;
```

像 Java 语言一样，JavaScript 也可以采用复合赋值运算符，如 x+=y 等同于 x=x+y，其他运算符也一样。

2. 注释语句

在 JavaScript 的程序代码中，可以插入注释语句以便增加程序的可读性。注释语句分为单行注释和多行注释。

单行注释语句的格式为

```
//注释内容
```

多行注释语句的格式为

```
/*注释内容
  注释内容 */
```

3. 输出字符串

JavaScript 中常用的输出字符串的方法是利用 document 对象的 write()方法、window 对象的 alert()方法。

(1) 用 document 对象的 write()方法输出字符串。document 对象的 write()方法的功能是向页面内写文本,其语法格式为

```
document.write(字符串 1, 字符串 2, ...);
```

(2) 用 window 对象的 alert()方法输出字符串。window 对象的 alert()方法的功能是弹出提示对话框,其格式为

```
alert(字符串);
```

4. 输入字符串

JavaScript 中常用的输入字符串的方法是利用 window 对象的 prompt()方法,以及表单的文本框。

(1) 用 window 对象的 prompt()方法输入字符串。window 对象的 prompt()方法的功能是弹出对话框,让用户输入文本,其语法格式为

```
prompt(提示字符串, 默认值字符串);
```

例如,下面代码用 prompt()方法得到字符串,然后赋值给变量 name。

```
<!doctype html>
<html>
  <head></head>
  <body>
    <script type="text/javascript">
      var name=prompt("请输入您的姓名:", "");
      document.write("您好!"+name);
    </script>
  </body>
</html>
```

(2) 用文本框输入字符串。使用 Blur 事件和 onBlur 事件处理程序,可以得到在文本框中输入的字符串。Blur 事件和 onBlur 事件的具体解释可参考本章事件处理程序的相关内容。

【例 8-3】 下面的代码执行时,在文本框中输入的文本将在对话框中输出。本例文件 8-3.html 在浏览器中的显示效果如图 8-6 所示。

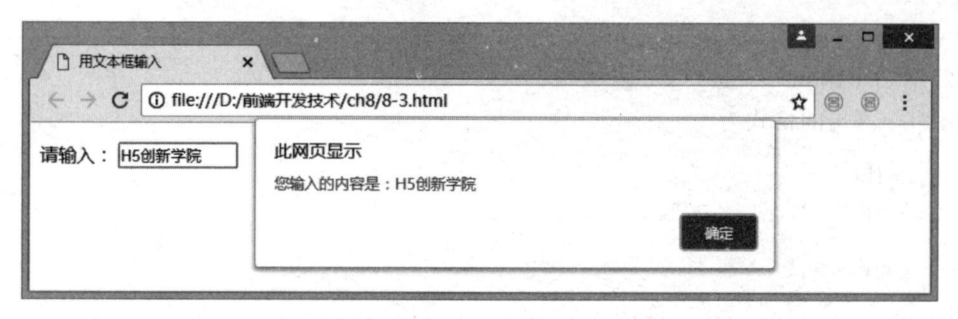

图 8-6 例 8-3 的页面显示效果

代码如下：

```
<!doctype html>
<html>
  <head>
    <meta charset="gb2312">
    <title>用文本框输入</title>
    <script language="JavaScript">
      function test(str){
        alert("您输入的内容是："+str);
      }
    </script>
  </head>
  <body>
    <form name="chform" method="post">
      <p>请输入：
      <input type="text" name="textname" onBlur="test(this.value)" value="" size
="10"></p>
    </form>
  </body>
</html>
```

8.4.2 程序控制流程

1. 条件语句

JavaScript 提供了 if、if else 和 switch 3 种条件语句，条件语句也可以嵌套。

1) if 语句

if 语句是最基本的条件语句，它的格式与 Java 一样，其语法格式为

微课：条件语句

```
if (条件)
  { 语句 1;
    语句 2;
      …  ;
}
```

“条件”是一个关系表达式，用来实现判断。“条件”要用( )括起来。如果“条件”的值为 true，则执行{ }里面的语句，否则跳过 if 语句，执行后面的语句。如果语句段只有一句，可以省略{ }，如

```
if (x==1) y=6;
```

2) if else 语句

if else 语句的格式为

```
if (条件)
  {语句段 1; }
else
  {语句段 2; }
```

若“条件”为 true,则执行语句段 1; 否则,执行语句段 2。“条件”要用( )括起来。若 if 后的语句段有多行,则必须用大括号将其括起来。

3) switch 语句

分支语句 switch 根据变量的取值不同采取不同的处理方法。switch 语句的格式为

微课:条件语句-switch

```
switch (变量)
{ case 数值 1 :
      语句段 1;
      break;
case 数值 2 :
      语句段 2;
      break;
  …
  default :
      语句段 3; }
```

“变量”要用( )括起来。必须用{ }把 case 括起来。即使语句段是由多个语句组成的,也不能用{ }括起来。

当 switch 中变量的值等于数值 1 时,执行第一个 case 语句之后的语句段 1,直到 break 语句,然后跳离 switch 语句; 如果变量的值不等于数值 1,则判断数值 2……。如果所有 case 语句引导的数值都不符合,则执行 default 语句之后的语句。如果省略 default 语句,当所有 case 语句都不符合时,则直接跳离 switch 语句,什么都不执行。每条 case 语句中的 break 语句是必须有的,如果没有 break 语句,将继续执行下一个 case 语句的判断。

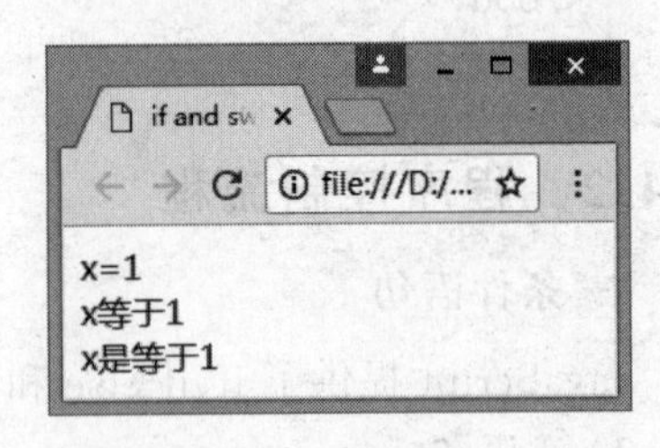

图 8-7 例 8-4 的页面显示效果

【例 8-4】 if 语句和 switch 语句的用法。本例文件 8-4.html 在浏览器中的显示效果如图 8-7 所示。

代码如下:

```
<!doctype html>
<html>
  <head>
    <meta charset="gb2312">
    <title>if and switch 示例</title>
  </head>
  <body>
    <script language="JavaScript">
```

```
      var x=1, y ;
      document.write("x=1");
      document.write("<br>");
      if (x=1)
        document.write("x 等于 1");
      else
        document.write("x 不等于 1");
      document.write("<br>");
      switch (x)
      { case 0 : document.write("x 等于 0");
              break;
        case 1 : document.write("x 是等于 1");
              break;
        default : document.write("x 不等于 0 或 1");
      }
    </script>
  </body>
</html>
```

2. 循环语句

JavaScript 中提供了多种循环语句，有 for、while 和 do while 语句，还提供了用于跳出循环的 break 语句，用于终止当前循环并继续执行下一轮循环的 continue 语句。

1）for 循环语句

for 循环语句的格式为

```
for (初始化; 条件; 增量)
{
    语句段;
}
```

for 实现条件循环，当“条件”成立时，执行语句段；否则跳出循环体，循环结束。

for 循环语句的执行步骤如下。

(1) 执行“初始化”部分，给循环控制变量赋初值。

(2) 判断“条件”是否为真，如果为真则执行循环体；否则退出循环体，循环结束。

(3) 执行循环体语句之后，执行“增量”部分。

(4) 重复步骤(2)和(3)，直到退出循环。

JavaScript 也允许循环的嵌套，从而实现更加复杂的应用。

2）while 循环语句

while 循环语句的格式为

微课：循环语 句-while 循环语句

```
while (条件)
{
    语句段;
}
```

“条件”中应该是关系表达式或逻辑表达式。条件表达式为真时，执行循环体中的语句；条件表达式为假时，跳出循环体，循环结束。“条件”要用( )括起来。

while 语句的执行步骤如下。

(1) 计算“条件”表达式的值。

(2) 如果“条件”表达式的值为 true,则执行循环体,否则跳出循环。

(3) 重复步骤(1)和(2),直到跳出循环。

while 循环结构和 for 循环结构可以互相替代,但二者各有特点。while 语句适合条件复杂无法预知循环次数的循环,for 语句适合已知循环次数的循环。

3) do while 语句

微课:循环语句-do while循环语句

do while 语句是 while 的变体,其语法格式为

```
do
{
    语句段;
}
while (条件)
```

do while 的执行步骤如下。

(1) 执行循环体中的语句段。

(2) 计算条件表达式的值。

(3) 如果条件表达式的值为 true,则继续执行循环体中的语句,否则退出循环。

(4) 重复步骤(1)和(2),直到退出循环。

do while 语句的循环体至少要执行一次,而 while 语句的循环体可以一次也不执行。

无论使用哪一种循环语句,都要注意控制循环的结束条件,避免出现死循环。

4) break 语句

break 语句的功能是无条件跳出循环结构或 switch 语句。一般 break 语句是单独使用的,有时也可在其后面加语句标号,以表明跳出该标号所指定的循环体,然后执行循环体后面的代码。

5) continue 语句

微课:循环语句-break语句、continue语句

continue 语句的功能是结束本轮循环,跳转到循环的开始处,从而开始下一轮循环;而 break 语句的功能是结束整个循环。continue 语句可以单独使用,也可以与语句标号一起使用。

【例 8-5】 循环结构的用法示例。在网页上输出1~10 的数字后跳出循环。本例文件 8-5.html 在浏览器中的显示效果如图 8-8 所示。

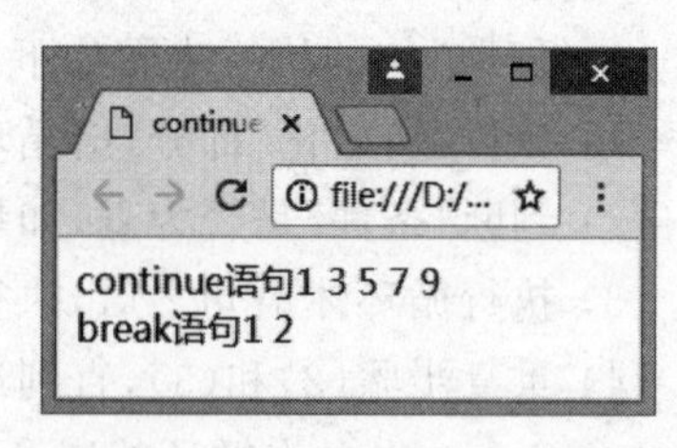

图 8-8 例 8-5 的页面显示效果

代码如下:

```
<!doctype html>
<html>
  <head>
    <meta charset="gb2312">
    <title>continue 和 break 的用法</title>
  </head>
  <body>
```

```
    <script type='text/javascript'>
      var x;
      document.write('continue 语句');
      for(x=1;x<10;x++)
        { if (x%2==0) continue;   //遇到偶数则跳出此次循环,进入下一次循环
            document.write(x+' ');
        }
      document.write('<br>');
      document.write('break 语句');
      for (x=1;x<=10;x++)
        { if (x%3==0) break;     //遇到能被 3 整除,结束整个循环
            document.write(x+' ');
        }
      </script>
    </body>
</html>
```

说明：break 语句使得循环从 for 语句或 while 语句中跳出，continue 语句使得程序控制跳过循环内剩余的语句而进入下一次循环。

8.5 函数

在 JavaScript 中，函数是能够完成一定功能的代码块，它可以在脚本中被事件和其他语句调用。当一段代码很长，需要实现很多功能时，可以将这段代码划分成几个功能相对独立单一的函数，这样既可以提高程序的可读性，也利于脚本的编写、调试和维护。

8.5.1 函数的定义

JavaScript 中的函数可以使用参数来传递数据，也可以不使用参数。函数在完成功能后可以有返回值，也可以没有返回值。

JavaScript 遵循先定义函数，后调用函数的规则。函数的定义通常放在 HTML 文档头中，也可以放在其他位置，但最好放在文档头，这样可以确保先定义后使用。

定义函数的语法格式为

微课：函数的定义

```
function 函数名(参数 1, 参数 2, ...)
{
    语句;
    ...
    return 表达式;              //return 语句指明被返回的值
}
```

函数名是调用函数时所引用的名称，一般用能够描述函数功能的单词或短语来命名。参数表中是形式参数(简称形参)列表，每个形参之间用半角逗号分隔。形参用于在函数被调用时接收实际参数(简称实参)传入的数据，可以是常量、变量或表达式，是可选的。{ }中的语句是函数的执行语句，在函数被调用时会被执行。如果需要返回一个值给调用函数的语句，应该在代码块中使用 return 语句。

【例 8-6】 函数返回值的示例。本例文件 8-6. html 在浏览器中的显示效果如图 8-9 所示。

代码如下：

```
<!doctype html>
<html>
  <head>
    <meta charset="gb2312">
    <title>函数返回值</title>
      <script language="JavaScript">
        function multiple(number1,number2){
          var result = number1 *number2;
          return result;                        //函数有返回值
        }
      </script>
  </head>
  <body>
    <script language="JavaScript">
      var result = multiple(10,20);      //调用有返回值的函数
      document.write(result);
    </script>
  </body>
</html>
```

图 8-9 例 8-6 的页面显示效果

8.5.2 函数的调用

1. 无返回值的调用

如果函数没有返回值或调用程序不关心函数的返回值，可以用下面的格式调用定义的函数。

```
函数名(实参 1, 实参 2, ...);
```

2. 有返回值的调用

如果调用程序需要函数的返回结果，则要用下面的格式调用定义的函数。

```
变量名=函数名(实参 1, 实参 2, ...);
```

例如

```
result = multiple(10,20);
```

微课：函数的调用

对于有返回值的函数调用，也可以在程序中直接利用其返回的值。例如，document. write(multiple(10,20))；。

3. 在超链接标记中调用函数

当单击超链接时，可以触发调用函数。有以下两种方法。

(1) 使用< a >标记的 onClick 属性调用函数，其语法格式为

```
<a href="#" onClick="函数名(参数表)">热点文本 </a>
```

(2) 使用<a>标记的 href 属性,其语法格式为

```
<a href="javascript:函数名(参数表)">热点文本 </a>
```

4. 在加载网页时调用函数

有时希望在加载(执行)一个网页时仅执行一次 JavaScript 代码,可以使用<body>标记的 onLoad 属性,其代码形式为

```
<head>
  <script language="JavaScript">
    function 函数名(参数表) {
      当网页加载完成后执行的代码;
    }
  </script>
</head>
<body onLoad="函数名(参数表);">
  网页的内容
</body>
```

【例 8-7】 本例中的 hello()函数显示一个对话框,当网页加载完成后就调用一次 hello()函数。本例文件 8-7.html 在浏览器中的显示效果如图 8-10 所示。

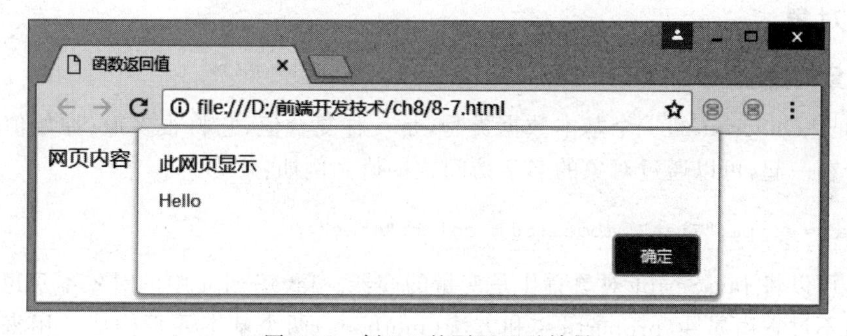

图 8-10　例 8-7 的页面显示效果

代码如下:

```
<!doctype html>
<html>
  <head>
    <meta charset="gb2312">
    <title>函数返回值</title>
    <script language="JavaScript">
      function hello(){                    //定义函数
      window.alert("Hello");
      }
    </script>
  </head>
  <body onLoad="hello();"> <!-- 使用 onLoad 调用函数 -->
    网页内容
  </body>
</html>
```

8.5.3 全局变量与局部变量

根据变量的作用范围，变量又可分为全局变量和局部变量。全局变量是在所有函数之外的脚本中定义的变量，其作用范围是这个变量定义之后的所有语句，包括其后定义的函数中的程序代码和它后面的其他<script>...</script>标记中的程序代码。未经 var 关键字声明的变量，默认都是全局变量。局部变量是定义在函数代码之内的变量，只有在该函数中且位于这个变量定义之后的程序代码可以使用这个变量。局部变量对其后的其他函数和脚本代码来说都是不可见的。

微课：全局变量与局部变量

局部变量的优先级高于全局变量，如果在函数中定义了与全局变量同名的局部变量，则在该函数中且位于这个变量定义之后的程序代码使用的只能是局部变量，而不是全局变量。

8.6 基于对象的 JavaScript 语言

JavaScript 语言采用的是基于对象的(object-based)、事件驱动的编程机制，因此，必须理解对象以及对象的属性、事件和方法等概念。

8.6.1 对象

1. 对象的概念

对象是 JavaScript 的一个基本数据类型，是一种复合值，它将很多值(原始值或者其他对象)聚合在一起，可以通过对象的名字访问这些值。例如：

```
var car = {type:"Fiat", model:500, color:"gray"};
```

所以，可以将 JavaScript 对象看作是变量的容器。JavaScript 中的对象本身也相当于一个变量，只不过它由属性(properties)和方法(methods)两个基本元素构成。用来描述对象特性的一组数据，也就是若干个变量，称为属性；用来操作对象特性的若干个动作，也就是若干函数，称为方法。

简单地说，属性用于描述对象的一组特征，方法为对象实施的一些动作，对象的动作常要触发事件，而触发事件又可以修改属性。一个对象建立以后，其操作就通过与该对象有关的属性、事件和方法来描述。

通过访问或设置对象的属性，并且调用对象的方法，就可以对对象进行各种操作，从而获得需要的功能。

在 JavaScript 中，可以使用的对象有：JavaScript 的内置对象、由浏览器根据 Web 页面的内容自动提供的对象、用户自定义的对象。

2. 对象的定义

下面的代码创建了对象的一个新实例，并向其添加了 3 个属性：

```
person=new Object();
person.firstname="Bill";
person.lastname="Gates";
```

```
person.age=56;
```

还可以用对象字符定义和创建 JavaScript 对象：

```
var person = {firstName:"Tom", lastName:"Doe", age:48, gender:"male"};
```

也可以写成这种形式：

```
var person = {
  firstName:"John",
  lastName:"Doe",
  age:50,
  eyeColor:"blue"
};
```

3. 对象的使用

要使用一个对象，有下面 3 种方法。

(1) 引用 JavaScript 内置对象。

(2) 由浏览器环境中提供。

(3) 创建新对象。

一个对象在被引用之前必须已经存在。引用对象属性的方式如下：

```
person.lastName;
```

也可以用这种形式：

```
person["lastName"];
```

以下语句的作用是访问 person 对象的 fullName()方法：

```
name = person.fullName();
```

4. 对象的操作语句

在 JavaScript 中提供了几个用于操作对象的语句和关键字及运算符。

1) for...in 语句

for...in 语句的基本格式为

```
for(变量 in 对象){
    代码块;
}
```

该语句的功能是用于对某个对象的所有属性进行循环操作，它将一个对象的所有属性名称逐一赋值给“变量”，并且不需要事先知道对象属性的个数。

2) with 语句

with 语句的基本格式为

```
with(对象){
    代码块;
}
```

该语句的功能用于引用一个对象，代码块中的语句都被认为是对这一对象属性进行的操作。这样，当需要对一个对象进行大量操作时，就可以通过 with 语句来省略重复书写该对象名称，起到简化书写的作用。

例如，下面是一个使用 Date 对象显示当前时间的程序：

```
<script type="text/javascript">
  var current_time=new Date();
  var str_time=current_time.getHours()+":"+current_time.getMinutes()+":"+
current_time.getSeconds();
  alert(str_time);
</script>
```

可以使用 with 语句简写为

```
<script type="text/javascript">
  var current_time=new Date();
  with (current_time) {
    var str_time=getHours()+":"+getMinutes()+":"+getSeconds();
    alert(str_time);
  }
</script>
```

3）this 关键字

this 用于将对象指定为当前对象。

4）new 关键字

使用 new 关键字可以创建指定对象的一个实例。其创建对象实例的格式为

```
对象实例名=new 对象名(参数表);
```

5）delete 操作符

使用 delete 操作符可以删除一个对象的实例。其格式为

```
delete 对象名;
```

8.6.2 对象的属性

在 JavaScript 中，每一种对象都有一组特定的属性。有许多属性可能是大多数对象所共有的，如 Name 属性定义对象的内部名称；还有一些属性只局限于个别对象才有。

对象属性的引用有 3 种方式。

1. 点(.)运算符

把点放在对象实例名和属性之间，以此指向一个唯一的属性。属性的使用格式为

```
对象名.属性名 = 属性值;
```

例如，一个名为 person 的对象实例，它包含了 gender、name、age 这 3 个属性，对它们的赋值可用如下代码：

```
person.gender="female";
person.name="Jane";
```

```
person.age=18;
```

2. 对象的数组下标

通过“对象[下标]”的格式也可以实现对象的访问。在用对象的下标访问对象属性时，下标从 0 开始，而不是从 1 开始。例如前面代码可改为

```
person[0]="female";
person[1]="Jane";
person[2]=18;
```

3. 通过字符串的形式实现

通过“对象[字符串]”的格式实现对象的访问。

```
person["gender"]="female";
person["name"]="Jane";
person["age"]=18;
```

8.6.3 对象的事件

事件就是对象上所发生的事情。事件是预先定义好的、能够被对象识别的动作，如单击(Click)事件、双击(DblClick)事件、加载(Load)事件、鼠标移动(MouseMove)事件等。不同的对象能够识别不同的事件。通过事件可以调用对象的方法，以产生不同的执行动作。

有关 JavaScript 的事件，本章后面将会详细介绍。

8.6.4 对象的方法

一般来说，方法就是要执行的动作。JavaScript 的方法是函数。如 window 对象的关闭(close())方法、打开(open())方法等。每个方法可以完成某个功能，但其实现步骤和细节用户既看不到，也不能修改，用户能做的工作就是按照格式约定直接调用它们。

方法只能在代码中使用，其用法依赖于方法所需的参数个数以及它是否具有返回值。

在 JavaScript 中，对象方法的引用非常简单。只需在对象名和方法之间用点分隔就可指明该对象的某一种方法，并加以引用。其格式为

```
对象名.方法()
```

例如，引用 person 对象中已存在的一个方法 howold()，则可使用

```
document.write(person.howold());
```

8.7 DOM 编程

DOM 是 document object model(文档对象模型)的缩写。它是一种与平台、语言无关的接口，允许程序动态地访问或更新 HTML、XML 文档的内容、结构和样式，且提供了一系列的函数和对象来实现增、删、改、查操作。HTML 文档中的 DOM 模型如图 8-11 所示。

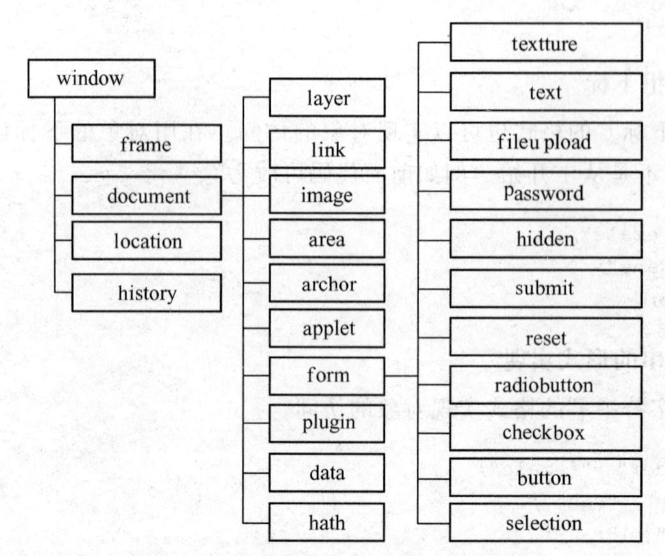

图 8-11 HTML 文档中的 DCM 模型

DOM 对象的一个特点是，它的各种对象有明确的从属关系。也就是说，一个对象可能是从属于另一个对象的，而它又可能包含其他的对象。

在从属关系中，window 对象的地位最高，它反映的是一个完整的浏览器窗口。window 对象的下级还包含 frame、document、location、history 对象，这些对象都是作为 window 对象的属性而存在。在 JavaScript 中，window 对象为默认的最高级对象，其他对象都直接或间接地从属于 window 对象，因此在引用其他对象时，不必再写"window."。

DOM 除了定义各种对象外，还定义了各个对象所支持的事件，以及各个事件所对应的用户的具体操作。

下面介绍几个重要的对象，以及运用 JavaScript 编程实现用户与 Web 页面交互的方法。

8.7.1 window 对象

window 对象处于整个从属关系的最高级，它提供了处理窗口的方法和属性。每一个 window 对象代表一个浏览器窗口。

1. window 对象的属性

window 对象的属性见表 8-1。

表 8-1 window 对象的属性

属 性	描 述
closed	只读，返回窗口是否已被关闭
opened	可返回对创建该窗口的 window 对象的引用
defaultStatus	可返回或设置窗口状态栏中的默认内容
status	可返回或设置窗口状态栏中显示的内容
innerWidth	只读，窗口的文档显示区的宽度(单位像素)
innerHeight	只读，窗口的文档显示区的高度(单位像素)

续表

属　性	描　　述
parent	如果当前窗口有父窗口，表示当前窗口的父窗口对象
self	只读，对窗口自身的引用
top	当前窗口的顶层窗口对象
name	当前窗口的名称

2. window 对象的方法

在前面的章节已经使用了 prompt()、alert()和 confirm()等预定义函数，在本质上是 window 对象的方法。除此之外，window 对象还提供了一些常用方法，见表 8-2。

表 8-2　window 对象的常用方法

方　　法	描　　述
open()	打开一个新的浏览器窗口或查找一个已命名的窗口
close()	关闭浏览器窗口
alert()	显示带有一段消息和一个确认按钮的对话框
prompt()	显示可提示用户输入的对话框
confirm()	显示带有一段消息以及确认按钮和取消按钮的对话框
moveBy(x,y)	可相对窗口的当前坐标将它移动到指定的像素
moveTo(x,y)	可把窗口的左上角移动到一个指定的坐标(x,y)，但不能将窗口移出屏幕
setTimeout(code,millisec)	在指定的毫秒数后调用函数或计算表达式，仅执行一次
setInterval(code,millisec)	按照指定的周期(以 ms 计)来调用函数或计算表达式
clearTimeout()	取消由 setTimeout()方法设置的计时器
clearInterval()	取消由 setInterval()设置的计时器
focus()	可把键盘焦点给予一个窗口

【例 8-8】 设置计时器示例。页面初次加载时显示初始的提示信息，延时 5000ms 后再调用 hello()函数，显示其对话框。本例文件 8-8. html 在浏览器中显示的效果如图 8-12 和图 8-13 所示。

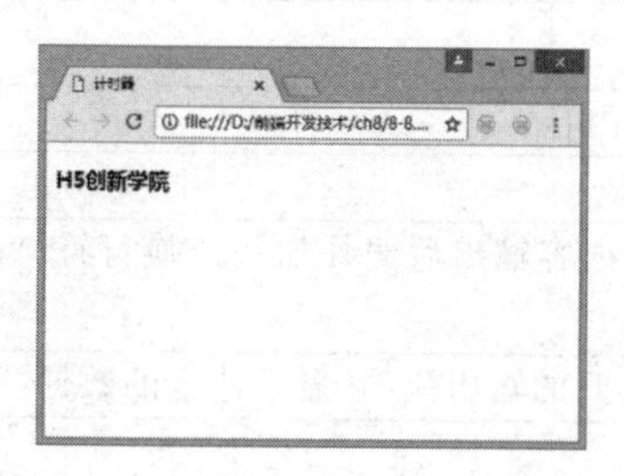

图 8-12　页面初次加载时显示的信息

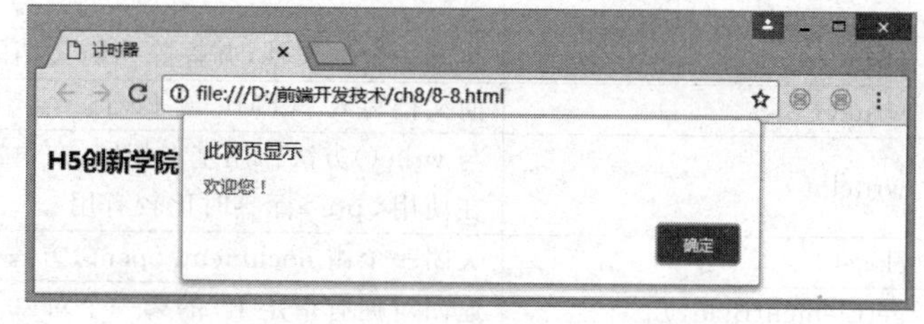

图 8-13　延时 5000ms 后显示的对话框

代码如下：

```
<!doctype html>
<html>
  <head>
    <meta charset="gb2312">
```

```
    <title>计时器</title>
    <script>
      function hello(){
        window.alert("欢迎您!");
      }
      window.setTimeout("hello()",5000);        //延时 5000ms 后再调用 hello()函数
    </script>
  </head>
  <body>
    <h3>H5 创新学院</h3>
  </body>
</html>
```

8.7.2 document 对象

document 对象包含当前网页的各种特征，是 window 对象的子对象，指在浏览器窗口中显示的内容部分，如标题、背景、使用的语言等。

1. document 对象的属性

document 对象的属性见表 8-3。

表 8-3 document 对象的属性

属　性	描　　述
body	提供对 body 元素的直接访问
cookie	设置或查询与当前文档相关的所有 cookie
URL	返回当前文档的 URL
forms[ ]	返回对文档中所有的 form 对象的集合

2. document 对象的方法

document 对象的方法见表 8-4。

表 8-4 document 对象的方法

方　法	描　　述
open()	打开一个新文档，并擦除当前文档的内容
write()	向文档写入 HTML 或 JavaScript 代码
writeln()	与 write()方法作用基本相同，在每次内容输出后额外加一个换行符(\n)，在使用< pre >标签时比较有用
close()	关闭一个由 document.open()方法打开的输出流，并显示选定的数据
getElementById()	返回对拥有指定 ID 的第一个对象
getElementsByName()	返回带有指定名称的对象的集合
getElementsByTagName()	返回带有指定标签名的对象的集合
getElementsByClassName()	返回带有指定 class 属性的对象集合，该方法属于 HTML5 DOM

在 document 对象的方法中，open()、write()、writeln()和 close()方法可以实现文档流的打开、写入、关闭等操作；而 getElementById()、getElementsByName()、getElementsByTagName()等方法用于操作文档中的元素。

【例 8-9】 使用 getElementById()、getElementsByName()、getElementsByTagName()方法操作文档中的元素。浏览者填写表单中的选项后，单击“统计结果”按钮，弹出消息框显示统计结果。本例文件 8-9.html 在浏览器中的显示效果如图 8-14 所示。

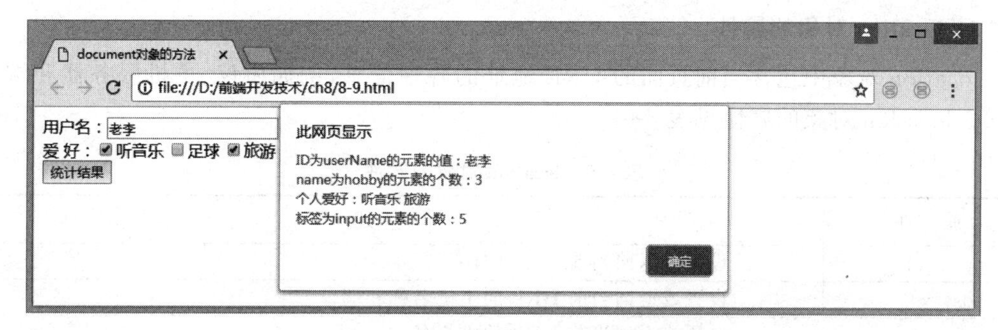

图 8-14 例 8-9 的页面显示效果

代码如下：

```
<!doctype html>
<html>
  <head>
    <meta charset="gb2312">
    <title>document 对象的方法</title>
    <script type="text/javascript">
      function count(){
        var userName=document.getElementById("userName");
        var hobby=document.getElementsByName("hobby");
        var inputs=document.getElementsByTagName("input");
        var result="ID 为 userName 的元素的值："+userName.value+"\nname 为 hobby 的
元素的个数："+hobby.length+"\n\t 个人爱好：";
        for(var i=0;i<hobby.length;i++){
          if(hobby[i].checked){
            result+=hobby[i].value+" ";
          }
        }
        result+="\n 标签为 input 的元素的个数："+inputs.length
        alert(result);
      }
    </script>
  </head>
  <body>
    <form name="myform">
      用户名：<input type="text" name="userName" id="userName" /><br/>
      爱  好：<input type="checkbox" name="hobby" value="听音乐"/>听音乐
<input type="checkbox" name="hobby" value="足球"/>足球
<input type="checkbox" name="hobby" value="旅游"/>旅游<br/>
<input type="button" value="统计结果" onclick="count()"/>
    </form>
  </body>
</html>
```

8.7.3 location 对象

location 对象用于提供当前窗口或指定框架的 URL 地址。

1. location 对象的属性

location 对象中包含当前页面的 URL 地址的各种信息，例如协议、主机服务器和端口号等。location 对象的属性见表 8-5。

表 8-5 location 对象的属性

属　性	描　　述
protocol	设置或返回当前 URL 的协议
host	设置或返回当前 URL 的主机名称和端口号
hostname	设置或返回当前 URL 的主机名
port	设置或返回当前 URL 的端口部分
pathname	设置或返回当前 URL 的路径部分
href	设置或返回当前显示的文档的完整 URL
hash	URL 的锚部分(从＃号开始的部分)
search	设置或返回当前 URL 的查询部分(从问号？开始的参数部分)

2. location 对象的方法

location 对象提供了以下 3 个方法，用于加载或重新加载页面中的内容。location 对象的方法见表 8-6。

表 8-6 location 对象的方法

方　法	描　　述
assign(url)	可加载一个新的文档，与 location. href 实现的页面导航效果相同
reload(force)	用于重新加载当前文档；参数 force 省略时默认为 false；当参数 force 为 false 且文档内容发生改变时，从服务器端重新加载该文档；当参数 force 为 false 但文档内容没有改变时，从缓存区中装载文档；当参数 force 为 true 时，每次都从服务器端重新加载该文档
replace(url)	使用一个新文档取代当前文档，且不会在 history 对象中生成新的记录

8.7.4 history 对象

history 对象用于保存用户在浏览网页时所访问过的 URL 地址。history 对象提供了 back()、forward()和 go()方法来实现针对历史访问的前进与后退功能，见表 8-7。

表 8-7 history 对象的方法

方　法	描　　述
back()	加载 history 列表中的前一个 URL
forward()	加载 history 列表中的下一个 URL
go()	加载 history 列表中的某个具体页面

8.7.5 form 对象

form 对象是 document 对象的子对象,通过 form 对象可以实现表单验证等效果。通过 form 对象可以访问表单对象的属性及方法。其语法格式为

```
document.表单名称.属性
document.表单名称.方法(参数)
document.forms[索引].属性
document.forms[索引].方法(参数)
```

1. form 对象的属性

form 对象的属性见表 8-8。

表 8-8 form 对象的属性

属性	描　　述
elements[]	返回包含表单中所有元素的数组;元素在数组中出现的顺序与在表单中出现的顺序相同
enctype	设置或返回用于编码表单内容的 MIME 类型,默认值是"application/x-www-form-urlencoded";当上传文件时,enctype 的属性应设为"multipart/form-data"
target	可设置或返回在何处打开表单中的 action-URL,可以是_blank、_self、_parent、_top
method	设置或返回用于表单提交的 HTTP 方法
length	用于返回表单中元素的数量
action	设置或返回表单的 action 属性
name	返回表单的名称

2. form 对象的方法

form 对象的方法见表 8-9。

表 8-9 form 对象的方法

方　法	描　　述
submit()	表单数据提交到 Web 服务器
reset()	对表单中的元素进行重置

提交表单的方法有 submit 提交按钮和 submit()提交方法。

在<form>标签中,onsubmit 属性用于指定在表单提交时调用的事件处理函数;在 onsubmit 属性中使用 return 关键字表示根据被调用函数的返回值来决定是否提交表单。当函数返回值为 true 时,提交表单;否则,不提交表单。

8.8 JavaScript 的对象事件处理程序

8.8.1 对象的事件

在 JavaScript 中,事件是预先定义好的、能够被对象识别的动作。事件定义了用户与网

页交互时产生的各种操作。例如,单击按钮时,就产生一个事件,告诉浏览器发生了需要进行处理的单击操作。每种对象能识别一组预先定义好的事件,但并非每一种事件都会产生结果,因为 JavaScript 只是识别事件的发生。为了使对象能够对某一事件做出响应(respond),就必须编写事件处理函数。

事件处理函数是一段独立的程序代码,它在对象检测到某个特定事件时执行(响应该事件)。一个对象可以响应一个或多个事件,因此可以使用一个或多个事件过程对用户或系统的事件做出响应。

对象事件有以下 3 类:

(1) 用户引起的事件,如网页装载、表单提交等;

(2) 引起页面之间跳转的事件,主要是超链接;

(3) 表单内部与界面对象的交互,包括界面对象的改变等。这类事件可以按照应用程序的具体功能自由设计。

8.8.2 常用的事件及处理

1. 浏览器事件

浏览器事件主要由 Load、Unload 和 Submit 等事件组成。

1) Load 事件

当浏览器完成一个页面的完全加载后(包括所有图像、JavaScript 文件、CSS 文件等外部资源),就会触发 window 的 Load 事件。onLoad 句柄在 Load 事件发生后由 JavaScript 自动调用执行。因为这个事件处理函数可在其他所有 JavaScript 程序之前被执行,所以可以用来完成网页中所用数据的初始化,如弹出一个提示窗口,显示版权或欢迎信息,弹出密码认证窗口等。例如:

```
<body onLoad="window.alert(Pleae input password!")>
```

网页开始显示时并不触发 Load 事件,只有当所有元素(包含图像、声音等)被加载完成后才触发 Load 事件。

2) Unload 事件

与 Load 事件对应的是 Unload 事件,这个事件在文档被完全卸载后触发。只要用户切换到另一个页面,就会发生 Unload 事件。在浏览器载入新的网页之前,自动产生一个 Unload 事件,通知原有网页中的 JavaScript 脚本程序。

onUnload 事件与 onLoad 事件构成一对功能相反的事件处理模式。使用 onLoad 事件句柄可以初始化网页,而使用 onUnload 事件句柄则可以结束网页。利用这个事件最多的情况是清除引用,以避免内存泄漏。

下面例子在打开 HTML 文件时显示"欢迎",在关闭浏览器窗口时显示"再见"。

```
<html>
  <body onLoad="alert('欢迎')" onUnload="alert('再见')" >
    网页内容
  </body>
</html>
```

3）Submit 事件

Submit 事件在完成信息的输入并准备将信息提交给服务器处理时发生。onSubmit 句柄在 Submit 事件发生时由 JavaScript 自动调用执行。onSubmit 句柄通常在< form >标记中声明。

为了减少服务器的负担，可在 Submit 事件处理函数中实现最后的数据校验。如果所有的数据验证都能通过，则返回一个 true 值，让 JavaScript 向服务器提交表单，把数据发送给服务器；否则，返回一个 false 值，禁止发送数据，且给用户相关的提示，让用户重新输入数据。

2. 鼠标事件

常用的鼠标事件有 MouseDown、MouseUp、MouseMove、MouseOver、MouseOut、Click、Blur 及 Focus 等事件。

1）MouseDown 事件

当按下鼠标按键(左、右键均可)时，发生 MouseDowm 事件。这个事件发生后，JavaScript 自动调用 MouseDown 句柄。在 JavaScript 中，如果发现一个事件处理函数返回 false 值，就中止事件的继续处理。如果 MouseDown 事件处理函数返回 false 值，与鼠标操作有关的其他一些操作，例如拖放、激活超链接等都会无效，因为这些操作首先都必须产生 MouseDown 事件。

2）MouseUp 事件

当在元素上松开鼠标按键(左、右键均可)时，会发生 MouseUp 事件。在这个事件发生后，JavaScript 自动调用 onMouseUp 句柄。这个事件同样适用于普通按钮、网页及超链接。

3）MouseMove 事件

移动鼠标时，发生 MouseMove 事件。这个事件发生后，JavaScript 自动调用 onMouseMove 句柄。MouseMove 事件不从属于任何界面元素。只有当一个对象(浏览器对象 window 或者 document)要求捕获事件时，这个事件才在每次鼠标移动时产生。需要注意的是，每当用户把鼠标移动一个像素，就会发生一个 MouseMove 事件，这会耗费系统资源去监控鼠标坐标的变化、处理所有这些 MouseMove 事件，因此需谨慎使用该事件。

4）MouseOver 事件

当鼠标指针移动到一个对象上面时，发生 MouseOver 事件。在 MouseOver 事件发生后，JavaScript 自动调用执行 onMouseOver 句柄。一般情况下调用 MouseOver 即可，特殊情况才调用 MouseMove。

通常情况下，当鼠标指针扫过一个超链接时，超链接的目标会在浏览器的状态栏中显示；也可通过编程在状态栏中显示提示信息或特殊的效果，使网页更具有变化性。在下面的示例代码中，第 1 行代码表示当鼠标指针在超链接上时可在状态栏中显示指定的内容，第 2～4 行代码表示当鼠标指针在文字或图像上时，弹出相应的对话框。

```
<a href="http://www.sohu.com/" onMouseOver="window.status='你好吗';return true">
请单击</a>
<a href onmouseover="alert('弹出信息!')">显示的链接文字</a>
<img src="image1.jpg" onMouseOver="alert('在图像之上');"><br>
```

```
<a href="#" onMouseOver="window.alert('在链接之上');"><img src="image2.jpg"></a>
<hr>
```

5) MouseOut 事件

MouseOut 事件发生在鼠标指针离开一个对象时。在这个事件发生后，JavaScript 自动调用 onMouseOut 句柄。这个事件适用于区域、层及超链接对象。

【例 8-10】 MouseOut 事件示例。浏览者将鼠标指针移至页面中的“搜狐网”链接并离开它时，将弹出确认框。如果单击“确认”按钮，则页面跳转至“搜狐网”的主页。本例文件 8-10.html 在浏览器中显示的效果如图 8-15 和图 8-16 所示。

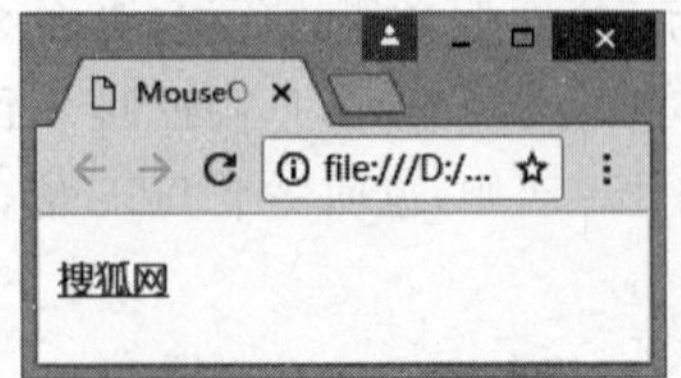

图 8-15 鼠标指针移至“搜狐网”的超链接

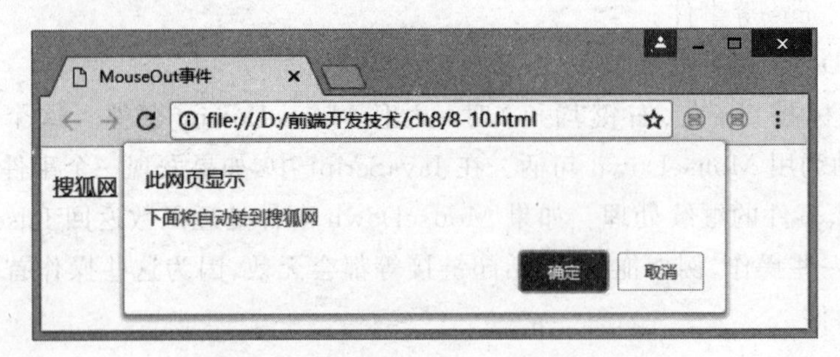

图 8-16 离开超链接后弹出确认对话框

代码如下：

```
<!doctype html>
<html>
  <head>
    <meta charset="gb2312">
    <title>MouseOut 事件</title>
    <script language="JavaScript">
      function warn(){
        if (confirm("下面将自动转到搜狐网"))
          window.location="http://www.sohu.com";
      }
    </script>
  </head>
  <body>
    <p><a href="http://www.sohu.com" onMouseOut="warn()">搜狐网</a></p>
  </body>
</html>
```

6) Click 事件

当鼠标指针停留在元素上方，然后按下并松开鼠标左键时，就会发生一次 Click 事件。onClick 事件句柄在 Click 事件发生后由 JavaScript 自动调用执行。onClick 事件句柄适用于普通按钮、提交按钮、单选按钮、复选框及超链接。下面的代码用于单击图像后弹出一个对话框。

```
<img src="image1.jpg" onClick="window.alert('单击图像');"><br>
```

注意：触发 Click 事件的条件是按下并松开鼠标左键，按下并松开鼠标右键并不会触发 Click 事件。MouseDown 和 MouseUp 是优先于 Click 事件先执行的。若在同一个元素上按下并松开鼠标左键，会依次触发 MouseDown、MouseUp、Click，前一个事件执行完毕才会执行下一个事件。

7）Blur 事件

Blur 事件是在一个对象（表单中的选择框、文本框等）失去焦点时，即在表单其他区域单击鼠标时发生。即使此时当前对象的值没有改变，仍会触发 Blur 事件。onBlur 事件句柄在 Click 事件发生后，由 JavaScript 自动调用执行。

8）Focus 事件

在一个对象（表单中的选择框、文本框等）得到焦点时发生 Focus 事件。onFocus 事件句柄在 Click 事件发生时由 JavaScript 自动调用执行。用户可以通过单击对象，也可通过键盘上的 Tab 键使一个区域得到焦点。

onFocus 句柄与 onBlur 句柄功能相反。

3. 键盘事件

常用的键盘事件有 KeyDown、KeyPress、KeyUp、Select 和 Change 事件。

1）KeyDown 事件

在键盘上按下一个键时，发生 KeyDown 事件。在这个事件发生后，由 JavaScript 自动调用 onKeyDown 句柄。该句柄适用于浏览器对象 document、图像、超链接及文本区域。

2）KeyPress 事件

在键盘上按下一个键后且字符被显示出来之前发生 KeyPress 事件。在这个事件发生后，由 JavaScript 自动调用 onKeyPress 句柄。该句柄适用于浏览器对象 document、图像、超链接及文本区域。

KeyDown 事件总是发生在 KeyPress 事件之前。如果这个事件处理函数返回 false 值，就不会产生 KeyPress 事件。

3）KeyUp 事件

在键盘上按下一个键，再释放这个键的时候发生 KeyUp 事件。在这个事件发生后由 JavaScript 自动调用 onKeyUp 句柄。该句柄适用于浏览器对象 document、图像、超链接及文本区域。

一个典型的按键会产生所有这 3 种事件，依次是 KeyDown、KeyPress、按键释放时的 KeyUp。KeyDown 触发后，不一定触发 KeyUp。当 KeyDown 按下并拖动鼠标，那么将不会触发 KeyUp 事件。

4）Select 事件

选定文本输入框或文本输入区域的一段文本后，发生 Select 事件。在 Select 事件发生后，由 JavaScript 自动调用 onSelect 句柄。onSelect 句柄适用于文本输入框以及文本输入区。

5) Change 事件

一个选择框、文本输入框或者文本输入区域失去焦点,其中的值又发生改变时,就会发生 Change 事件。在 Change 事件发生时,由 JavaScript 自动调用 onChange 句柄。Change 事件是一个非常有用的事件,它的典型应用是验证一个输入的数据。

8.8.3 表单对象与交互性

form 对象(称表单对象或窗体对象)提供一个让客户端输入文字或选择的功能。例如,单选按钮、复选框、选择列表等由<form>标签组构成,JavaScript 自动为每一个表单建立一个表单对象,并可以将各个子元素中用户提供的信息送至服务器进行处理,当然也可以在 JavaScript 脚本中编写程序,对数据进行处理。

表单中的基本元素(子对象)有按钮、单选按钮、复选按钮、提交按钮、重置按钮、文本框等。在 JavaScript 中要访问这些基本元素,必须通过对应特定的表单元素的名字来实现。每一个元素主要是通过该元素的属性或方法来引用。注意,有些属性无法在页面设计时使用,只能在编程代码中使用。

调用 form 对象的一般格式为

```
<form name="表单名" action="URL" ... >
  <input type="表项类型" name="表项名" value="默认值" 事件="方法函数"... >
    ...
</form>
```

1. Text 单行单列输入元素

功能:对 Text 标识中的元素实施有效的控制。

属性:name,设定提交信息时的信息名称;value,用于设定出现在 Text 文本框中的 value 值;defaultvalue,设定 Text 元素的默认值。

方法:blur(),当前焦点移出;select(),高亮文字。

事件:onFocus,当 Text 获得焦点时,产生该事件;onBlur,当元素失去焦点时,产生该事件;onSelect,当文字被高亮显示后,产生该文件;onChange,当 Text 元素内的值改变时,产生该文件。

2. Textarea 多行文本域输入元素

功能:对 Textarea 中的元素进行控制。

属性:name,设定提交信息时的信息名称;value,设定出现在 Textarea 多行文本域中的 value 值;defaultvalue,元素的默认值。

方法:Blur(),失去焦点;Select(),高亮文字。

事件:onBlur,当失去输入焦点后产生该事件;onFocus,当输入获得焦点后,产生该文件;onChange,当文字值改变时,产生该事件;onSelect,高亮文字,产生该文件。

3. Select 选择元素

功能:实施对下拉选择元素的控制。

属性:name,设定提交信息时的信息名称;value,用于设定 Select 下拉列表框中的 value 值;length,对应 Select 中的 length;options,组成多个选项的数组;SelectIndex,指明一个选项；Text，选项对应的文字；Selected，指明当前选项是否被选中；Index，指明当前选项的位置(索引值)；defaultSelected，默认选项。

事件：onBlur，当Select选项失去焦点时，产生该事件；onFocus，当Select获得焦点时，产生该事件；onChange，选项状态改变后，产生该事件。

4. Button 按钮

功能：对Button按钮的控制。

属性：name，设定提交信息时的信息名称，对应文档中Button的name；value，设定当前按钮上显示的value值。

方法：Click()，该方法类似于单击一个按钮。

事件：onClick，当单击Button按钮时，产生该事件。

5. Checkbox 复选框

功能：实施对一个具有复选框中元素的控制。

属性：name，设定提交信息时的信息名称；value，用于Checkbox复选框旁边显示的value信息；Checked，该属性设定复选框的选中状态，Checked值为被选中。

方法：Click()：使得鼠标单击复选框的某一个项。

事件：onClick：当复选框被选中时，产生该事件。

6. Password 口令

功能：对具有口令输入模式的文本框元素的控制。

属性：name，设定提交信息时的信息名称，对应HTML文档中Password中的name；value，用于设定出现在Password文本框中的密文模式的value值；defaultvalue，Password文本框中的密文模式的默认值。

方法：Select()，高亮口令文本；Blur()，失去Passward焦点；Focus()，获得Password焦点。

7. Submit 提交元素

案例：幸运抽奖

功能：对一个具有提交功能按钮的控制。

属性：name，设定提交信息时的信息名称，对应HTML文档中Submit；value，用于设定提交按钮上显示的value值。

方法：Click()，相当于单击Submit按钮。

事件：onClick，当单击该按钮时，产生该事件。

习题 8

1. 已知圆的半径是10米，计算圆的周长和面积，如图8-17所示。

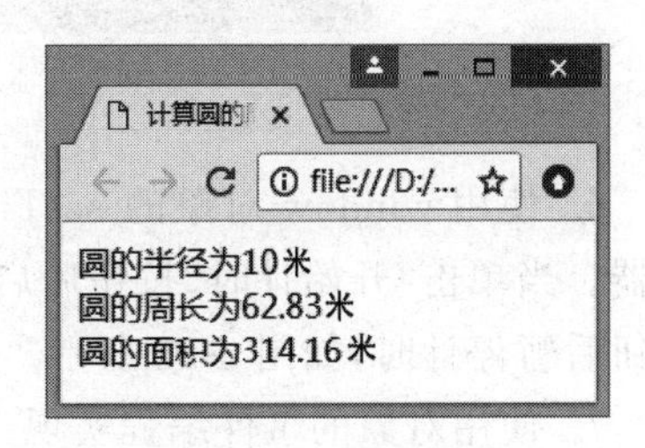

图 8-17 题1图

2. 使用多重循环在网页中输出乘法口诀表，如图8-18所示。

3. 在页面中用中文显示当天的日期和星期，如

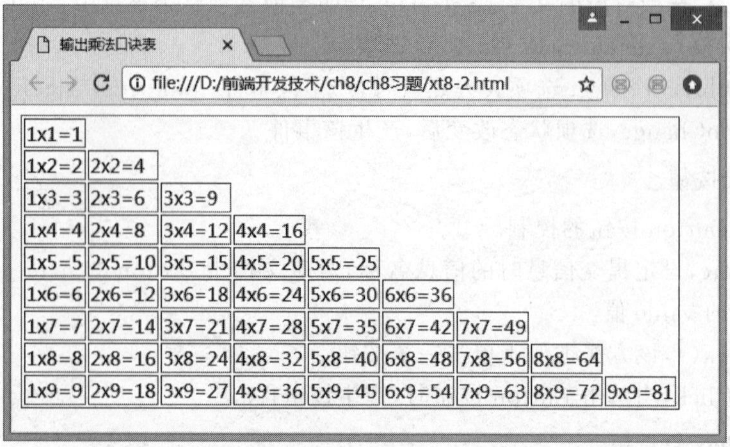

1x1=1								
1x2=2	2x2=4							
1x3=3	2x3=6	3x3=9						
1x4=4	2x4=8	3x4=12	4x4=16					
1x5=5	2x5=10	3x5=15	4x5=20	5x5=25				
1x6=6	2x6=12	3x6=18	4x6=24	5x6=30	6x6=36			
1x7=7	2x7=14	3x7=21	4x7=28	5x7=35	6x7=42	7x7=49		
1x8=8	2x8=16	3x8=24	4x8=32	5x8=40	6x8=48	7x8=56	8x8=64	
1x9=9	2x9=18	3x9=27	4x9=36	5x9=45	6x9=54	7x9=63	8x9=72	9x9=81

图 8-18　题 2 图

图 8-19 所示。

4. 在网页中显示一个工作中的数字时钟，如图 8-20 所示。

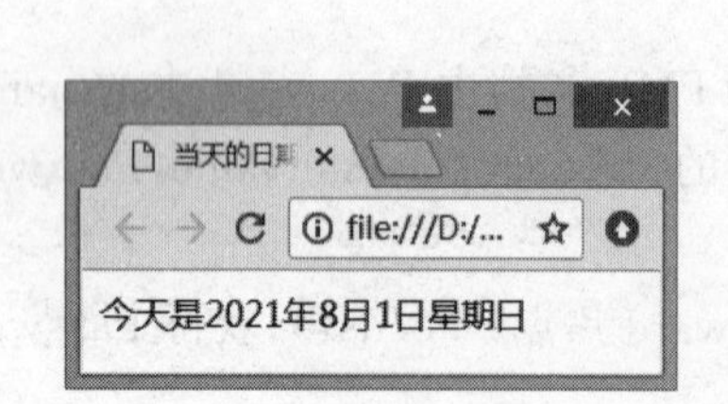

图 8-19　题 3 图

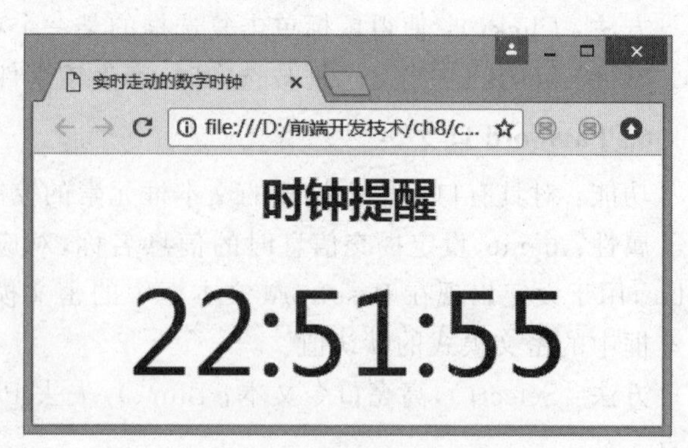

图 8-20　题 4 图

5. 编写程序实现按时间随机变化的网页背景，如图 8-21 所示。

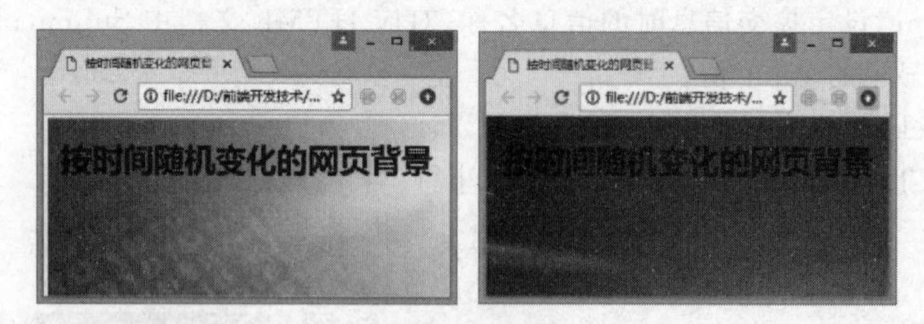

图 8-21　题 5 图

6. 使用 window 对象的 setTimeout()方法和 clearTimeout()方法设计一个简单的计时器。当单击"开始计时"按钮后启动计时器，文本框从 0 开始进行计时；单击"暂停计时"按钮后暂停计时，如图 8-22 所示。

7. 使用对象的事件编程实现当用户选择下拉菜单的颜色时，文本框的字体颜色随其相应改变，如图 8-23 所示。

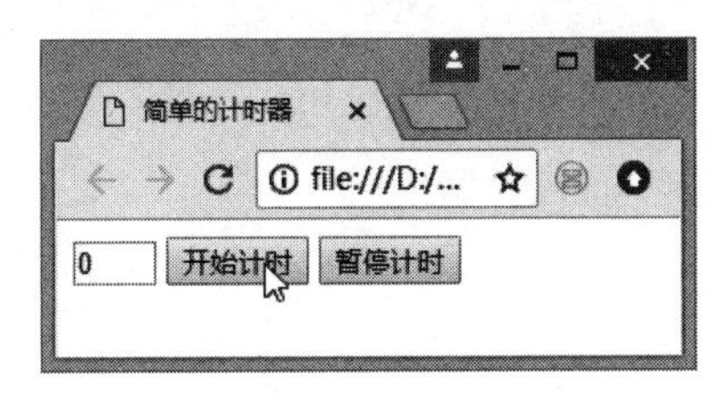

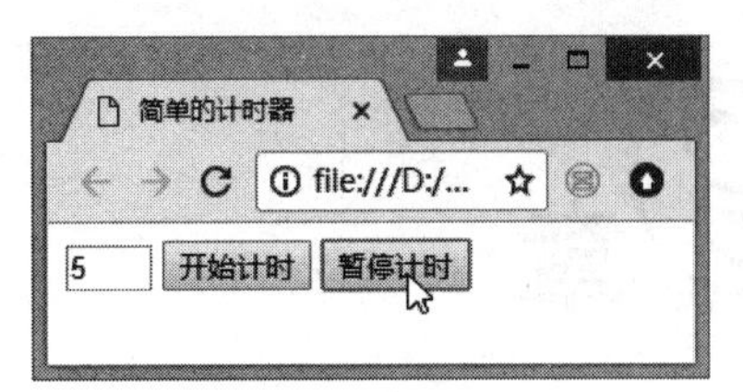

图 8-22 题 6 图

8. 制作一个禁止使用鼠标右键操作的网页。当浏览者在网页上右击时,自动弹出一个警告对话框,禁止用户使用右键的快捷菜单,如图 8-24 所示。

图 8-23 题 7 图

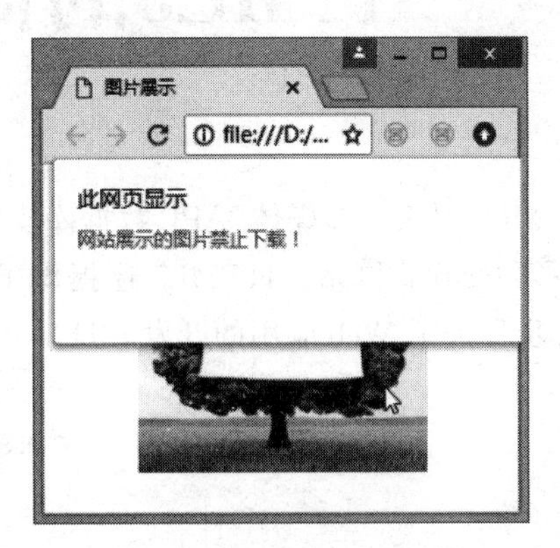

图 8-24 题 8 图

9. 编写程序实现年、月、日的联动功能。当改变“年”“月”菜单的值时,“日”菜单的值的范围也会相应地改变,如图 8-25 所示。

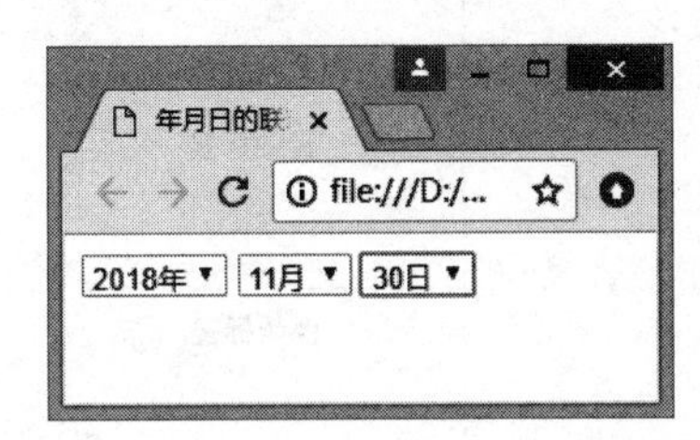

图 8-25 题 9 图

第9章 HTML5的高级应用

HTML5 引入了多媒体、API、数据库支持等高级应用功能，允许更大的灵活性，支持开发非常精彩的交互式网站。HTML5 还提供了高效的绘图、视频和音频工具，结合 JavaScript 编程，进一步促进了 Web 应用的开发。HTML5 的高级应用学习导图如图 9-1 所示。

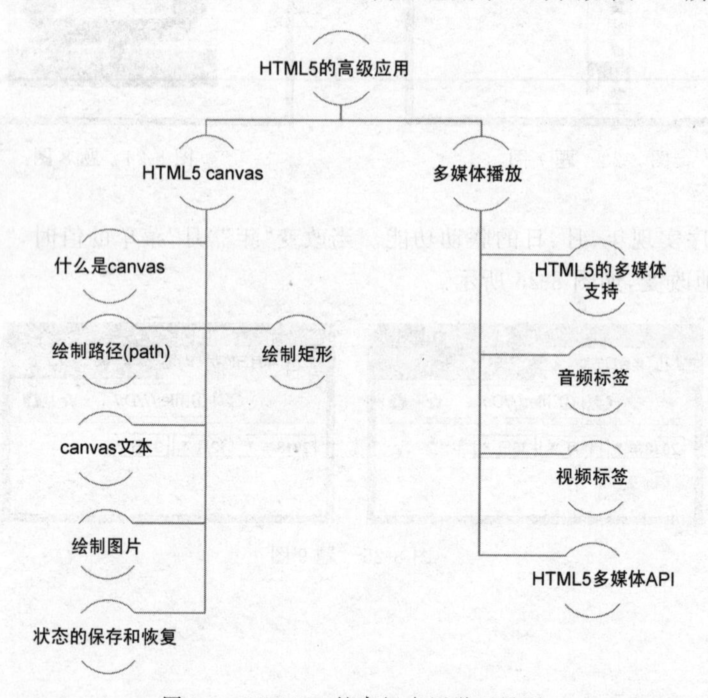

图 9-1　HTML5 的高级应用学习导图

9.1　HTML5 canvas

9.1.1　什么是 canvas

canvas 是 HTML5 的新增元素，可以使用脚本(通常为 JavaScript)在其中绘制图像。

canvas 最初在苹果内部推出，使用 Mac OS X WebKit，供 Safari 浏览器使用。后来被各大浏览器厂商和超文本网络应用技术工作组推荐在新一代网络技术中广泛使用。

canvas 是由 HTML 代码配合高度和宽度等属性定义的可绘制区域，可以通过一套完整的 JavaScript 绘图函数来动态生成图形。也就是说，canvas 标签只是图形容器，具体绘图由 JavaScript 完成。使用 canvas 可以绘制路径、基本形状、字符，以及添加图像，可以用来制作照片集或者制作简单动画，甚至可以进行实时视频处理和渲染。canvas 正在逐渐取代 Flash 的地位。

注意：使用 canvas 绘制的图形与 HTML 页面无关。canvas 元素本身可以被 DOM 获取，但无法通过 DOM 获取绘制的图形，也无法为其绑定 DOM 事件。

Mozilla 程序从 Gecko 1.8(Firefox 1.5)开始支持 canvas。Internet Explorer 从 IE9 开始支持 canvas。Chrome 和 Opera9＋也支持 canvas。

9.1.2 绘制矩形

1. 创建画布(canvas)

canvas 元素的语法格式为

```
<canvas id="id名" width="宽度值" height="高度值"></canvas>
```

说明：canvas 标签通常需要指定一个 id 属性以供脚本中引用，width 和 height 属性定义画布的大小。默认情况下 canvas 元素没有边框和内容，可以使用 style 属性添加边框。可以在 HTML 页面中使用多个 canvas 元素。不给 canvas 设置 width、height 属性时，默认 width 为 200px、height 为 150px。也可以使用 css 属性来设置宽、高，但是如宽、高属性和初始比例不一致，可能会出现变形。

创建一个 canvas 元素的示例如下：

```
<canvas id="mycanvas" width="400" height="300" style="border:1px solid #000000;">你的浏览器不支持 canvas。</canvas>
```

针对某些旧版浏览器或者不支持 HTML <canvas>元素的浏览器，可以设置 canvas 标签中的替代内容，如上例中的文字“你的浏览器不支持 canvas。”，支持 canvas 的浏览器则会只渲染 canvas 标签，而忽略其中的替代内容。

2. 渲染上下文(rending context)——画笔

canvas 创建一个固定大小的画布，会公开一个或多个渲染上下文(画笔)，使用渲染上下文来绘制和处理要展示的内容。这里重点研究 2D 画笔。WebGL 使用了基于 OpenGL ES 的 3D 上下文，因还未被广泛采用，所以暂不介绍。

准备画笔的 JavaScript 代码示例如下：

```
//获取 canvas 元素
var canvas = document.getElementById("mycanvas");
//获取 2d 上下文对象
var ctx = canvas.getContext("2d");
```

getContext("2d")对象是 HTML5 的内建对象，具有多种绘制路径、矩形、弧形、字符及添加图像的方法。

3. 栅格(grid)和 canvas 坐标

如图 9-2 所示，canvas 元素默认被栅格所覆盖。通常来说，栅格中的一个单元相当于canvas 元素中的一个像素。栅格的原点为左上角，坐标为(0,0)。所有元素的位置都相对于原点进行定位，每个元素的原点是自身的左上角。所以图 9-2 中矩形的坐标为距离左边(Y 轴)x 像素，距离上边(X 轴)y 像素，即坐标为(x，y)。

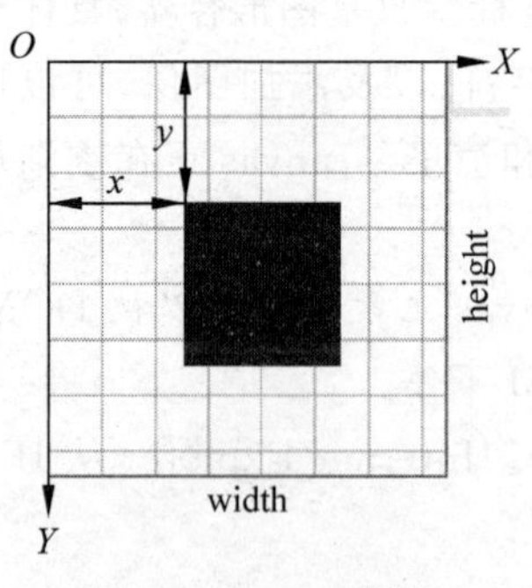

图 9-2 canvas 栅格

4. 绘制矩形方法

getContext("2d")对象提供了 fillRect()方法和 strokeRect()方法，分别用于绘制填充矩形和矩形边框，另外还有一个相当于橡皮擦的方法 clearRect()。fillRect()方法的语法格式如下：

```
fillRect(x,y,width,height);
```

其中，x、y 代表矩形起点的横、纵坐标；width、height 代表所绘制矩形的宽和高。

strokeRect()方法的语法格式如下：

```
strokeRect(x,y,width,height);
```

其中，x、y 代表矩形起点的横、纵坐标，width、height 代表所绘制矩形的宽和高。

clearRect()方法可以清除绘制的矩形内容，语法格式如下：

```
clearRect(x,y,width,height);
```

其中，x、y 代表要清除的矩形起点的横、纵坐标；width、height 代表要清除矩形的宽和高。

【例 9-1】 使用绘制矩形方法。本例文件 9-1.html 在浏览器中的显示效果如图 9-3 所示。

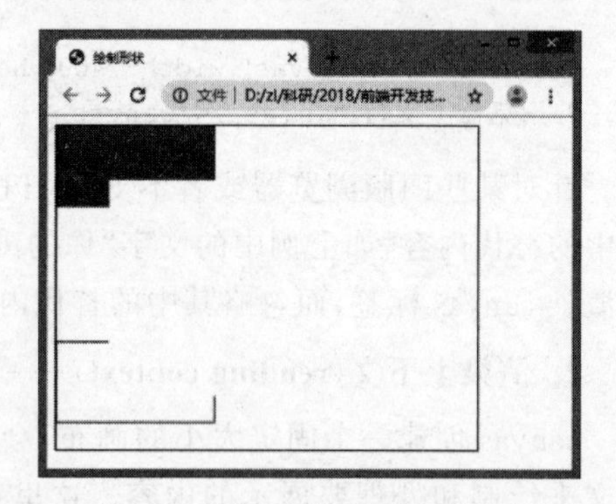

图 9-3 例 9-1 的页面显示效果

代码如下：

```
<!doctype html>
<html>
  <head>
    <meta charset="gb2312">
    <title>绘制形状</title>
  </head>
  <body>
    <canvas id="mycanvas" width="400" height="300" style="border:1px solid
#000000;">你的浏览器不支持 canvas。</canvas>
        <script type="text/javascript">
            //获取 canvas 元素
            var canvas = document.getElementById("mycanvas");
            //获取 2d上下文对象
```

```
            var ctx = canvas.getContext("2d");
            //设置填充颜色(默认为黑色)
            ctx.fillStyle="#FF0000";
            //绘制矩形
            ctx.fillRect(0,0,150,75);
            //设置绘制颜色(默认为黑色)
            ctx.strokeStyle="#FF0000";
            //绘制矩形边框
            ctx.strokeRect(0,200,150,75);
            //清除矩形
            ctx.clearRect(50,50,150,200);
        </script>
  </body>
</html>
```

9.1.3 绘制路径

图形的基本元素是路径(path)。路径是点的集合，通过点的相连形成不同颜色和宽度的线段，以此构成直线或曲线。每个路径都是闭合的。使用路径绘制图形需要的步骤如下。

(1) 创建画布。

(2) 准备画笔(获取上下文对象)。

(3) 新建路径。需要用到 beginPath()方法。作用是新建一条路径。路径的主要作用是将不同线条绘制的形状进行隔离，执行此方法表示重新绘制一条路径，这样就可以跟之前绘制的路径分开样式设置和管理，在绘制复杂路径时很有价值。

(4) 将画笔(上下文)移动到起点。需要用到 moveTo(x, y)方法。作用是把画笔移动到指定的坐标(x, y)，相当于设置路径的起始点坐标。

(5) 调用绘制方法绘制路径。需要用到 lineTo()、arc()等方法。

(6) 生成封闭路径。需要用到 closePath()方法。闭合路径之后，图形绘制命令又重新指向到上下文中。绘制复杂路径时都应该闭合路径。

(7) 通过描边或填充路径区域来渲染图形。需要用到 stroke()方法和 fill()方法。stroke()的作用是通过线条来绘制图形轮廓。fill()的作用是通过填充路径的内容区域生成实心图形。

在 canvas 上绘制线段，要用到 lineTo()方法构建路径，其作用是定义线段结束点坐标，语法如下：

```
lineTo(x,y);
```

在 canvas 上绘制弧形，要用到 arc()方法，语法格式如下：

```
arc(x, y, radius, start, stop, counterclockwise);
```

在 arc()方法中，参数 x、y 表示弧形对应圆形的中心点坐标；radius 代表圆形半径；start 代表弧形的起始点弧度；stop 代表弧形结束点的弧度；counterclockwise 是可选参数，为 bool 值；false 表示顺时针画弧；true 表示逆时针画弧。

【例 9-2】 绘制路径。本例文件 9-2.html 在浏览器中的显示效果如图 9-4 所示。

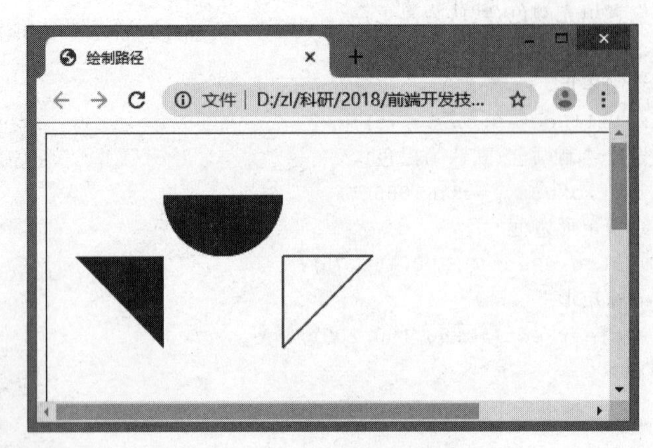

图 9-4　例 9-2 的页面显示效果

代码如下：

```
<!doctype html>
<html>
  <head>
    <meta charset="gb2312">
    <title>绘制路径</title>
  </head>
  <body>
    <canvas id="mycanvas" width="600" height="600" style="border: 1px solid #
000000;">你的浏览器不支持 canvas。</canvas>
      <script type="text/javascript">
        //获取 canvas 元素
        var canvas = document.getElementById("mycanvas");
        //获取 2d 上下文对象
        var ctx = canvas.getContext("2d");
        //1.开始路径
        ctx.beginPath();
        //绘制弧形
        ctx.arc(150, 50, 50, 0, Math.PI, false);
        //闭合路径
        ctx.closePath();
        //设置填充色
        ctx.fillStyle="blue";
        //填充颜色
        ctx.fill();
        //2.开始路径
        ctx.beginPath();
        //开始路径
        ctx.moveTo(25,100);
        //构建路径
        ctx.lineTo(100,100);
        ctx.lineTo(100,175);
```

```
            //闭合路径
            ctx.closePath();
            //填充颜色
            ctx.fill();
            //3.开始路径
            ctx.beginPath();
            //开始路径
            ctx.moveTo(200,100);
            //构建路径
            ctx.lineTo(200,175);
            ctx.lineTo(275,100);
            //闭合路径
            ctx.closePath();
            //设置描边颜色
            ctx.strokeStyle="blue";
            //描边颜色
            ctx.stroke();
        </script>
    </body>
</html>
```

9.1.4 canvas 文本

canvas 提供了 fillText()和 strokeText()两种方法来渲染文本。

```
fillText(text, x, y[, maxWidth]);
```

其中,text 代表指定的文本内容; x、y 代表文本的坐标位置; maxWidth 代表绘制的最大宽度(可选参数)。

```
strokeText(text, x, y[, maxWidth]);
```

其参数含义与 fillText()方法一致。

图 9-5 例 9-3 的页面显示效果

【例 9-3】 绘制实心和空心文本。本例文件 9-3.html 在浏览器中的显示效果如图 9-5 所示。

代码如下:

```
<!doctype html>
<html>
  <head>
    <meta charset="gb2312">
    <title>绘制文本</title>
  </head>
  <body>
    <canvas id="mycanvas" width="600" height="300" style="border:1px solid #
000000;">你的浏览器不支持 canvas。</canvas>
      <script type="text/javascript">
            function draw(){
```

```
            //获取 canvas 元素
            var canvas = document.getElementById('mycanvas');
            //判断画布对象有效性
            if (!canvas.getContext) return;
            //获取 2d 上下文对象
            ctx = canvas.getContext("2d");
            //设置文本字体
            ctx.font = "100px sans-serif";
            //绘制实心文本
            ctx.fillText("H5 创新学院", 10, 100);
            //绘制空心文本
            ctx.strokeText("H5 创新学院", 10, 200);
        }
        draw();
    </script>
  </body>
</html>
```

9.1.5 绘制图片

在画布上放置一幅图片，要用到以下方法。

```
drawImage(image,x,y);                                                    //绘制原图
drawImage(image,x,y,dWidth,dHeight);                                     //缩放图片
drawImage(img,sx,sy,sWidth,sHeight,x,y, dWidth, dHeight);                //切片绘图
```

参数中 image 代表图片来源；x、y 代表图片或切片后的图片在画布上的坐标位置；dWidth、dHeight 代表原图或切片后的图片在画布中的宽和高（缩放图片）；s 开头的 4 个参数用于定义原图的切片位置和大小，sx、sy 代表切片开始的横、纵坐标位置，sWidth、sHeight 代表被剪切图像的宽和高，如图 9-6 所示。

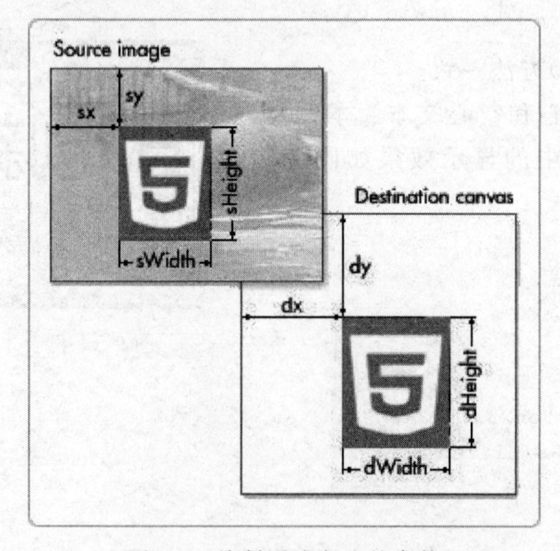

图 9-6 绘制图片方法的参数

【例 9-4】 绘制图片。本例文件 9-4.html 在浏览器中的显示效果如图 9-7 所示。

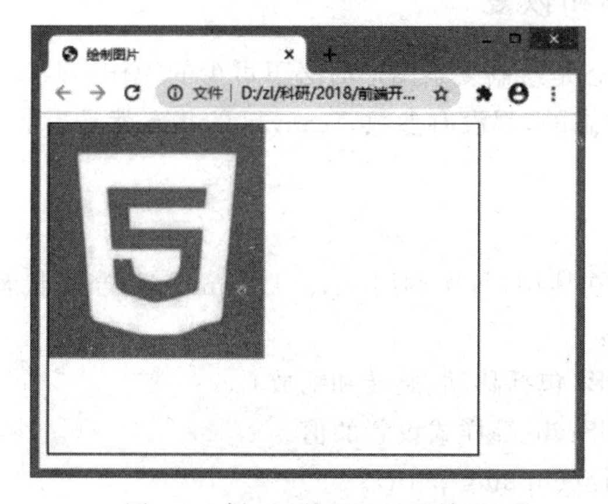

图 9-7 例 9-4 的页面显示效果

代码如下：

```
<!doctype html>
<html>
  <head>
    <meta charset="gb2312">
    <title>绘制文本</title>
  </head>
  <body>
    <canvas id="mycanvas" width="400" height="300" >你的浏览器不支持 canvas。
</canvas>
    <script type="text/javascript">
        //获得画布
        var canvas=document.getElementById('mycanvas');
        //设置画布边框
        canvas.style.border="1px solid #000";
        //获取上下文
        var ctx = canvas.getContext('2d');
        //创建图片对象
        var img=new Image();
        //设置图片路径
        img.src="img/logo.jpg";
        //当页面加载完成使用此图片
        img.onload = function(){
            //使用 canvas 绘制图片
            ctx.drawImage(img,0,0);
        };
    </script>
  </body>
</html>
```

注意：考虑到图片是从网络加载，如果 drawImage 的时候图片还没有加载完成，则什么都不做，个别浏览器会异常。所以这里使用 img.onload 事件，保证在 img 绘制完成之后再 drawImage。

9.1.6 状态的保存和恢复

保存状态和恢复状态是绘制复杂图形时必不可少的操作。save()和 restore()方法是用来保存和恢复 canvas 状态的，都没有参数。canvas 的状态就是当前画面应用的所有样式和变形的一个快照。

1. save()方法

canvas 的状态存储在栈中，每次调用 save()，canvas 的当前状态就被推送到栈中保存。一个绘画状态包括：

微课：状态的保存和恢复

(1) 当前应用的变形(包括移动、旋转和缩放)。

(2) strokeStyle、fillStyle 等样式设置的值。

(3) 当前的裁切路径(clipping path)。

save()方法可以被调用任意多次(类似数组的 push())。

2. restore()方法

每次调用 restore()，上一个保存的状态就从栈中弹出，所有设定都会恢复(类似数组的 pop())。

【例 9-5】 绘制图片。本例文件 9-5.html 在浏览器中的显示效果如图 9-8 所示。

图 9-8 例 9-5 的页面显示效果

代码如下：

```
<!doctype html>
<html>
  <head>
    <meta charset="gb2312">
    <title>绘制文本</title>
  </head>
  <body>
    <canvas id="mycanvas" width="400" height="300" >你的浏览器不支持 canvas。
</canvas>
    <script type="text/javascript">
      function draw() {
```

```
            var canvas = document.getElementById('myCanvas');      //获得画布
            if (!canvas.getContext) return;                       //判断画布对象的有效性
            var ctx = canvas.getContext("2d");                    //获取上下文
            ctx.fillRect(0, 0, 150, 150);                         //使用默认的黑色绘制一个矩形
            ctx.save();                                           //保存默认状态
            ctx.fillStyle = 'red'                                 //在原有配置基础上对颜色做改变
            ctx.fillRect(15, 15, 120, 120);                       //使用新的设置绘制一个矩形
            ctx.save();                                           //保存当前状态
            ctx.fillStyle = '#FFF'                                //再次改变颜色配置
            ctx.fillRect(30, 30, 90, 90);                         //使用新的配置绘制一个矩形
            ctx.restore();                                        //重新加载之前的颜色状态
            ctx.fillRect(45, 45, 60, 60);                         //使用上一次的配置绘制一个矩形
            ctx.restore();                                        //加载默认颜色配置
            ctx.fillRect(60, 60, 30, 30);                         //使用加载的配置绘制一个矩形
        }
        draw();
    </script>
  </body>
</html>
```

9.2 多媒体播放

在 HTML5 出现之前并没有将视频和音频嵌入到页面的标准方式，多媒体内容在大多数情况下都是通过第三方插件或集成在 Web 浏览器的应用程序置于页面中的。通过这样的方式实现的音视频功能需要借助第三方插件，并且代码复杂冗长。由于这些插件不是浏览器自身提供的，往往需要手动安装，不仅烦琐，而且容易导致浏览器崩溃。运用 HTML5 中新增的 video 标签和 audio 标签可以避免这样的问题。

9.2.1 HTML5 的多媒体支持

HTML5 中提供了 video 和 audio 标签，可以直接在浏览器中播放视频和音频文件，无须事先在浏览器上安装任何插件，只要浏览器本身支持 HTML5 规范即可。

需要注意的是，虽然 HTML5 对原生音频和视频的支持潜力巨大，但由于音频、视频的格式众多，以及相关厂商的专利限制，导致各浏览器厂商无法自由使用这些音频和视频的解码器。浏览器能够支持的音频和视频格式相对有限。如果用户需要在网页中使用 HTML5 的音频和视频，就必须熟悉下面列举的音频和视频格式。音频格式有 Ogg Vorbis、MP3、WAV。视频格式有 Ogg、H. 264(MP4)、WebM。

1. 音频格式

(1) Ogg Vorbis。Ogg Vorbis 格式是一种新的音频压缩格式，类似于 MP3 等现有的音乐格式，它是完全免费、开放和没有专利限制的。Ogg Vorbis 有一个很出众的特点就是支持多声道。Ogg Vorbis 文件的扩展名是. Ogg，这种文件的设计格式非常先进，目前创建的 Ogg 文件可以在未来的任何播放器上播放。因此，这种文件格式可以不断地进行大小和音质的改良，而不影响旧有的编码器或播放器。

(2) MP3。MP3 格式诞生于 20 世纪 80 年代的德国。所谓 MP3，是指 MPEG 标准中的音频部分，也就是 MPEG 音频层。MPEG 音频文件的压缩是一种有损压缩，通过牺牲声音文件中 12～16kHz 的高音频部分的质量来压缩文件的大小。相同时间长度的音乐文件用 MP3 格式存储，其容量一般只有 WAV 文件的 1/10，而音质也次于 CD 格式或 WAV 格式的声音文件。

(3) WAV。WAV 格式是 Microsoft 公司开发的一种声音文件格式，用于保存 Windows 平台的音频信息资源，被 Windows 平台及其应用程序所支持，支持多种音频位数、采样频率和声道，是目前 PC 上广为流行的声音文件格式。几乎所有的音频编辑软件都识别 WAV 格式。

2. 视频格式

(1) Ogg。Ogg 格式也是 HTML5 所使用的视频格式之一。Ogg 采用多通道编码技术，可以在保持编码器的灵活性的同时而不损害原本的立体声空间影像，而且实现的复杂程度比传统的联合立体声方式要低。

(2) H. 264(MP4)。MP4 的全称是 MPEG-4 Part 14，是一种存储数字音频和数字视频的多媒体文件格式，文件扩展名为. mp4。MP4 封装格式是基于 QuickTime 容器格式定义，媒体描述与媒体数据分开，目前被广泛应用于封装 H. 264 视频和 ACC 音频，是高清视频的代表。

(3) WebM。WebM 格式是由 Google 提出的一个开放、免费的媒体文件格式。WebM 影片格式其实是以 Matroska(MKV)容器格式为基础开发的新容器格式，包括了 VP8 影片轨和 Ogg Vorbis 音轨。WebM 标准的网络视频更加偏向于开源并且是基于 HTML5 标准的。WebM 项目旨在为对每个人都开放的网络开发高质量、开放的视频格式，其重点是解决视频服务这一核心的网络用户体验。

9.2.2 音频标签

目前，大多数音频是通过插件(比如 Flash)来播放的。然而，并非所有浏览器都拥有同样的插件。HTML5 规定了一种通过音频标签 audio 来包含音频的标准方法。audio 标签能够播放声音文件或者音频流。

微课：音频标签

1. audio 标签支持的音频格式及浏览器兼容性

audio 标签支持 3 种音频格式，在不同浏览器中的兼容性见表 9-1。

表 9-1 3 种音频格式在不同浏览器中的兼容性

音频格式	IE 9+	Firefox	Opera	Chrome	Safari
Ogg Vorbis		√	√	√	
MP3	√			√	√
WAV		√	√		√

HTML5 推荐使用 Ogg Vorbis 音频格式。

2. audio 标签的属性

audio 标签的属性见表 9-2。

表 9-2　audio 标签的属性

属　性	描　　述
autoplay	如果出现该属性，则音频在就绪后马上自动播放
controls	如果出现该属性，则向用户显示控件，比如播放、暂停和音量控件
loop	如果出现该属性，则每当音频结束时重新开始播放
preload	如果出现该属性，则音频在页面加载时即进行加载，并预备播放
src	要播放音频的 URL

为了解决浏览器对音频和视频格式的支持，使用 source 标签为音频或视频指定多个媒体源。浏览器可以选择适合自己播放的媒体源。

【例 9-6】 使用 audio 标签播放音频。本例文件 9-6.html 在浏览器中的显示效果如图 9-9 所示。

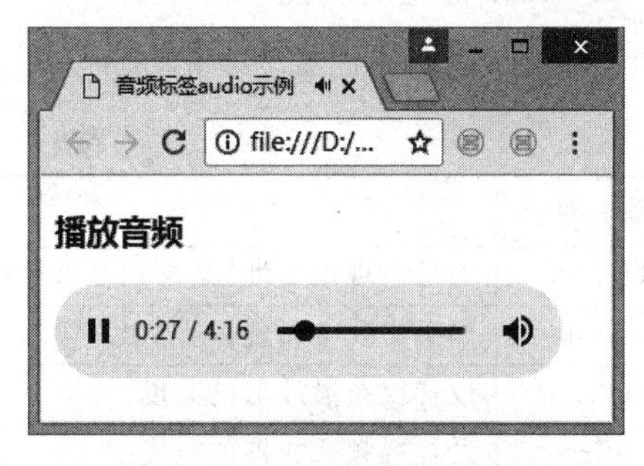

图 9-9　例 9-6 的页面显示效果

代码如下：

```
<!doctype html>
<html>
  <head>
    <meta charset="gb2312">
    <title>音频标签 audio 示例</title>
  </head>
  <body>
    <h3>播放音频</h3>
    <audio controls="controls" autoplay="autoplay">
      <source src="audio/song.mp3" type="audio/mpeg"/>
      <source src="audio/song.ogg" type="audio/ogg"/>
      <source src="audio/song.wav" type="audio/x-wav"/>
      您的浏览器不支持音频标签
    </audio>
  </body>
</html>
```

说明：

(1) <audio>与</audio>之间插入的内容是供不支持 audio 标签的浏览器显示的。

(2) audio 标签允许包含多个 source 标签。source 标签可以链接不同的音频文件。浏览器将使用第一个可识别的格式。

9.2.3　视频标签

对于视频来说，大多数视频也是通过插件(比如 Flash)来显示的。然而并非所有浏览器都拥有同样的插件。

HTML5 规定了一种通过视频标签 video 来包含视频的标准方法。video 标签能够播放视频文件或者视频流。

1. video 标签支持的视频格式及浏览器兼容性

video 标签支持 3 种视频格式，在不同的浏览器中的兼容性见表 9-3。

表 9-3　3 种视频格式在不同浏览器中的兼容性

视频格式	IE 9+	Firefox	Opera	Chrome	Safari
Ogg		√	√	√	
MPEG-4	√			√	√
WebM		√	√	√	

微课：视频标签

HTML5 推荐使用 Ogg 视频格式。

2. video 标签的属性

video 标签的属性见表 9-4。

表 9-4　video 标签的属性

属　性	描　　述
autoplay	如果出现该属性，则视频在就绪后马上自动播放
controls	如果出现该属性，则向用户显示控件，比如播放、暂停和音量控件
height	设置视频播放器的高度
width	设置视频播放器的宽度
loop	如果出现该属性，则每当视频结束时重新开始播放
preload	如果出现该属性，则视频在页面加载时即进行加载，并预备播放。如果使用“autoplay”，则忽略该属性
src	要播放视频的 URL

【例 9-7】 使用 video 标签播放视频。本例文件 9-7.html 在浏览器中的显示效果如图 9-10 所示。

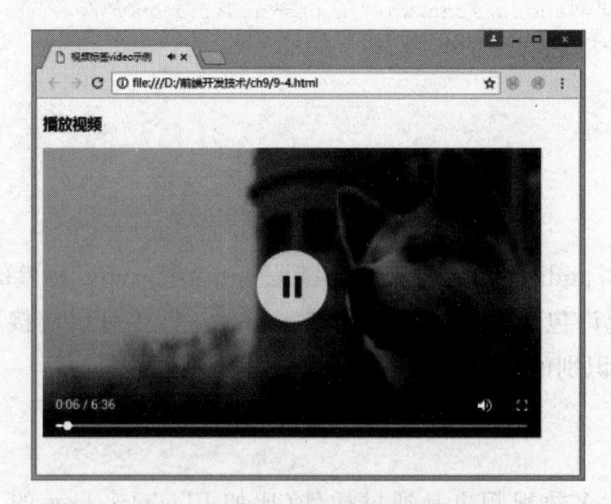

图 9-10　例 9-7 的页面显示效果

代码如下：

```
<!doctype html>
<html>
  <head>
    <meta charset="gb2312">
    <title>视频标签 video 示例</title>
  </head>
  <body>
    <h3>播放视频</h3>
    <video controls="controls" autoplay="autoplay">
      <source src="video/movie.ogg" type="video/ogg"/>
      <source src="video/movie.mp4" type="video/mp4"/>
      <source src="video/movie.webm" type="video/webm"/>
      您的浏览器不支持视频标签
    </video>
  </body>
</html>
```

说明：

(1) <video>与</video>之间插入的内容是供不支持 video 标签的浏览器显示的。

(2) video 标签同样允许包含多个 source 标签，这里不再赘述。

9.2.4 HTML5 多媒体 API

HTML5 中提供了 Video 和 Audio 对象，用于控制视频或音频的回放及当前状态等信息。Video 和 Audio 对象的相似度非常高，区别在于所占屏幕空间不同，但属性与方法基本相同。Video 和 Audio 对象常用的属性见表 9-5。

表 9-5 Video 和 Audio 对象常用的属性

属　性	描　　述
autoplay	用于设置或返回是否在就绪(加载完成)后随即播放视频(音频)
controls	用于设置或返回视频(音频)是否应该显示控件(比如播放/暂停等)
currentSrc	返回当前视频或(音频)的 URL
currentTime	用于设置或返回视频(音频)中的当前播放位置(以 s 计)
duration	返回视频(音频)的总长度(以 s 计)
defaultMuted	用于设置或返回视频(音频)默认是否静音
muted	用于设置或返回是否关闭声音
ended	返回视频(音频)的播放是否已结束
readyState	返回视频(音频)当前的就绪状态
paused	用于设置或返回视频(音频)是否暂停
volume	用于设置或返回视频(音频)的音量
loop	用于设置或返回视频(音频)是否应在结束时再次播放
networkState	返回视频(音频)的当前网络状态
src	用于设置或返回视频(音频)的 src 属性的值

Video 和 Audio 对象常用的方法见表 9-6。

表 9-6 Video 和 Audio 对象常用的方法

方 法	描 述
play()	开始播放视频(音频)
pause()	暂停当前播放的视频(音频)
load()	重新加载视频(音频)元素
canPlayType()	检查浏览器是否能够播放指定的视频(音频)类型
addTextTrack()	向视频添(音频)加新的文本轨道

【例 9-8】 使用 Video 对象创建一个自定义视频播放器。播放器包括“开始播放”/“暂停播放”按钮和“静音”/“取消静音”按钮。本例文件 9-8. html 在浏览器中的显示效果如图 9-11 所示。

图 9-11 例 9-8 的页面显示效果

代码如下：

```
<!doctype html>
<html>
  <head>
    <meta charset="gb2312">
    <title>使用 Video 对象自定义视频播放器</title>
      <body>
        <div id="videoDiv">
            <video id="myVideo" controls>
                <source src="video/movie.ogg" type="video/ogg"/>
                <source src="video/movie.mp4" type="video/mp4"/>
                <source src="video/movie.webm" type="video/webm"/>
                您的浏览器不支持<video/>标签
            </video>
        </div>

        <div id="controlBar" >
          <input id="videoPlayer" type="button" value="开始播放"/>
          <input id="videoVoice" type="button" value="静音"/>
        </div>
          <script type="text/javascript">
```

```
        var myVideo=document.getElementById("myVideo");
        var videoPlayer=document.getElementById("videoPlayer");
        var videoVoice=document.getElementById("videoVoice");
        //"播放"/"暂停"按钮
        videoPlayer.onclick=function(){
            if(myVideo.paused){
                myVideo.play();
                videoPlayer.value="暂停播放";
            }else{
                myVideo.pause();
                videoPlayer.value="开始播放";
            }
        };
        //静音或取消静音
        videoVoice.onclick=function(){
            if(!myVideo.muted){
                videoVoice.value="取消静音";
                myVideo.muted=true;
            }else{
                videoVoice.value="静音";
                myVideo.muted=false;
            }
        };
      </script>
    </body>
  </head>
</html>
```

习题 9

案例：使用HTML5获取地理位置及百度地图

1. 使用 canvas 绘制红色实心字和蓝色空心字,如图 9-12 所示。

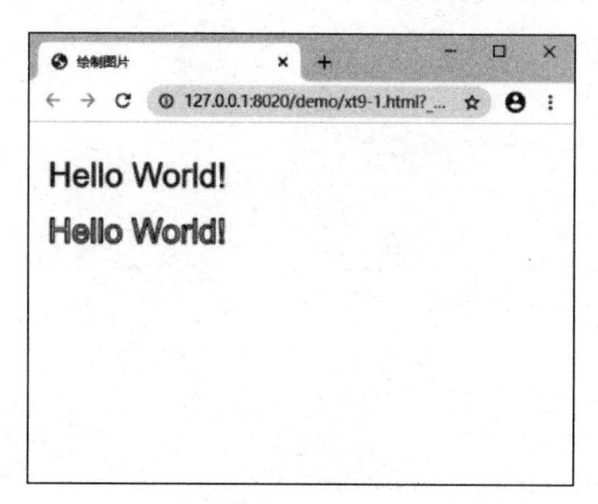

图 9-12　题 1 图

2. 使用 video 标签播放视频，如图 9-13 所示。

图 9-13　题 2 图

第10章

jQuery 基础

jQuery 是一个兼容多种浏览器的 JavaScript 库,利用 jQuery 的语法设计可以使开发者更加便捷地操作文档对象、选择 DOM 元素、制作动画效果、进行事件处理、使用 Ajax,以及其他功能。除此以外,jQuery 还提供 API 以便开发者编写插件。其模块化的使用方式使开发者可以很轻松地开发出功能强大的静态或动态网页。jQuery 基础学习导图如图 10-1 所示。

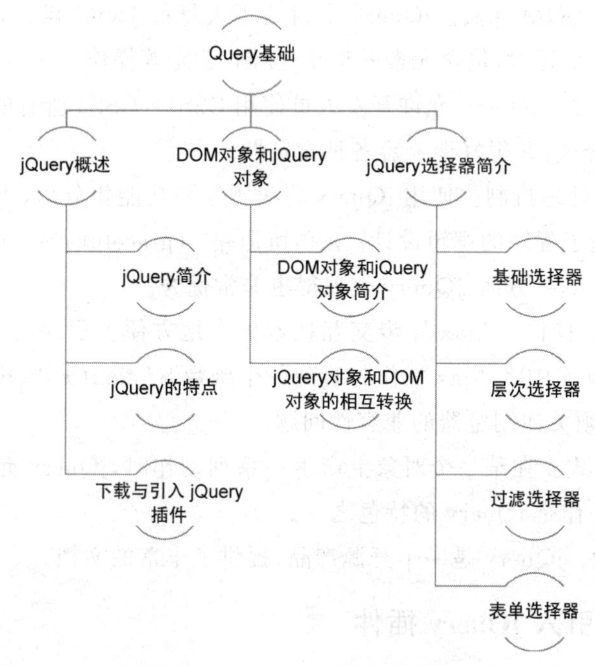

图 10-1　jQuery 基础学习导图

10.1　jQuery 概述

JavaScript 语言是 Web 前端开发语言发展过程中的一个重要里程碑,其实时性、跨平台、简单易用的特点决定了其在 Web 前端设计中的重要地位。

10.1.1 jQuery 简介

随着浏览器种类的推陈出新,JavaScript 对浏览器的兼容性受到了极大的挑战。2006 年 1 月,美国 John Resing 创建了一个基于 JavaScript 的开源框架——jQuery。与 JavaScript 相比,jQuery 具有代码高效、浏览器兼容性更好等特征,极大地简化了对 DOM 对象、事件处理、动画效果,以及 Ajax 等方面的操作。

jQuery 是继 Prototype 之后又一个优秀的 JavaScript 库。它是轻量级的 JS 库,兼容 CSS3,还兼容各种浏览器(IE 6.0+、FF 1.5+、Safari 2.0+、Opera 9.0+)。jQuery 使用户能够更加方便地处理 HTML、events,实现动画效果,并且方便地为网站提供 Ajax 交互。

10.1.2 jQuery 的特点

jQuery 的设计理念是"写更少,做更多(write less,do more)",是一种将 JavaScript、CSS、DOM、Ajax 等特征集于一体的强大框架,通过简单的代码来实现各种页面特效。

jQuery 的特点如下。

(1) 访问和操作 DOM 元素。jQuery 中封装了大量的 DOM 操作,可以非常方便地获取或修改页面中的某个元素,包含元素的移动、复制、删除等操作。

(2) 强大的选择器。jQuery 允许开发人员使用 CSS1~CSS3 所有的选择器,方便、快捷地控制元素的 CSS 样式,并很好地兼容各种浏览器。

(3) 可靠的事件处理机制。使用 jQuery 将表现层与功能相分离,可靠的事件处理机制让开发者可以更专注于程序的逻辑设计;在预留退路[①](graceful degradation)、循序渐进以及非入侵式(unobtrusive)方面,jQuery 表现得也非常优秀。

(4) 完善的 Ajax 操作。Ajax 异步交互技术极大地方便了程序的开发,提高了浏览者的体验度;在 jQuery 库中将 Ajax 操作封装到一个函数 $.ajax() 中,开发者只需专心实现业务逻辑处理,而无须关注浏览器的兼容性问题。

(5) 链式操作方式。在某一个对象上产生一系列动作时,jQuery 允许在现有对象上连续多次操作。链式操作是 jQuery 的特色之一。

(6) 完善的文档。jQuery 是一个开源产品,提供了丰富的文档。

10.1.3 下载与引入 jQuery 插件

1. 准备 jQuery 开发环境

在编写 jQuery 程序之前,需要掌握如何搭建 jQuery 的开发环境。

用户可以在 jQuery 的官方网站 http://jquery.com/下载最新的 jQuery 库。在下载界面可以直接下载 jQuery 1.x、jQuery 2.x 和 jQuery 3.x 三种版本。其中,jQuery 1.x 版本

注:预留退路的含义是如果正确使用 JavaScript 脚本,可以让访问者在浏览器不支持 JavaScript 的情况下依然可以顺利浏览网站。

在原来的基础上继续对 IE 6、IE 7、IE 8 版本的浏览器进行支持；jQuery 2. x 以上不再支持 IE 8 及更早版本，但因其具有更小、更快等特点，得到用户的一致好评。

每个版本又分为以下两种：开发版(development version)和生产版(production version)，区别见表 10-1。

表 10-1 开发版和生产版的区别

版 本	大小/KB	描 述
jquery-1. x. js	约 288	开发版，完整无压缩，多用于学习、开发和测试
jquery-3. x. js	约 262	
jquery-1. x. min. js	约 94	生产版，经过压缩工具压缩，体积相对比较小，主要用于产品和项目中
jquery-3. x. min. js	约 85	

本书下载使用的 jQuery 是 jquery-3. 3. 1. min. js 生产版。Query 不需要安装，只需将 jquery-3. 3. 1. min. js 文件放到网站中的公共位置即可。通常将该文件保存在一个独立的文件夹 js 中，在 HTML 页面中引入该库文件的位置即可使用。

在编写页面的 head 标签中，引入 jQuery 库的示例代码如下：

```
<head>
  <script src="js/jquery-3.3.1.min.js" type="text/javascript"></script>
</head>
```

从示例中可以看到，jQuery 库文件的引用方法和引用外部 JS 文件的方法类似。需要注意的是，引用 jQuery 的 script 标签必须放在所有自定义脚本文件的 script 之前，否则在自定义的脚本代码中应用不到 jQuery 脚本库。

2. 下载 jQuery 插件

jQuery 是一个轻量级 JavaScript 库，虽然它非常便捷且功能强大，但是还是不可能满足所有用户的所有需求。而作为一个开源项目，所有用户都可以看到 jQuery 的源代码，很多人都希望共享自己日常工作积累的功能。jQuery 的插件机制使这种想法成为现实。可以把自己的代码制作成 jQuery 插件，供其他人引用。插件机制大大增强了 jQuery 的可扩展性，扩充了 jQuery 的功能。本节介绍下载和引用 jQuery 插件的方法。

在 jQuery 官方网站中，有一个 Plugins(插件)超链接，单击该链接，将进入到 jQuery 插件分类列表页面(http://plugins. jquery. com/)，如图 10-2 所示。在该页面中，单击分类名称，可以查看每个分类下的插件概要信息及下载超链接。用户也可以在上面的搜索文本框中输入指定的插件名称，搜索所需插件。

从图 10-2 可以看出，常用的 jQuery 插件类别包括 UI 插件、表单插件、幻灯片插件、滚动插件、图像插件、图表插件、布局插件和文字处理插件等。

3. 引用 jQuery 插件的方法

引用 jQuery 插件的方法比较简单，首先将要使用的插件下载到本地计算机中，然后按照下面的步骤操作，就可以使用插件实现想要的效果了。

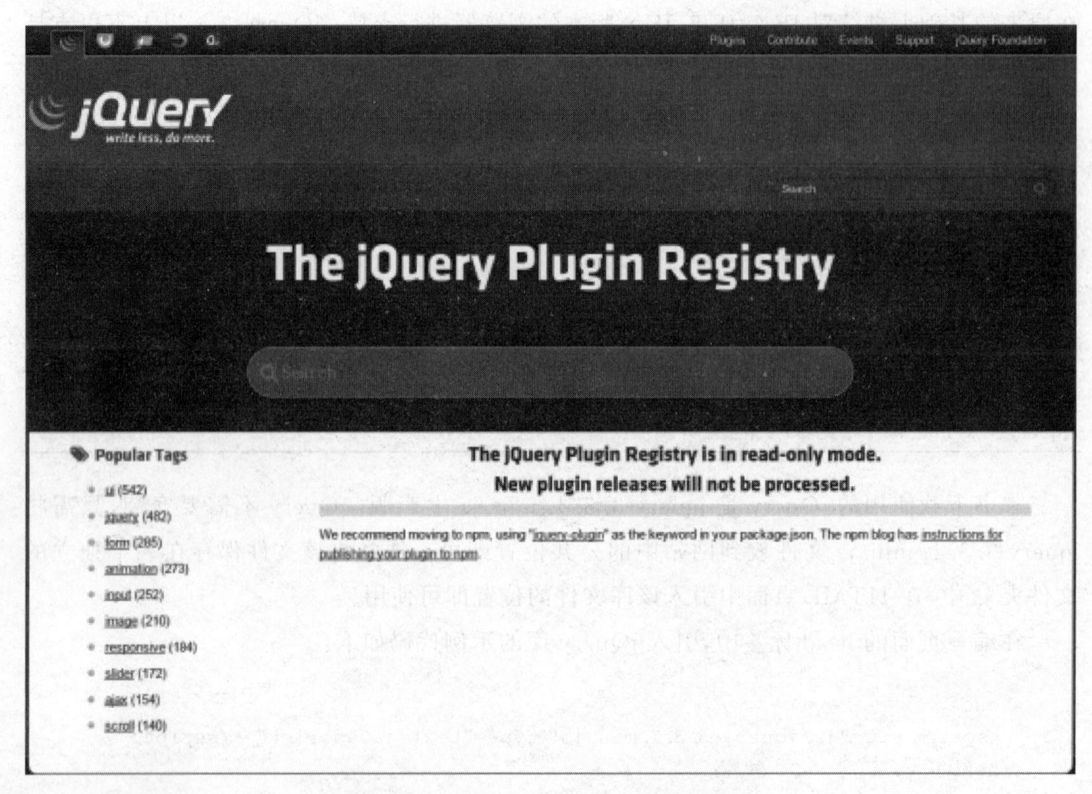

图 10-2 jQuery 插件的分类列表页面

(1) 把下载的插件包含到 head 标签内，并确保它位于主 jQuery 源文件（如 jquery-3.3.1.min.js）之后。

(2) 包含一个自定义的 JavaScript 文件，并在其中使用插件创建或扩展的方法。示例代码如下：

```
<head>
    <script src="js/jquery-3.3.1.min.js" type="text/javascript"></script>
    <script src="js/jquery.effect.js" type="text/javascript"></script>
    <script src="js/jquery.overlay.min.js" type="text/javascript"></script>
</head>
```

说明：建议将下载的 jQuery 插件的文件名命名为 jquery.[插件名].js，以免和其他 js 库插件混淆。

4. 编写一个简单的 jQuery 程序

在页面中引入 jQuery 库后，通过 $() 函数来获取页面中的元素，并对元素进行定位或效果处理。在没有特别说明下，$ 符号即为 jQuery 对象的缩写形式，例如：$("myDiv") 与 jQuery("myDiv") 完全等价。

【例 10-1】 编写一个简单的 jQuery 程序。本例文件 10-1.html 在浏览器中的显示效果如图 10-3 所示。

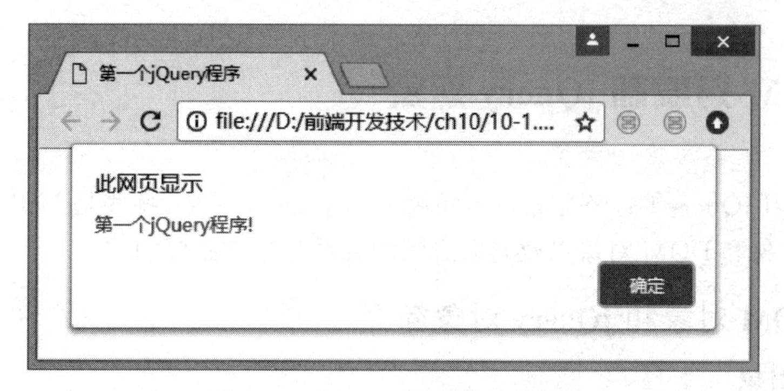

图 10-3 例 10-1 的页面显示效果

代码如下：

```
<!doctype html>
<html>
  <head>
    <meta charset="gb2312">
    <title>第一个 jQuery 程序</title>
    <script src="js/jquery-3.3.1.min.js" type="text/javascript">
    </script>
    <script>
      $(document).ready(function(){
        alert("第一个 jQuery 程序!");
      });
    </script>
  </head>
  <body>
  </body>
</html>
```

说明：$(document)是 jQuery 的常用对象，表示 HTML 文档对象。$(document).ready()方法指定 $(document)的 ready 事件处理函数，其作用类似于 JavaScript 中的 window.onload 事件，也是当页面被载入时自动执行。但两者也有一定的区别，具体见表 10-2。

表 10-2 window.onload 与 $(document).ready()区别

区别项	window.onload	$(document).ready()
执行时间	必须在页面全部加载完毕(包含图片)才能执行	在页面中所有 DOM 结构下载完毕执行，可能 DOM 元素关联的内容并没有加载完毕
执行次数	一个页面只能有一个；当页面中存在多个 window.onload 时，仅输出最后一个结果，无法完成多个结果同时输出	一个页面可以有多个，结果可以相继输出
简化写法	无	可以简写成 $()

10.2 DOM 对象和 jQuery 对象

刚开始学习 jQuery 时，经常分不清楚哪些是 jQuery 对象，哪些是 DOM 对象。因此，了解 jQuery 对象和 DOM 对象以及它们之间的关系是非常必要的。

10.2.1 DOM 对象和 jQuery 对象简介

1. DOM 对象

DOM 是 document object model 的缩写，即文档对象模型。DOM 是以层次结构组织的节点或信息片段的集合，每一份 DOM 都可以表示成一个树形结构。DOM 对象在第 8 章中已经有过介绍，这里不再赘述。下面构建一个基本网页，网页代码如下：

```
<!doctype html>
<html>
  <head>
    <meta charset="gb2312">
    <title>DOM 对象</title>
  </head>
  <body>
    <h2>H5 创新学院专业认证宣传语</h2>
    <p>国际化认证，可视化编程，世界范围内识别 H5 人才的重要依据。</p>
  </body>
</html>
```

网页在浏览器中的显示效果如图 10-4 所示。

图 10-4 页面显示效果

可以把上面的 HTML 结构描述为一棵 DOM 树，在这棵 DOM 树中，< h2 >、< p >节点都是 DOM 元素的节点，可以使用 JavaScript 中的 getElementById 或 getElementByTagName 来获取，得到的元素就是 DOM 对象。

DOM 对象可以使用 JavaScript 中的方法，例如：

```
var domObject = document.getElementById("id");
var html = domObject.innerHTML;
```

2. jQuery 对象

jQuery 对象就是通过 jQuery 包装 DOM 对象后产生的对象。jQuery 对象是独有的，可以使用 jQuery 里的方法，例如：

```
$("#sample").html();    //获取 id 为 sample 的元素内的 html 代码
```

这段代码等同于：

```
document.getElementById("sample").innerHTML;
```

虽然 jQuery 对象是包装 DOM 对象后产生的，但是 jQuery 无法使用 DOM 对象的任何方法，同理 DOM 对象也不能使用 jQuery 里面的方法。

诸如 $("#sample").innerHTML，或者 document.getElementById("sample").html()之类的写法都是错误的。

3. jQuery 对象和 DOM 对象的对比

jQuery 对象不同于 DOM 对象，但在实际使用时经常被混淆。DOM 对象是通用的，既可以在 jQuery 程序中使用，也可以在标准 JavaScript 程序中使用。例如，在 JavaScript 程序中根据 HTML 元素 id 获取对应的 DOM 对象的方法如下：

```
var domObj = document.getElementById("id");
```

而 jQuery 对象来自 jQuery 类库，只能在 jQuery 程序中使用，只有 jQuery 对象才能引用 jQuery 类库中定义的方法。因此，应该尽可能在 jQuery 程序中使用 jQuery 对象，这样才能充分发挥 jQuery 类库的优势。通过 jQuery 的选择器 $( )可以获得 HTML 元素，进而获取对应的 jQuery 对象。例如，根据 HTML 元素 id 获取对应的 jQuery 对象的方法如下：

```
var jqObj = $("#id");
```

注意：使用 document.getElementsById("id")得到的是 DOM 对象，而用#id 作为选择符取得的是 jQuery 对象，这两者并不是等价的。

10.2.2 jQuery 对象和 DOM 对象的相互转换

既然 jQuery 对象和 DOM 对象有区别也有联系，那么 jQuery 对象与 DOM 对象也可以相互转换。在两者转换之前首先约定好定义变量的风格。如果获取的是 jQuery 对象，则在变量前面加上 $，例如：

```
var $obj = jQuery 对象;
```

如果获取的是 DOM 对象，则与用户平时习惯的表示方法一样。

```
var obj = DOM 对象;
```

1. jQuery 对象转换成 DOM 对象

jQuery 提供了两种转换方式将一个 jQuery 对象转换成 DOM 对象：[index]和 get(index)。

jQuery 对象是一个类似数组的对象，可以通过[index]的方法得到相应的 DOM 对象，例如：

```
var $mr = $("#mr");         //jQuery 对象
```

```
var mr = $mr[0];            //DOM 对象
alert(mr.value);            //获取 DOM 元素的 value 的值并弹出
```

jQuery 本身也提供 get(index)方法，可以得到相应的 DOM 对象，例如：

```
var $mr = $("#mr");         //jQuery 对象
var mr = $mr.get(0);        //DOM 对象
alert(mr.value);            //获取 DOM 元素的 value 的值并弹出
```

2. DOM 对象转换成 jQuery 对象

对于一个 DOM 对象，只需要用 $()把它包装起来，就可以得到一个 jQuery 对象，即 $(DOM 对象)，例如：

```
var mr= document.getElementById("mr");          //DOM 对象
var $mr = $(mr);                                //jQuery 对象
alert($(mr).val());                             //获取文本框的值并弹出
```

转换后，DOM 对象就可以任意使用 jQuery 中的方法了。

通过以上方法，可以任意实现 DOM 对象和 jQuery 对象之间的转换。需要特别声明的是，DOM 对象才能使用 DOM 中的方法，jQuery 对象不可以使用 DOM 中的方法。

【例 10-2】 DOM 对象转换成 jQuery 对象。本例页面加载后，首先使用 DOM 对象的方法弹出 p 节点的内容，之后将 DOM 对象转换为 jQuery 对象，同样再弹出 p 节点的内容。本例文件 10-2.html 在浏览器中的显示效果如图 10-5 所示。

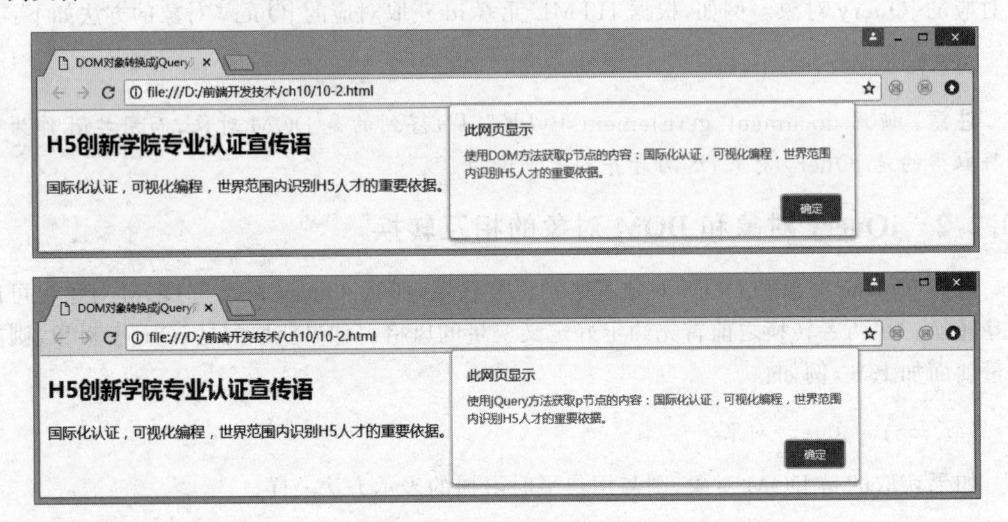

图 10-5 例 10-2 的页面显示效果

代码如下：

```
<!doctype html>
<html>
  <head>
    <meta charset="gb2312">
    <title>DOM 对象转换成 jQuery 对象</title>
    <script src="js/jquery-3.3.1.min.js" type="text/javascript"></script>
```

```
    <script>
      $(document).ready(function(){
        var domObj = document.getElementById("nodep");
        alert("使用 DOM 方法获取 p 节点的内容："+domObj.innerHTML);
        var $jqueryObj = $(domObj);
        alert("使用 jQuery 方法获取 p 节点的内容："+$jqueryObj.html());
      })
    </script>
  </head>
  <body>
    <h2>H5 创新学院专业认证宣传语</h2>
    <p id="nodep">国际化认证,可视化编程,世界范围内识别 H5 人才的重要依据。</p>
  </body>
</html>
```

【例 10-3】 jQuery 对象转换成 DOM 对象。本例页面加载后，首先获取 2 个 jQuery 对象，使用 jQuery 对象的方法分别弹出 2 个 p 节点的内容，之后将 jQuery 对象转换为 DOM 对象，同样再弹出 2 次 p 节点的内容。本例文件 10-3. html 在浏览器中的显示效果如图 10-6 所示。

图 10-6 例 10-3 的页面显示效果

代码如下：

```
<!doctype html>
<html>
  <head>
    <meta charset="gb2312">
    <title> jQuery 对象转换成 DOM 对象</title>
    <script src="js/jquery-3.3.1.min.js" type="text/javascript"></script>
    <script>
      $(document).ready(function(){
        var $jQueryObj = $("#nodep");
        alert("使用 jQuery 方法获取第一个 p 节点的内容："+$jQueryObj.html());
        var $jQueryObj1 = $("#nodep1");
        alert("使用 jQuery 方法获取第二个 p 节点的内容："+$jQueryObj1.html());
        var domObj = $jQueryObj[0];
        alert("使用 DOM 方法获取第一个 p 节点的内容："+domObj.innerHTML);
        var domObj1 = $jQueryObj1.get(0);
        alert("使用 DOM 方法获取第二个 p 节点的内容："+domObj1.innerHTML);
      })
    </script>
  </head>
  <body>
    <h2>H5 创新学院专业认证宣传语</h2>
    <p id="nodep">国际化认证,可视化编程</p>
    <p id="nodep1">世界范围内识别 H5 人才的重要依据。</p>
  </body>
</html>
```

10.3 jQuery 选择器简介

选择器是 jQuery 强大功能的基础，在 jQuery 中，对事件处理、遍历 DOM 都依赖于选择器。它完全继承了 CSS 的风格，编写和使用异常简单。如果能熟练掌握 jQuery 选择器，不仅能简化程序代码，还可以达到事半功倍的效果。

在介绍 jQuery 选择器之前，先来介绍一下 jQuery 的工厂函数“$”。

在 jQuery 中，无论使用哪种类型的选择符都需要从一个“$”符号和一对“()”开始。在“()”中通常使用字符串参数，参数中可以包含任何 CSS 选择符表达式。

下面介绍几种比较常见的用法。

(1) 在参数中使用标记名，例如，$("div")用于获取文档中全部的<div>。

(2) 在参数中使用 ID，例如，$("#username")用于获取文档中 ID 属性值为 username 的一个元素。

(3) 在参数中使用 CSS 类名，例如，$(".btn_grey")用于获取文档中使用 CSS 类名为 btn_grey 的所有元素。

在页面中要为某个元素添加属性或事件时，第一步必须先准确地找到这个元素。在 jQuery 中可以通过选择器来实现这一重要功能。jQuery 选择器是 jQuery 库中非常重要的

部分之一，它支持网页开发者所熟知的CSS语法，能够轻松快速地对页面进行设置。一个典型的jQuery选择器的语法格式为

```
$(selector).methodName();
```

其中，selector是一个字符串表达式，用于识别DOM中的元素，然后使用jQuery提供的方法集合加以设置。

多个jQuery操作可以以链的形式串起来，语法格式为

```
$(selector).method1().method2().method3();
```

例如，要隐藏id为test的DOM元素，并为它添加名为content的样式，实现如下：

```
$('#test').hide().addClass('content');
```

jQuery选择器完全继承了CSS选择器的风格，将jQuery选择器分为4类：基础选择器、层次选择器、过滤选择器和表单选择器。

10.3.1 基础选择器

基础选择器是jQuery中最常用的选择器，通过元素的id、className或tagName来查找页面中的元素，见表10-3。

表10-3 基础选择器

选 择 器	描 述	返 回
#ID	根据元素的ID属性进行匹配	单个jQuery对象
element	根据元素的标签名进行匹配	jQuery对象数组
.class	根据元素的class属性进行匹配	jQuery对象数组
selector1,selector2,…,selectorN	将每个选择器匹配的结果合并后一起返回	jQuery对象数组
*	匹配页面的所有元素，包括html、head、body等	jQuery对象数组

1. ID选择器

每个HTML元素都可以有一个唯一的id，可以根据id选取对应的HTML元素。ID选择器#id就是利用HTML元素的id属性值来筛选匹配的元素，并以jQuery包装集的形式返回给对象。这就好像在单位中每个职工都有自己的工号一样，职工的姓名是可以重复的，但是工号却是不能重复的，因此根据工号就可以获取指定职工的信息。

ID选择器的使用方法如下：

```
$("#id");
```

其中，id为要查询元素的ID属性值。例如，要查询ID属性值为test的元素，可以使用下面的jQuery代码：

```
$("#test");
```

2. 元素选择器

元素选择器是根据元素名称匹配相应的元素。元素选择器指向的是DOM元素的标记

名，也就是说元素选择器是根据元素的标记名选择的。多数情况下，元素选择器匹配的是一组元素，存储为一组 Object 对象。需要通过索引器来确定要选取其中哪个。

元素选择器的使用方法如下：

```
$("element");
```

其中，element 是要获取的元素的标记名。例如，要获取全部 p 元素，可以使用下面的 jQuery 代码：

```
$("p");
```

3. 类名选择器

类名选择器是通过元素拥有的 CSS 类的名称查找匹配的 DOM 元素。在一个页面中，一个元素可以有多个 CSS 类，一个 CSS 类又可以匹配多个元素。如果有元素中有一个匹配的类名称，就可以被类名选择器选取到。简单地说，类名选择器就是以元素具有的 CSS 类名称查找匹配的元素。类名选择器匹配的也是一组元素，存储为一组 Object 对象。

类名选择器的使用方法如下：

```
$(".class");
```

其中，class 为要查询元素所用的 CSS 类名。例如，要查询使用 CSS 类名为 digital 的元素，可以使用下面的 jQuery 代码：

```
$(".digital");
```

4. 复合选择器

复合选择器将多个选择器(可以是 ID 选择器、元素选择器或是类名选择器)组合在一起，两个选择器之间以逗号“，”分隔，只要符合其中任何一个筛选条件，就会被匹配，返回的是一个集合形式的 jQuery 包装集。利用 jQuery 索引器可以取得集合中的 jQuery 对象。

需要注意的是，多种匹配条件的选择器并不是匹配同时满足这几个选择器的匹配条件的元素，而是将每个选择器匹配的元素合并后一起返回。

复合选择器的使用方法如下：

```
$("selector1,selector2,selectorN");
```

参数说明：

(1) selector1：一个有效的选择器，可以是 ID 选择器、元素选择器或是类名选择器等。

(2) selector2：另一个有效的选择器，可以是 ID 选择器、元素选择器或是类名选择器等。

(3) selectorN：任意多个选择器，可以是 ID 选择器、元素选择器或是类名选择器等。

例如，要查询页面中全部的 p 标记和使用 CSS 类 test 的 div 标记，可以使用下面的 jQuery 代码：

```
$("p,div.test");
```

【例 10-4】 在页面中添加 3 种不同元素并统一设置样式。使用复合选择器筛选 id 属性值为 span 的元素和 div 元素，并为它们添加新的样式。本例文件 10-7.html 在浏览器中的显示效果如图 10-7 所示。

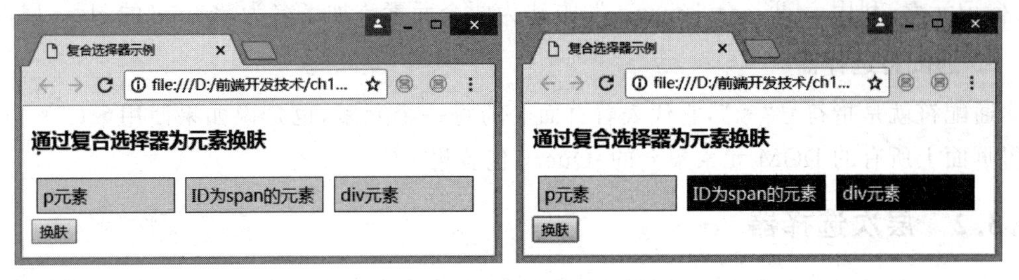

图 10-7 单击按钮为元素换肤

代码如下：

```
<!doctype html>
<html>
  <head>
    <meta charset="gb2312">
    <title>复合选择器示例</title>
    <style type="text/css">
    .default{
        border:1px solid #003a75;
        background-color:yellow;
        margin:5px;
        width:120px;
        float:left;
        padding:5px;
    }
    .change{
        background-color:#c50210;
        color:#fff;
    }
    </style>
    <script src="js/jquery-3.3.1.min.js" type="text/javascript">
    </script>
    <script type="text/javascript">
    $(document).ready(function() {
        $("input[type=button]").click(function(){        //绑定按钮的单击事件
            $("#span,div").addClass("change");           //添加所使用的 CSS 类
        });
    });
    </script>
  </head>
  <body>
    <h3>通过复合选择器为元素换肤</h3>
    <p class="default">p 元素</p>
    <span class="default" id="span">ID 为 span 的元素</span>
    <div class="default">div 元素</div>
    <input type="button" value="换肤"/>
  </body>
</html>
```

说明：在本例的代码中，$("#span,div")复合选择器同时匹配 id 值为 span 的元素和 div 标记元素，利用 addClass("change")方法为两个元素添加了名为 change 的 class 属性。

5. 通配符选择器

通配符就是指符号"*"，它代表着页面上的每一个元素，也是说如果使用$("*")，将取得页面上所有的 DOM 元素集合的 jQuery 包装集。

10.3.2 层次选择器

jQuery 层次选择器是通过 DOM 对象的层次关系来获取特定的元素，如同辈元素、后代元素、子元素和相邻元素等。层次选择器的用法与基础选择器相似，也是使用$()函数来实现，返回结果均为 jQuery 对象数组，见表 10-4。

表 10-4 层次选择器

选择器	描述	返回
$("ancestor descendant")	选取 ancestor 元素中的所有的子元素	jQuery 对象数组
$("parent>child")	选取 parent 元素中的直接子元素	jQuery 对象数组
$("prev+next")	选取紧邻 prev 元素之后的 next 元素	jQuery 对象数组
$("prev~siblings")	选取 prev 元素之后的 siblings 兄弟元素	jQuery 对象数组

1. ancestor descendant(祖先后代)选择器

ancestor descendant 选择器中的 ancestor 代表祖先，descendant 代表子孙，用于在给定的祖先元素下匹配所有的后代元素。ancestor descendant 选择器的使用方法如下：

```
$("ancestor descendant");
```

参数说明：

(1) ancestor 是指任何有效的选择器。

(2) descendant 是用以匹配元素的选择器，并且它是 ancestor 所指定元素的后代元素。

例如，要匹配 div 元素下的全部 img 元素，可以使用下面的 jQuery 代码：

```
$("div img");
```

2. parent >child(父>子)选择器

parent > child 选择器中的 parent 代表父元素，child 代表子元素，用于在给定的父元素下匹配所有的子元素。使用该选择器只能选择父元素的直接子元素。parent > child 选择器的使用方法如下：

```
$("parent > child");
```

参数说明：

(1) parent 是指任何有效的选择器。

(2) child 是用以匹配元素的选择器，它是 parent 元素的子元素。

例如，要匹配表单中所有的子元素 input，可以使用下面的 jQuery 代码：

```
$("form > input");
```

3. prev+next(前+后)选择器

prev + next 选择器用于匹配所有紧接在 prev 元素后的 next 元素。其中,prev 和 next 是两个相同级别的元素。prev + next 选择器的使用方法如下:

```
$("prev + next");
```

参数说明:

(1) prev 是指任何有效的选择器。

(2) next 是一个有效选择器并且紧接着 prev 选择器,二者是同级关系。

例如,要匹配 div 标记后的 img 标记,可以使用下面的 jQuery 代码:

```
$("div + img");
```

【例 10-5】 在页面中使用层次选择器 label+p 筛选紧跟在 label 标记后的 p 标记,并将匹配元素的背景颜色修改为淡蓝色。本例文件 10-8.html 在浏览器中的显示效果如图 10-8 所示。

代码如下:

图 10-8 例 10-5 的页面显示效果

```
<!doctype html>
<html>
  <head>
    <meta charset="gb2312">
    <title>层次选择器示例</title>
    <script type="text/javascript" src="js/
jquery-3.3.1.min.js"></script>
    <style type="text/css">
        .background{background:#cef;}
        body{font-size:12px;}
        .inner{margin-left:20px;}
    </style>
    <body>
      <div>
        <label>第一个 label</label>
          <p>第一个 p</p>
          <div class="inner">
            <label>第二个 label</label>
            <p>第二个 p</p>
          </div>
      </div>
      <p>p 外面的 p</p>
      <script type="text/javascript">
          $(document).ready(function(){
              $("label+p").addClass("background"); //为匹配的元素添加 CSS 类
          });
      </script>
    </body>
  </head>
</html>
```

说明：在本例的代码中，可以看到"第一个 p"和"第二个 p"的段落被添加了背景，而"p 外面的 p"由于不是 label 元素的同级元素，所以没有被添加背景。

4. prev～siblings(前～兄弟)选择器

prev ～ siblings 选择器用于匹配 prev 元素之后的所有 siblings 元素。其中，prev 和 siblings 是两个相同辈元素。prev ～ siblings 选择器的使用方法如下：

```
$("prev ~ siblings");
```

参数说明：

(1) prev 是指任何有效的选择器。

(2) siblings 是一个有效选择器并紧接着 prev 选择器。

例如，要匹配 div 元素的同辈元素 ul，可以使用下面的 jQuery 代码：

```
$("div ~ ul");
```

注意：$("prev＋next")用于选取紧随 prev 元素之后的 next 元素，且 prev 元素和 next 元素有共同的父元素，功能与$("prev").next("next")相同；而$("prev～siblings")用于选取 prev 元素之后的 siblings 元素，两者有共同的父元素而不必紧邻，功能与$("prev").nextAll("siblings")相同。

【例 10-6】 层次选择器示例。通过层次选择器分别对子元素、直接子元素、相邻兄弟元素和普通兄弟元素进行选取并对其设置样式。本例文件 10-9.html 在浏览器中的显示效果如图 10-9 所示。

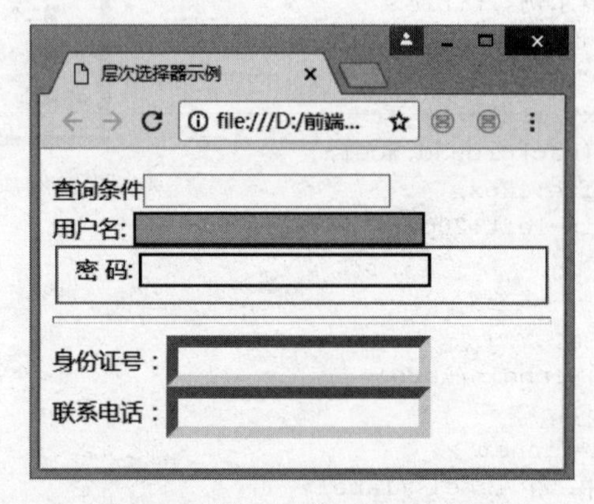

图 10-9 例 10-6 的页面显示效果

代码如下：

```
<!doctype html>
<html>
  <head>
    <meta charset="gb2312">
    <title>层次选择器综合示例</title>
    <script src="js/jquery-3.3.1.min.js" type="text/javascript"></script>
  </head>
  <body>
    <div>
```

```
        查询条件<input name="search"/>
        <form>
          <label>用户名:</label>
          <input name="useName"/>
          <fieldset>
              <label>密  码:</label>
              <input name="password"/>
          </fieldset>
        </form>
        <hr/>
        身份证号：<input name="none"/><br/>
        联系电话：<input name="none"/>
    </div>
    <script type="text/javascript">
        $(function(e){
            $("form input").css("width","200px");       //第一个文本框采用默认样式
            $("form > input").css("background","pink"); //第二个文本框采用粉色背景
            $("label + input").css("border-color","blue");
                                                     //第二、第三个文本框的边框颜色为蓝色
            $("form ~ input").css("border-width","8px");
                                                     //最后两个文本框边框宽度为 8px
            $("*").css("padding-top","3px");         //所有元素的上外边距为 3px
        });
    </script>
  </body>
</html>
```

说明：

(1) 本例中，首先使用 $("form input").css("width","200px");定义表单中所有文本框的默认样式都是宽度为 200px。第一个文本框因位于 form 之外，所以采用默认样式。

(2) 由于第二个文本框是表单 form 的直接子元素，因此，语句 $("form > input").css("background","pink");将第二个文本框的背景色设置为粉色。

(3) 由于第二、第三个文本框都是 label 元素的相邻兄弟元素(文本框紧邻 label 之后)，因此，语句 $("label + input").css("border-color","blue");将第二、第三个文本框的边框颜色设置为蓝色。

(4) 由于最后两个文本框位于表单定义的结束之后，是表单 form 的普通兄弟元素(文本框不需要紧邻表单 form，本例中二者之间还存在着一个水平线元素<hr/>)，因此语句 $("form～input").css("border-width","8px");将最后两个文本框的边框宽度设置为 8px。

10.3.3 过滤选择器

基础选择器和层次选择器可以满足大部分 DOM 元素的选取需求，在 jQuery 中还提供了功能更加强大的过滤选择器，可以根据特定的过滤规则来筛选出所需要的页面元素。

过滤选择器又分为简单过滤器、内容过滤器、可见性过滤器、子元素过滤器。

1. 简单过滤器

简单过滤器是指以冒号开头，通常用于实现简单过滤效果的过滤器。例如，匹配找到的第一个元素等。jQuery 提供的简单过滤器见表 10-5。

表 10-5　简单过滤器

过滤器	描　述	返　回
:first	选取第一个元素	单个 jQuery 对象
:last	选取最后一个元素	单个 jQuery 对象
:even	选取所有索引值为偶数的元素,索引从 0 开始	jQuery 对象数组
:odd	选取所有索引值为奇数的元素,索引从 0 开始	jQuery 对象数组
:header	选取所有标题元素,如 h1、h2、h3 等	jQuery 对象数组
:foucs	选取当前获取焦点的元素(1.6+版本)	jQuery 对象数组
:root	获取文档的根元素(1.9+版本)	单个 jQuery 对象
:animated	选取所有正在执行动画效果的元素	jQuery 对象数组
:eq(index)	选取索引等于 index 的元素,索引从 0 开始	单个 jQuery 对象
:gt(index)	选取索引大于 index 的元素,索引从 0 开始	jQuery 对象数组
:lt(index)	选取索引小于 index 的元素,索引从 0 开始	jQuery 对象数组
:not(selector)	选取 selector 以外的元素	jQuery 对象数组

【例 10-7】 使用简单过滤器设置表格样式。本例文件 10-10.html 在浏览器中的显示效果如图 10-10 所示。

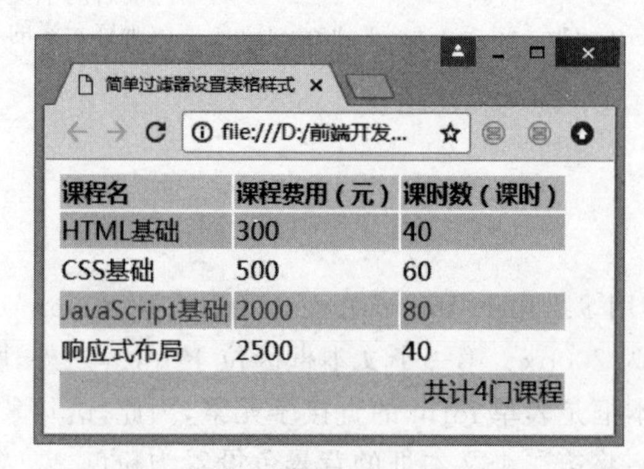

图 10-10　例 10-7 的页面显示效果

代码如下:

```
<!doctype html>
<html>
  <head>
    <meta charset="gb2312">
    <title>简单过滤器设置表格样式</title>
    <script src="js/jquery-3.3.1.min.js" type="text/javascript"></script>
  </head>
  <body>
    <div>
      <table>
        <tr><td>课程名</td><td>课程费用(元)</td><td>课时数(课时)</td></tr>
        <tr><td>HTML 基础</td><td>300</td><td>40</td></tr>
        <tr><td>CSS 基础</td><td>500</td><td>60</td></tr>
        <tr><td>JavaScript 基础</td><td>2000</td><td>80</td></tr>
        <tr><td>响应式布局</td><td>2500</td><td>40</td></tr>
```

```
            <tr><td colspan="3">共计 4 门课程</td></tr>
        </table>
    </div>
    <script type="text/javascript">
        $(function(e){
            $("table tr:first").css("background-color","yellow");
                                                            //表格首行黄色背景
            $("table tr:last").css("text-align","right");      //表格尾行文本右对齐
            $("table tr:eq(3)").css("color","red");
                                                    //索引值为 3 的行的文字颜色为红色
            $("table tr:lt(1)").css("font-weight","bold");    //表格首行文字加粗
            $("table tr:odd").css("background-color","#ddd"); //索引值为奇数行的背
                                                              景为浅灰色
            $(":root").css("background-color","ivry");        //网页乳白色背景
            $("table tr:not(:first)").css("font-size","13pt"); //表格除首行外的字
                                                               体大小 13pt

        });
    </script>
  </body>
</html>
```

说明：table tr:eq(3)表示索引值为 3 的行的文字颜色为红色，对应的是实际表格的第 4 行；table tr:odd 表示索引值为奇数的行的背景色为浅灰色，对应的是实际表格的偶数行。

2. 内容过滤器

内容过滤选择器是指根据元素的文字内容或所包含的子元素的特征进行过滤的选择器，见表 10-6。

表 10-6 内容过滤器

过滤器	描　　述	返　　回
:contains(text)	选取包含 text 内容的元素	jQuery 对象数组
:has(selector)	选取含有 selector 所匹配元素的元素	jQuery 对象数组
:empty	选取所有不包含文本或者子元素的空元素	jQuery 对象数组
:parent	选取含有子元素或文本的元素	jQuery 对象数组

【例 10-8】 使用内容过滤器设置表格样式。本例文件 10-11. html 在浏览器中的显示效果如图 10-11 所示。

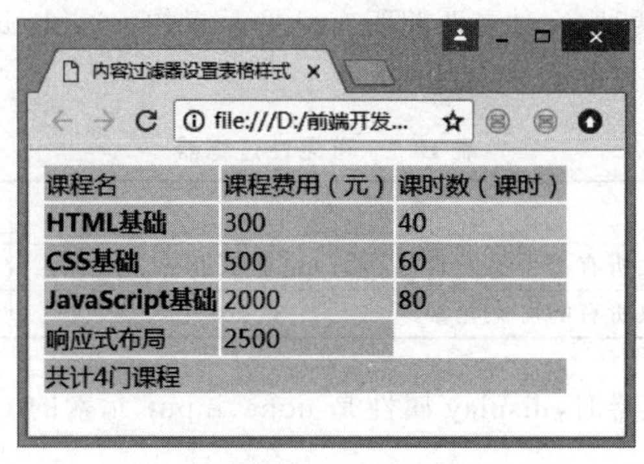

图 10-8 例 10-8 的页面显示效果

代码如下：

```
<!doctype html>
<html>
  <head>
    <meta charset="gb2312">
    <title>内容过滤器设置表格样式</title>
    <script src="js/jquery-3.3.1.min.js" type="text/javascript"></script>
  </head>
  <body>
    <div>
        <table>
          <tr><td>课程名</td><td>课程费用(元)</td><td>课时数(课时)</td></tr>
          <tr><td>HTML 基础</td><td>300</td><td><span>40</span></td></tr>
          <tr><td>CSS 基础</td><td>500</td><td>60</td></tr>
          <tr><td>JavaScript 基础</td><td><span>2000</span></td><td>80</td></tr>
          <tr><td>响应式布局</td><td>2500</td><td></td></tr>
          <tr><td colspan="3">共计 4 门课程</td></tr>
        </table>
    </div>
    <script type="text/javascript">
        $(function(e){
          $("td:contains('础')").css("font-weight","bold");
                                                      //包含"础"字的单元格文字加粗
          $("td:parent").css("background-color","#ddd");
                                                      //包含内容的单元格浅灰色背景
          $("td:empty").css("background-color","white");
                                                      //内容为空的单元格白色背景

          $("td").has('span').css("background-color","yellow");
                                                      //包含 span 的单元格黄色背景
        });
    </script>
  </body>
</html>
```

3. 可见性过滤器

元素的可见状态有两种，分别是隐藏状态和显示状态。可见性过滤器就是利用元素的可见状态匹配元素的。

可见性过滤器也有两种，一种是匹配所有可见元素的:visible过滤器，另一种是匹配所有不可见元素的:hidden过滤器，见表10-7。

表 10-7 可见性过滤器

过滤器	描　述	返　回
:hidden	选取所有不可见元素，或者 type 为 hidden 的元素	jQuery 对象数组
:visible	选取所有的可见元素	jQuery 对象数组

在应用:hidden过滤器时，display属性是none、input元素的type属性为hidden的元素都会被匹配到。

【例 10-9】 使用可见性过滤器获取页面上隐藏和显示的 input 元素的值。本例文件 10-12.html 在浏览器中的显示效果如图 10-12 所示。

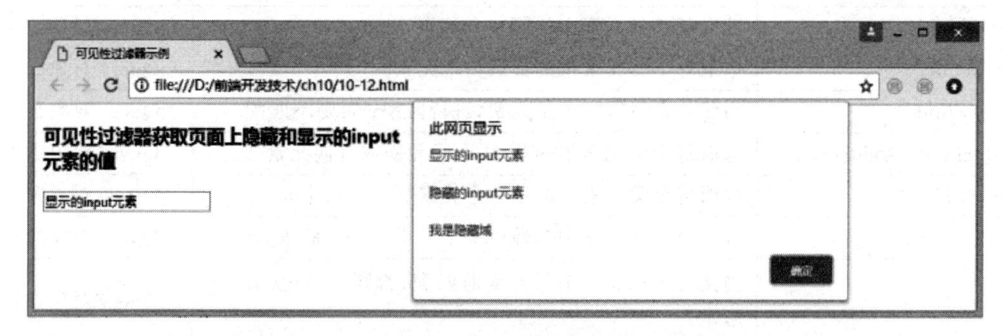

图 10-12 例 10-9 的页面显示效果

代码如下：

```
<!doctype html>
<html>
  <head>
    <meta charset="gb2312">
    <title>可见性过滤器示例</title>
    <script src="js/jquery-3.3.1.min.js" type="text/javascript"></script>
    <script type="text/javascript">
        $(document).ready(function() {
            var visibleVal = $("input:visible").val();
            //取得显示的 input 的值
            var hiddenVal1 = $("input:hidden:eq(0)").val();   //取得隐藏的文本框的值
            var hiddenVal2 = $("input:hidden:eq(1)").val(); //取得隐藏域的值
            alert(visibleVal+"\n\r"+hiddenVal1+"\n\r"+hiddenVal2);
                                                    //alert 取得的信息
        });
    </script>
  </head>
  <body>
    <h3>可见性过滤器获取页面上隐藏和显示的 input 元素的值</h3>
    <input type="text" value="显示的 input 元素">
    <input type="text" value="隐藏的 input 元素" style="display:none">
    <input type="hidden" value="我是隐藏域">
  </body>
</html>
```

4. 子元素过滤器

在页面设计过程中需要突出某些行时，可以通过简单过滤器中的:eq()来实现表格中行的凸显，但不能同时让多个表格具有相同的效果。

在 jQuery 中，子元素过滤器可以轻松地选取所有父元素中的指定元素，并进行处理，见表 10-8。

表 10-8　子元素过滤器

过　滤　器	描　　述	返　　回
:first-child	选取每个父元素中的第一个元素	jQuery 对象数组
:last-child	选取每个父元素中的最后一个元素	jQuery 对象数组
:only-child	当父元素只有一个子元素，进行匹配；否则不匹配	jQuery 对象数组
:nth-child(N|odd|even)	选取每个父元素中的第 N 个子元素或奇偶元素	jQuery 对象数组
:first-of-type	选取每个父元素中的第一个元素(1.9＋版本)	jQuery 对象数组
:last-of-type	选取每个父元素中的最后一个元素(1.9＋版本)	jQuery 对象数组
:only-of-type	当父元素只有一个子元素时匹配，否则不匹配(1.9＋版本)	jQuery 对象数组

【例 10-10】 子元素过滤器示例。本例文件 10-13.html 在浏览器中的显示效果如图 10-13 所示。

代码如下：

```
<!doctype html>
<html>
  <head>
    <meta charset="gb2312">
    <title>子元素过滤器示例</title>
    <script src="js/jquery-3.3.1.min.js" type=
"text/javascript"></script>
  </head>
  <body>
    <ul>
      <li>HTML 基础</li>
      <li>CSS 基础</li>
      <li>JavaScript 基础</li>
      <li>响应式布局</li>
    </ul>
    <script>
    $(document).ready(function(){
        $("ul li:nth-child(even)").css("border", "2px solid blue");
        //选取索引为偶数的 li 子元素添加边框
    });
    </script>
  </body>
</html>
```

图 10-13　例 10-10 的页面显示效果

10.3.4　表单选择器

表单在 Web 前端开发中占据重要的地位，在 jQuery 中引入的表单选择器能够让用户更加方便地处理表单数据。通过表单选择器可以快速定位到某类表单元素，见表 10-9。

表 10-9 表单选择器

选择器	描 述	返 回
:input	选取所有的< input >、< textarea >、< select >和< button >元素	jQuery 对象数组
:text	选取所有的单行文本框	jQuery 对象数组
:password	选取所有的密码框	jQuery 对象数组
:radio	选取所有的单选按钮	jQuery 对象数组
:checkbox	选取所有的复选框	jQuery 对象数组
:submit	选取所有的提交按钮	jQuery 对象数组
:image	选取所有的图片按钮	jQuery 对象数组
:button	选取所有的按钮	jQuery 对象数组
:file	选取所有的文件域	jQuery 对象数组
:hidden	选取所有的不可见元素	jQuery 对象数组

【例 10-11】 使用表单选择器统计各个表单元素的数量。本例文件 10-14. html 在浏览器中的显示效果如图 10-14 所示。

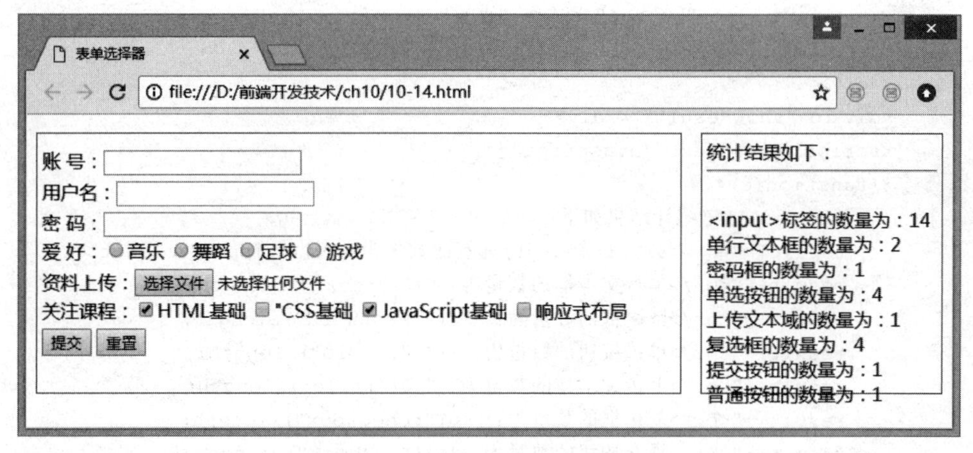

图 10-11 例 10-11 的页面显示效果

代码如下：

```
<!doctype html>
<html>
  <head>
    <meta charset="gb2312">
    <title>表单选择器</title>
    <script src="js/jquery-3.3.1.min.js" type="text/javascript"></script>
    <style type="text/css">
        *{margin-top:5px;}
        div{height:210px;}
        #formDiv{float:left;padding:4px; width:550px;border:1px solid #666;}
        #showResult{float: right; padding: 4px;  width: 200px;  border: 1px  solid
        #666;}
    </style>
  </head>
```

```
    <body>
        <div id="formDiv">
          <form id="myform" action="#">
            账　号：<input type="text"/><br/>
            用户名：<input type="text" name="userName"/><br/>
            密　码：<input type="password" name="userPwd"/><br/>
            爱　好：<input type="radio" name="hobby" value="音乐"/>音乐
            <input type="radio" name="hobby" value="舞蹈"/>舞蹈
            <input type="radio" name="hobby" value="足球"/>足球
            <input type="radio" name="hobby" value="游戏"/>游戏<br/>
            资料上传：<input type="file"/><br/>
            关注课程：<input type="checkbox" name="goodsType" value="HTML 基础" checked/>
HTML 基础
            <input type="checkbox" name="goodsType" value="CSS 基础"/>"CSS 基础
            <input type="checkbox" name="goodsType" value="JavaScript 基础" checked/>
JavaScript 基础
            <input type="checkbox" name="goodsType" value="响应式布局"/>响应式布局<br/>
            <input type="submit" value="提交"/>
            <input type="button" value="重置"/><br/>
          </form>
        </div>
        <div id="showResult"></div>
        <script type="text/javascript">
        $(function(e){
            var result="统计结果如下：<hr/>";
            result+="<br/>&lt;input&gt;标签的数量为："+$(":input").length;
            result+="<br/>单行文本框的数量为："+$(":text").length;
            result+="<br/>密码框的数量为："+$(":password").length;
            result+="<br/>单选按钮的数量为："+$(":radio").length;
            result+="<br/>上传文本域的数量为："+$(":file").length;
            result+="<br/>复选框的数量为："+$(":checkbox").length;
            result+="<br/>提交按钮的数量为："+$(":submit").length;
            result+="<br/>普通按钮的数量为："+$(":button").length;
            $("#showResult").html(result);
        });
        </script>
    </body>
  </html>
```

习题 10

1. jQuery 3. x 版本相对于 jQuery 1. x 的最大区别是什么？
2. 简述 HTML 页面中引入 jQuery 库文件的方法。
3. 简述 DOM 对象和 jQuery 对象的区别。
4. 如何将 jQuery 对象转换成 DOM 对象。

5. 在网页中使用 p 元素定义了一个字符串“单击我，我就会消失。”，然后通过 jQuery 编程实现单击 p 元素时隐藏 p 元素，如图 10-15 所示。

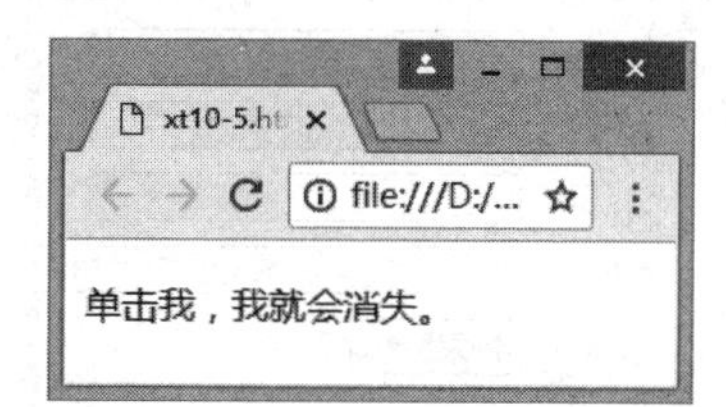

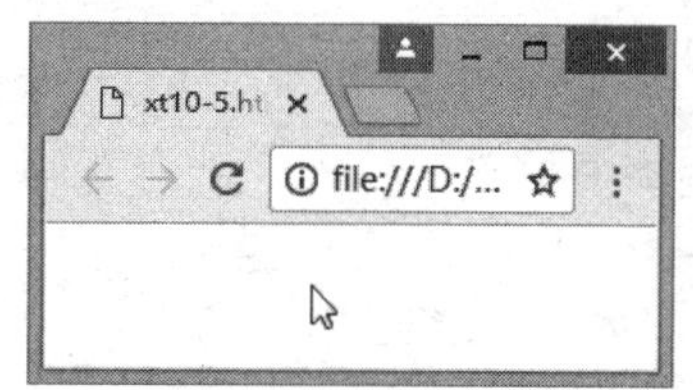

图 10-15　题 5 图

6. 下载 jQuery 插件，实现如图 10-16 所示的 5 种幻灯片切换效果。

图 10-16　题 6 图

7. 使用基础选择器为页面元素添加样式，如图 10-17 所示。

8. 使用内容过滤器设置表格样式，如图 10-18 所示。

图 10-17　题 7 图

9. 使用层次选择器为表单的直接子元素文本框换肤，单击“换肤”按钮，改变文本框的样式，如图 10-19 所示。

10. 使用可见性过滤器显示与隐藏页面元素，单击“显示隐藏元素”按钮，在“页面顶部”和“用户 ID”之间显示出隐藏的菜单栏，如图 10-20 所示。

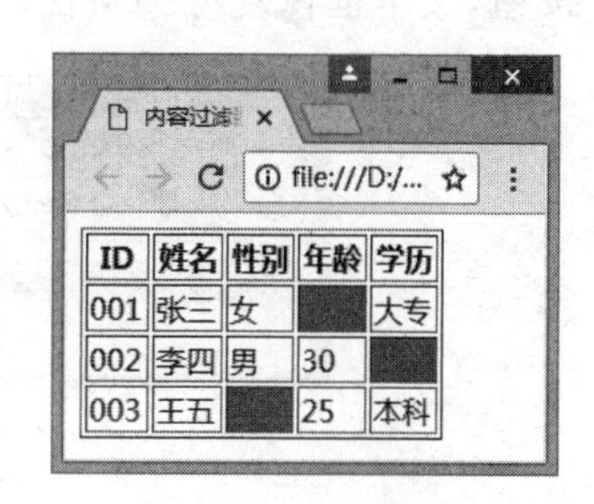

ID	姓名	性别	年龄	学历
001	张三	女		大专
002	李四	男	30	
003	王五		25	本科

图 10-18　题 8 图

图 10-19 题 9 图

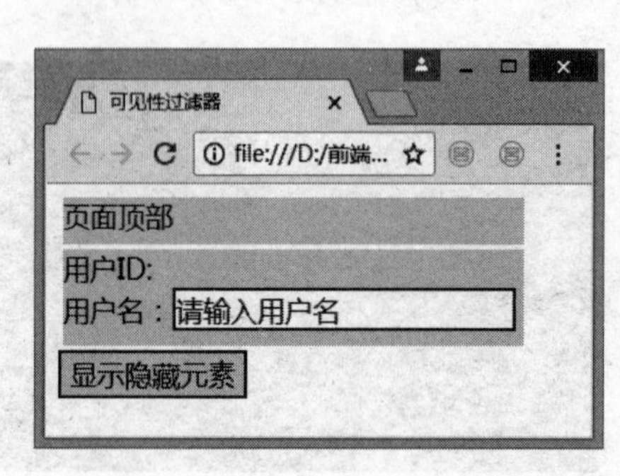

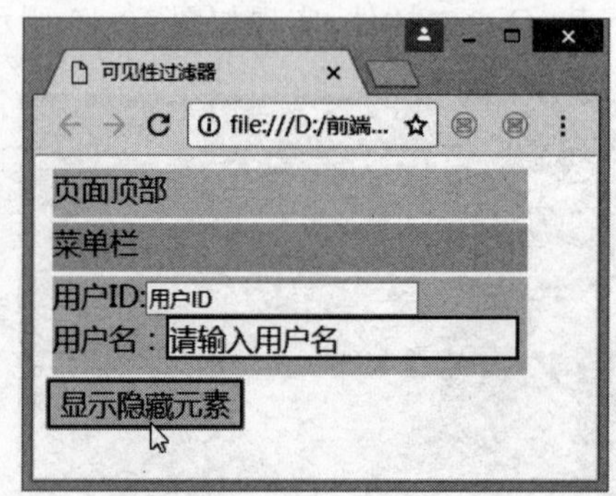

图 10-20 题 10 图

11. 综合使用 jQuery 选择器制作隔行换色鼠标指向表格行变色的页面，如图 10-21 所示。

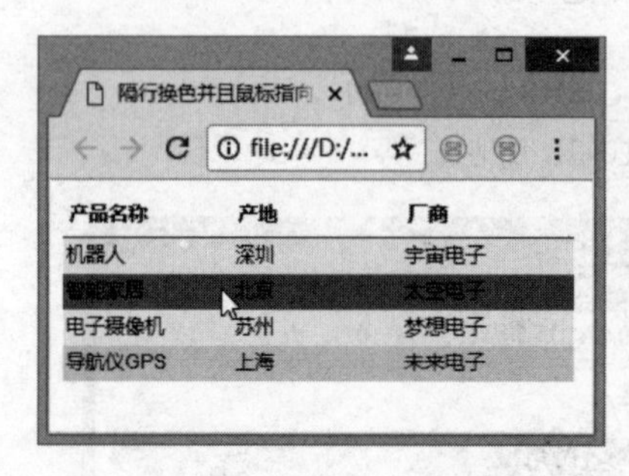

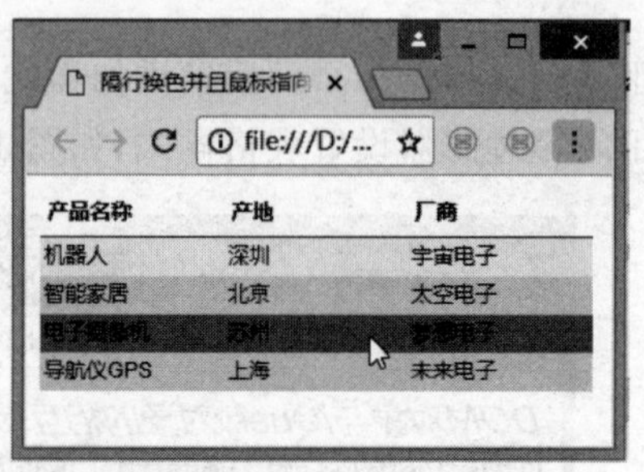

图 10-21 题 11 图

12. 使用删除元素属性的 removeAttr()方法实现按钮控制文本框的可编辑性，单击“启用”按钮，文本框恢复可编辑性，如图 10-22 所示。

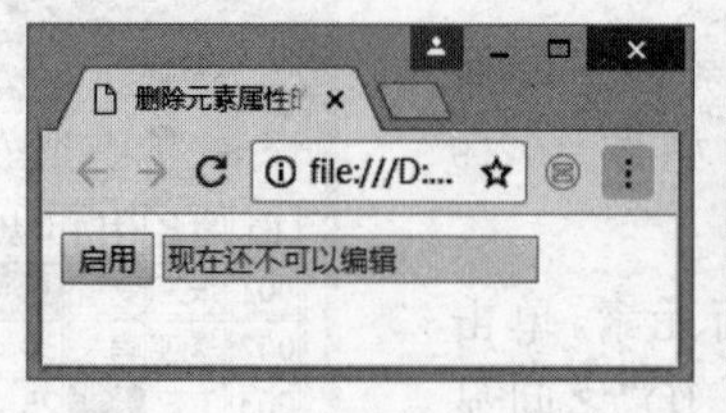

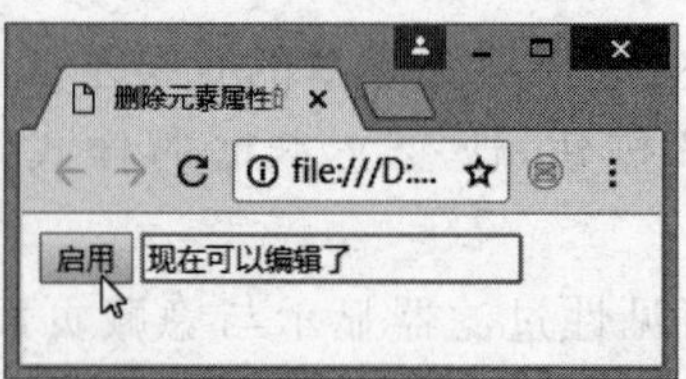

图 10-22 题 12 图

第11章

jQuery的动画效果

动画可以更直观、生动地表现出设计者的意图，增加页面内容的趣味性。在网页中嵌入动画已成为近年来网页设计的一种趋势。但是在最初阶段，程序开发人员对于利用代码实现页面中的动画效果还是比较头疼的。利用 jQuery 中提供的动画和特效方法，能够轻松地为网页添加精彩的视觉效果，给用户一种全新的体验。jQuery 动画效果学习导图如图 11-1 所示。

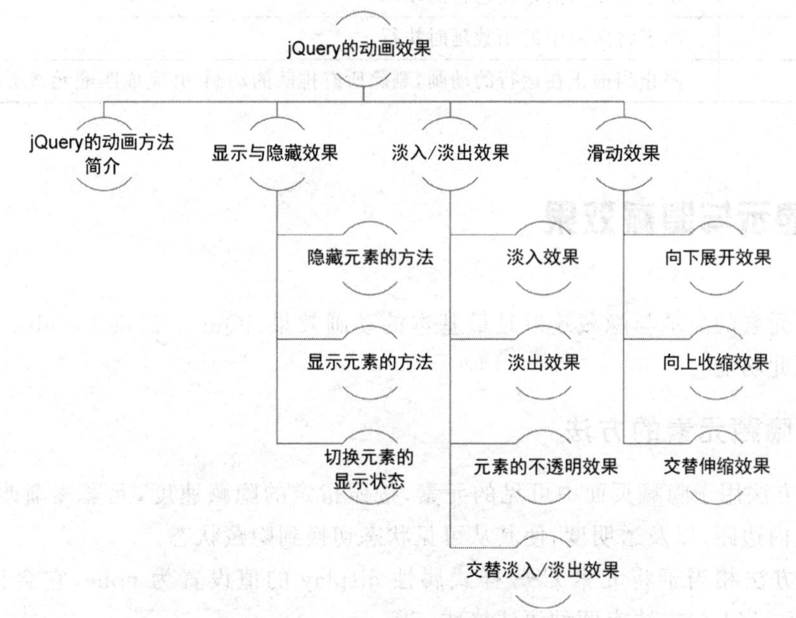

图 11-1　jQuery 动画效果学习导图

11.1　jQuery 的动画方法简介

jQuery 的动画方法总共分成 4 类。

(1) 基本动画方法：既有透明度渐变，又有滑动效果，是最常用的动画效果方法。

(2) 滑动动画方法：仅适用滑动渐变动画效果。

(3) 淡入/淡出动画方法：仅适用透明度渐变动画效果。

(4) 自定义动画方法：作为上述 3 种动画方法的补充和扩展。

利用这些动画方法，jQuery 可以很方便地制作出网页元素的动画效果。jQuery 中的常用动画方法见表 11-1。

表 11-1 jQuery 中的常用动画方法

方 法	描 述
show()	用于显示出被隐藏的元素
hide()	用于隐藏可见的元素
slideUp()	以滑动的方式隐藏可见的元素
slideDown()	以滑动的方式显示隐藏的元素
slideToggle()	使用滑动效果，在显示和隐藏状态之间进行切换
fadeIn()	使用淡入效果来显示一个隐藏的元素
fadeTo()	使用淡出效果来隐藏一个元素
fadeToggle()	在 fadeIn()和 fadeOut()方法之间切换
animate()	用于创建自定义动画的函数
stop()	用于停止当前正在运行的动画
delay()	用于将队列中的函数延时执行
finish()	停止当前正在运行的动画，删除所有排队的动画，并完成匹配元素所有的动画

11.2 显示与隐藏效果

页面中元素的显示与隐藏效果是最基本的动画效果，jQuery 提供了 hide()和 show()方法来实现此功能。

11.2.1 隐藏元素的方法

hide()方法用于隐藏页面中可见的元素，按照指定的隐藏速度，元素逐渐改变高度、宽度、外边距、内边距，以及透明度，使其从可见状态切换到隐藏状态。

hide()方法相当于将元素 CSS 样式属性 display 的值设置为 none，它会记住原来的 display 的值。hide()方法有两种语法格式。

1. 格式一

格式一是不带参数的形式，用于实现不带任何效果的隐藏匹配元素，其语法格式如下：

```
hide()
```

例如，要隐藏页面中的全部图片，可以使用下面的代码：

```
$("img").hide();
```

2. 格式二

格式二是带参数的形式，用于以一定效果的动画隐藏所有匹配的元素，并在隐藏完成后可选择地触发一个回调函数，其语法格式如下：

```
hide(speed,[callback])
```

参数说明如下。

(1) speed：参数 speed 表示元素从可见到隐藏的过渡速度。其默认值为"0"，可选值为 slow、normal、fast 和代表毫秒的整数值。在设置速度的情况下，元素从可见到隐藏的过程中会逐渐改变其高度、宽度、外边距、内边距和透明度。

(2) callback：可选参数，用于指定隐藏完成后要触发的回调函数。

例如，要在 500 毫秒内隐藏页面中的 id 为 logo 的元素，可以使用下面的代码：

```
$("#logo").hide(500);
```

jQuery 的任何动画效果都可以选用默认的 3 个参数值：slow(600 毫秒)、normal(400 毫秒)和 fast(200 毫秒)。在使用默认参数时需要加引号，例如 show("slow")；使用自定义参数时，不需要加引号，例如 show(500)。

11.2.2 显示元素的方法

show()方法用于显示页面中隐藏的元素，按照指定的显示速度，元素逐渐改变高度、宽度、外边距、内边距以及透明度，使其从隐藏状态切换到完全可见状态。

show()方法相当于将元素 CSS 样式属性 display 的值设置为 block、inline 或除了 none 以外的值，它会恢复为应用 display：none 之前的可见属性。show()方法有两种语法格式。

1. 格式一

格式一是不带参数的形式，用于实现不带任何效果的显示匹配元素，其语法格式如下：

```
show()
```

例如，要显示页面中的全部图片，可以使用下面的代码：

```
$("img").show();
```

2. 格式二

格式二是带参数的形式，用于以一定效果的动画显示所有匹配的元素，并在显示完成后可选择地触发一个回调函数，其语法格式如下：

```
show(speed,[callback])
```

参数说明等同于 hide()方法，这里不再赘述。

例如，要在 500 毫秒内显示页面中的 id 为 logo 的元素，可以使用下面的代码：

```
$("#logo").show(500);
```

【例 11-1】 显示与隐藏动画效果示例。本例文件 11-1.html 的显示效果如图 11-2 所示。代码如下：

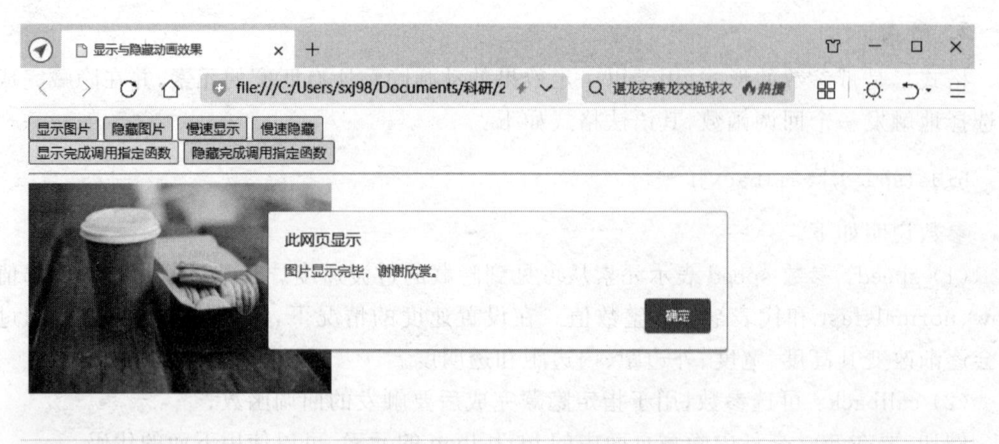

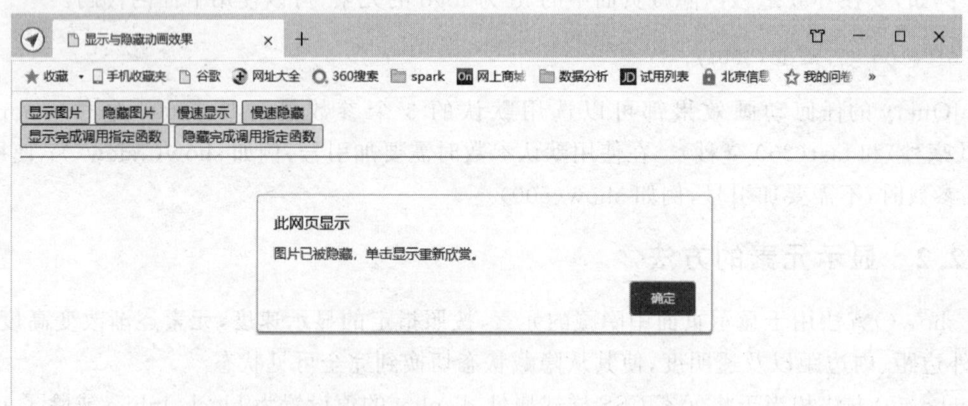

图 11-2　例 11-1 的页面显示效果

```
<!doctype html>
<html>
  <head>
    <meta charset="gb2312">
    <title>显示与隐藏动画效果</title>
    <script src="js/jquery-3.3.1.min.js" type="text/javascript"></script>
  </head>
  <body>
    <div>
        <input type="button" value="显示图片" id="showDefaultBtn"/>
        <input type="button" value="隐藏图片" id="hideDefaultBtn"/>
        <input type="button" value="慢速显示" id="showSlowBtn"/>
        <input type="button" value="慢速隐藏" id="hideSlowBtn"/><br/>
        <input type="button" value="显示完成调用指定函数" id="showCallBackBtn"/>
        <input type="button" value="隐藏完成调用指定函数" id="hideCallBackBtn"/>
    </div>
    <hr/>
    <img id="showImg" src="images/01.jpg" style="width:300px;height:200px;">
    <script type="text/javascript">
        $(function(e){
            $("#showDefaultBtn").click(function(){
              $("#showImg").show();            //正常显示图片
            });
```

```
        $("#hideDefaultBtn").click(function(){
            $("#showImg").hide();           //正常隐藏图片
        });
        $("#showSlowBtn").click(function(){
            $("#showImg").show(1000);       //慢速显示图片
        });
        $("#hideSlowBtn").click(function(){
            $("#showImg").hide(1000);       //慢速隐藏图片
        });
        $("#showCallBackBtn").click(function(){
            $("#showImg").show("slow",function(){    //动画结束后,调用指定函数
                alert("图片显示完毕,谢谢欣赏。");        //弹出消息框
            });
        });
        $("#hideCallBackBtn").click(function(){
            $("#showImg").hide("slow",function(){  //动画结束后,调用指定的函数
                alert("图片已被隐藏,单击显示重新欣赏。");//弹出消息框
            });
        });
      });
    </script>
  </body>
</html>
```

说明：在上面的代码中，单击"显示完成调用指定函数"按钮显示动画，当显示动画结束后，调用 show()方法的指定回调函数，弹出消息框显示"图片显示完毕，谢谢欣赏。"的提示信息；单击"隐藏完成调用指定函数"按钮隐藏动画，当隐藏动画结束后，调用了 hide()方法的指定回调函数，弹出消息框显示"图片已被隐藏，单击显示重新欣赏。"的提示信息。

11.2.3　切换元素的显示状态

jQuery 中提供的 toggle()方法可以实现交替显示和隐藏元素的功能，即自动切换 hide()和 show()方法。该方法将检查每个元素是否可见。如果元素已隐藏，则运行 show()方法；如果元素可见，则运行 hide()方法，从而实现交替显示、隐藏元素的效果。这里讲解一个使用 toggle()方法实现切换元素显示状态的实例。

【例 11-2】　切换元素的显示状态示例。本例文件 11-2.html 的显示效果如图 11-3 所示。

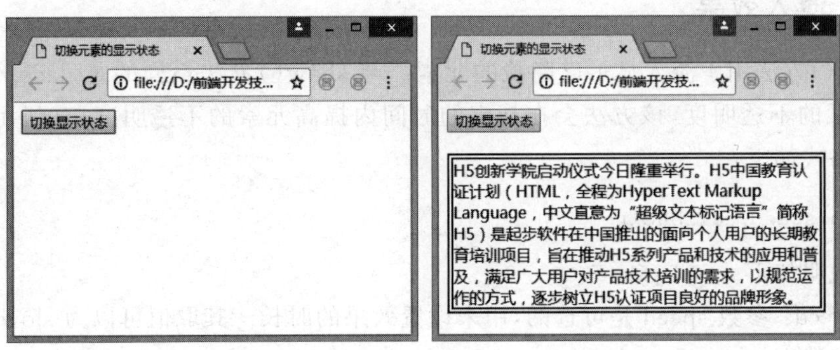

图 11-3　例 11-2 的页面显示效果

代码如下：

```
<!doctype html>
<html>
  <head>
    <meta charset="gb2312">
    <title>切换元素的显示状态</title>
    <style>
    #content{
        border:6px double blue;          /*双线蓝色边框*/
    }
    </style>
    <script src="js/jquery-3.3.1.min.js" type="text/javascript"></script>
    <script type="text/javascript">
    $(document).ready(function(){
      $("button").click(function(){
        $("div").toggle();
      });
    });
    </script>
  </head>
  <body>
      <button type="button">切换显示状态</button><br/><br/>
      <div id="content">H5 创新学院启动仪式今日隆重举行。……(此处省略文字)</div>
  </body>
</html>
```

说明：页面加载后，单击按钮可以看到 div 元素被隐藏起来；再次单击按钮可以看到 div 元素显示出来。连续单击按钮，可以看到 div 元素在隐藏与显示之间反复切换。

11.3 淡入/淡出效果

如果在显示或隐藏元素时不需要改变元素的宽度和高度，只单独改变元素的透明度时，就需要使用淡入/淡出的动画效果。

11.3.1 淡入效果

fadeIn()方法用于淡入显示已隐藏的元素。与 show()方法不同的是，fadeIn()方法只是改变元素的不透明度，该方法会在指定的时间内提高元素的不透明度，直到元素完全显示。语法格式如下：

```
fadeIn(speed,callback)
```

参数说明如下。

(1) speed：参数 speed 是可选的，用来设置效果的时长。其取值可以为 slow、fast 或表示毫秒的整数。

(2) callback：参数 callback 也是可选的，表示淡入效果完成后所执行的函数名称。

11.3.2 淡出效果

jQuery 中的 fadeOut()方法用于淡出可见元素。该方法与 fadeIn()方法相反，会在指定的时间内降低元素的不透明度，直到元素完全消失。

fadeOut()方法的基本语法格式如下：

```
fadeOut(speed,callback)
```

其参数的含义与 fadeIn()方法中参数的含义完全相同。

【例 11-3】 淡入/淡出效果示例。单击"图片淡入"按钮，可以看到 3 幅图片同时淡入，但速度不同；单击"图片淡出"按钮，可以看到 3 幅图片同时淡出，但速度不同。本例文件 11-3.html 的显示效果如图 11-4 所示。

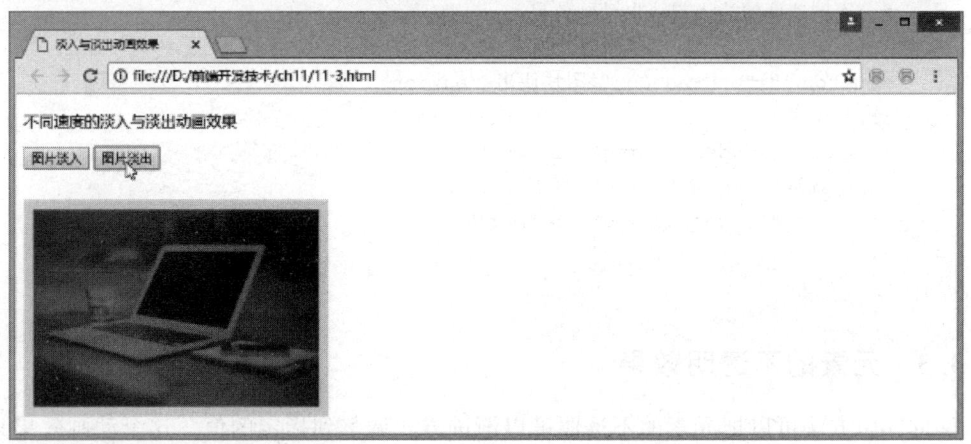

图 11-4 例 11-3 的页面显示效果

代码如下：

```
<!doctype html>
<html>
  <head>
    <meta charset="gb2312">
```

```
    <title>淡入与淡出动画效果</title>
    <style>
      img{
        border:10px solid #ddd;            /*图片加边框*/
        margin-top:10px;
        width:300px;
        height:200px;
      }
    </style>
    <script src="js/jquery-3.3.1.min.js" type="text/javascript"></script>
    <script type="text/javascript">
    $(document).ready(function(){
      $("#btnFadeIn").click(function(){
        $("#img1").fadeIn();             //正常淡入
        $("#img2").fadeIn("slow");       //慢速淡入
        $("#img3").fadeIn(3000);         //自定义淡入速度,更加缓慢
      });
      $("#btnFadeOut").click(function(){
        $("#img1").fadeOut();            //正常淡出
        $("#img2").fadeOut("slow");      //慢速淡出
        $("#img3").fadeOut(3000);        //自定义淡出速度,更加缓慢
      });
    });
    </script>
  </head>
  <body>
    <p>不同速度的淡入与淡出动画效果</p>
    <button id="btnFadeIn">图片淡入</button>
    <button id="btnFadeOut">图片淡出</button>
    <br><br>
    <img src="images/01.jpg" id="img1"/>
    <img src="images/02.jpg" id="img2"/>
    <img src="images/03.jpg" id="img3"/>
  </body>
</html>
```

11.3.3 元素的不透明效果

fadeTo()方法可以把元素的不透明度以渐进方式调整到指定的值。这个动画效果只是调整元素的不透明度,即匹配元素的高度和宽度不会发生变化。该方法的基本语法格式如下:

```
fadeTo(speed,opacity,callback)
```

参数说明如下。

(1) 参数 speed 表示元素从当前透明度到指定透明度的速度,可选值为 slow、normal、fast 和代表毫秒的整数值。

(2) 参数 opacity 是必选项,表示要淡入或淡出的透明度,其值必须是介于 0.00 与 1.00 之间的数字。

(3) 参数 callback 是可选项,表示 fadeTo()函数执行完之后要执行的函数。

11.3.4 交替淡入淡出效果

jQuery 中的 fadeToggle()方法可以在 fadeIn()与 fadeOut()方法之间进行切换。如果元素已淡出,则 fadeToggle()会向元素添加淡入效果。如果元素已淡入,则 fadeToggle()会向元素添加淡出效果。

fadeToggle()方法的基本语法格式如下:

```
fadeToggle(speed,callback)
```

其参数说明与 fadeIn()方法中的参数说明完全相同。

fadeToggle()方法与 fadeTo()方法区别是,fadeToggle()方法将元素隐藏后元素不再占据页面空间,而 fadeTo()方法隐藏后的元素仍然占据页面位置。

【例 11-4】 元素的交替淡入淡出和不透明效果示例。单击"图片交替淡入淡出"按钮,可以看到 3 幅图片以不同的速度交替淡入淡出;单击"图片不透明效果"按钮,可以看到 3 幅图片设置了不同的不透明效果。本例文件 11-4.html 的显示效果如图 11-5 所示。

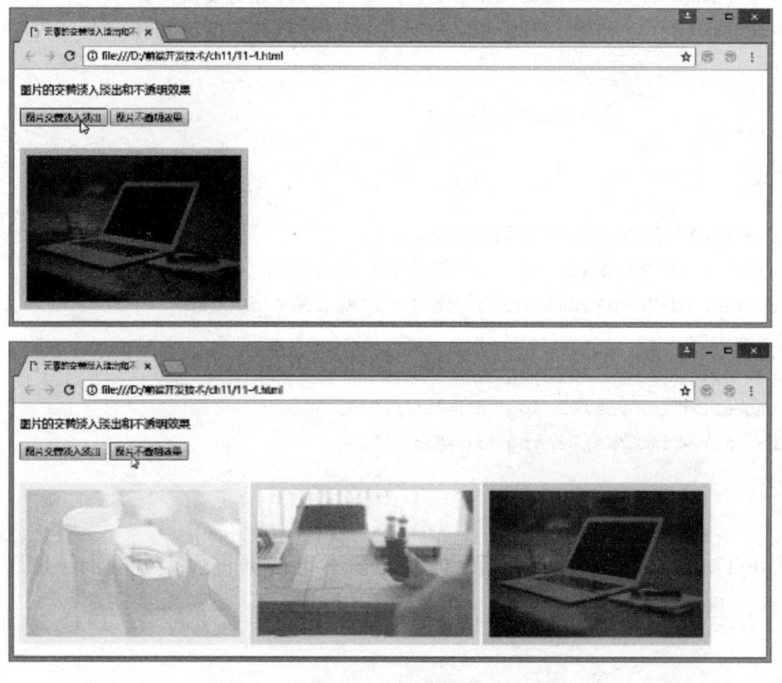

图 11-5 例 11-4 的页面显示效果

代码如下:

```
<!doctype html>
<html>
  <head>
```

```
    <meta charset="gb2312">
    <title>元素的交替淡入淡出和不透明效果</title>
    <style>
      img{
        border:10px solid #ddd;                    /*图片加边框*/
        margin-top:10px;
        width:300px;
        height:200px;
      }
    </style>
    <script src="js/jquery-3.3.1.min.js" type="text/javascript"></script>
    <script type="text/javascript">
    $(document).ready(function(){
      $("#btnFadeToggle").click(function(){
        $("#img1").fadeToggle();                 //正常淡入/淡出速度
        $("#img2").fadeToggle("slow");           //慢速淡入/淡出
        $("#img3").fadeToggle(3000);             //自定义淡入/淡出速度,更加缓慢
      });
      $("#btnFadeFadeTo").click(function(){
        $("#img1").fadeTo("slow",0.15);          //透明度值较低
        $("#img2").fadeTo("slow",0.4);           //透明度值中等
        $("#img3").fadeTo("slow",0.7);           //透明度值较高
      });
    });
    </script>
  </head>
  <body>
      <p>图片的交替淡入淡出和不透明效果</p>
      <button id="btnFadeToggle">图片交替淡入淡出</button>
      <button id="btnFadeFadeTo">图片不透明效果</button>
      <br><br>
      <img src="images/01.jpg" id="img1"/>
      <img src="images/02.jpg" id="img2"/>
      <img src="images/03.jpg" id="img3"/>
  </body>
</html>
```

说明：fadeToggle()方法将元素隐藏后，元素不再占据页面空间，而 fadeTo()方法隐藏后的元素仍然占据页面空间。

11.4 滑动效果

在 jQuery 中，提供了 slideDown()方法(用于滑动显示匹配的元素)、slideUp()方法(用于滑动隐藏匹配的元素)和 slideToggle()方法(用于通过高度的变化动态切换元素的可见性)来实现滑动效果。通过滑动效果改变元素的高度，又称“拉窗帘”效果。

11.4.1 向下展开效果

jQuery 中提供了 slideDown()方法用于向下滑动元素，该方法通过使用滑动效果，将逐渐显示隐藏的被选元素，直到元素完全显示为止，在显示元素后触发一个回调函数。

该方法实现的效果适用于通过 jQuery 隐藏的元素，或在 CSS 中声明 display:none 的元素。语法格式如下：

```
slideDown(speed,callback)
```

其参数说明与 fadeIn()方法中的参数说明完全相同。

例如，要在 500 毫秒内向下滑动显示页面中的 id 为 logo 的元素，可以使用下面的代码：

```
$("#logo").slideDown(500);
```

如果元素已经是完全可见的，则该效果不产生任何变化，除非规定了 callback()函数。

11.4.2 向上收缩效果

jQuery 中的 slideUp()方法用于向上滑动元素，从而实现向上收缩效果，直到元素完全隐藏为止。该方法实际上是改变元素的高度，如果页面中的一个元素的 display 属性值为 none，则当调用 slideUp()方法时，元素将由下到上缩短显示。语法格式如下：

```
$(selector).slideUp(speed,callback)
```

其参数说明与 fadeIn()方法中的参数说明完全相同。

例如，要在 500 毫秒内向上滑动收缩页面中的 id 为 logo 的元素，可以使用下面的代码：

```
$("#logo").slideUp(500);
```

如果元素已经是完全隐藏的，则该效果不产生任何变化，除非规定了 callback()函数。

11.4.3 交替伸缩效果

jQuery 中的 slideToggle()方法通过使用滑动效果(高度变化)来切换元素的可见状态。在使用 slideToggle()方法时，如果元素是可见的，就通过减小高度使全部元素隐藏；如果元素是隐藏的，就增加元素的高度使元素最终全部可见。语法格式如下：

```
$(selector).slideToggle(speed,callback)
```

其参数的含义与 fadeIn()方法中参数的含义完全相同。

例如，要实现单击 id 为 switch 的图片时，控制菜单的显示或隐藏(默认为不显示，奇数次单击时显示，偶数次单击时隐藏)，可以使用下面的代码：

```
$("#switch").click(function(){
  $("#menu").slideToggle(500);          //显示/隐藏菜单
});
```

【例 11-5】 滑动效果示例。单击“向下展开”按钮，div 元素中的内容从上往下逐渐展开；单击“向上收缩”按钮，div 元素中的内容从下往上逐渐折叠；单击“交替伸缩”按钮，div

元素中的内容可以向下展开或向上收缩。本例文件 11-5. html 的显示效果如图 11-6 所示。

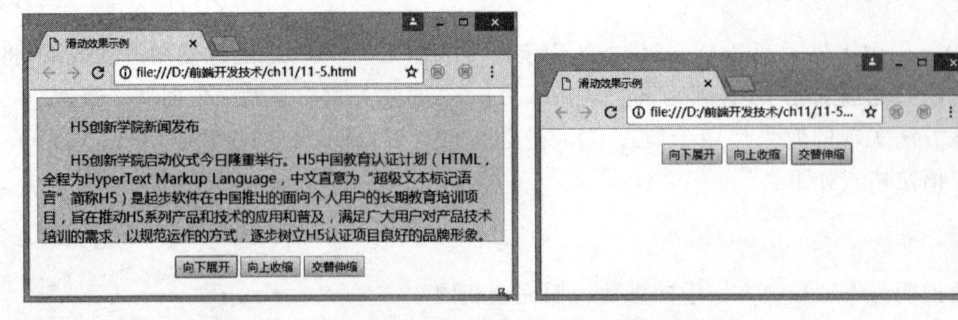

图 11-6　例 11-5 的页面显示效果

代码如下：

```
<!doctype html>
<html>
  <head>
    <meta charset="gb2312">
    <title>滑动效果示例</title>
    <style type="text/css">
    div.panel{                                          /*显示内容的样式*/
      margin:0px;
      padding:5px;
      background:#e5eecc;
      border:solid 1px #c3c3c3;
      text-indent:2em;
      height:150px;
      display:none;                                     /*初始状态隐藏 div 中的内容*/
    }
    </style>
    <script src="js/jquery-3.3.1.min.js" type="text/javascript"></script>
    <script type="text/javascript">
    $(document).ready(function(){
      $("#btnSlideDown").click(function(){
        $(".panel").slideDown("slow");     //向下展开
      });
      $("#btnSlideUp").click(function(){
        $(".panel").slideUp("slow");       //向上收缩
      });
      $("#btnSlideUpDown").click(function(){
        $(".panel").slideToggle("slow");   //交替伸缩
      });
    });
    </script>
  </head>
  <body>
```

```
    <div class="panel">
    <p>H5 创新学院新闻发布</p>
    <p>H5 创新学院启动仪式今日隆重举行。……(此处省略文字)</p>
    </div>
    <p align="center">
      <button id="btnSlideDown">向下展开</button>
      <button id="btnSlideUp">向上收缩</button>
      <button id="btnSlideUpDown">交替伸缩</button>
    </p>
  </body>
</html>
```

案例：制作折叠式导航菜单

说明：无论元素是完全可见或完全隐藏，slideToggle()方法实现的交替伸缩效果总是能够实现的。

习题 11

1. 编写程序实现正方形不同的淡入与淡出动画效果，如图 11-7 所示。

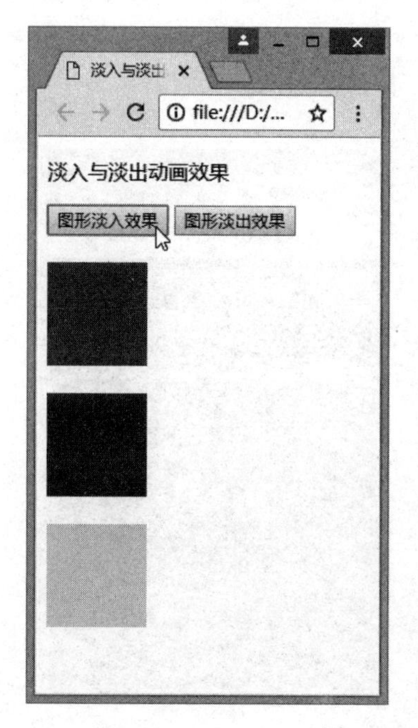

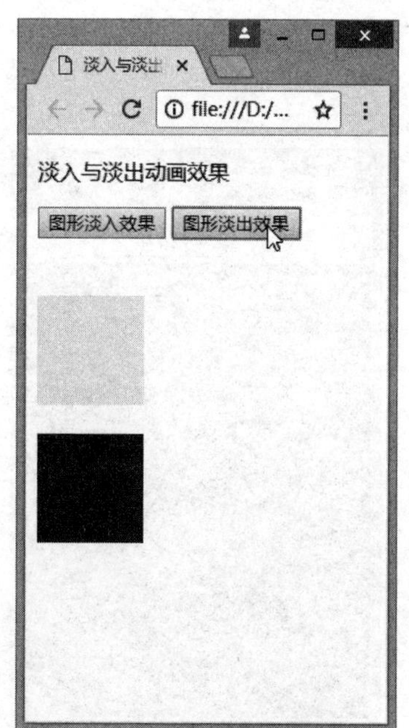

图 11-7　题 1 图

2. 制作 HTML5 App 认证中心向上滚动的认证消息效果，每隔 3 秒，认证消息就会向上滚动，如图 11-8 所示。

3. 编写程序制作一个可以展开与折叠的导航菜单。单击“导航菜单”图片展开菜单，再次单击“导航菜单”图片将菜单折叠起来，如图 11-9 所示。

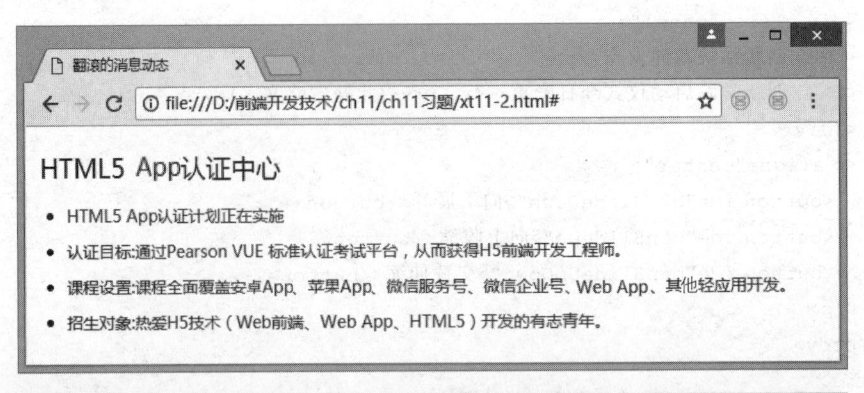

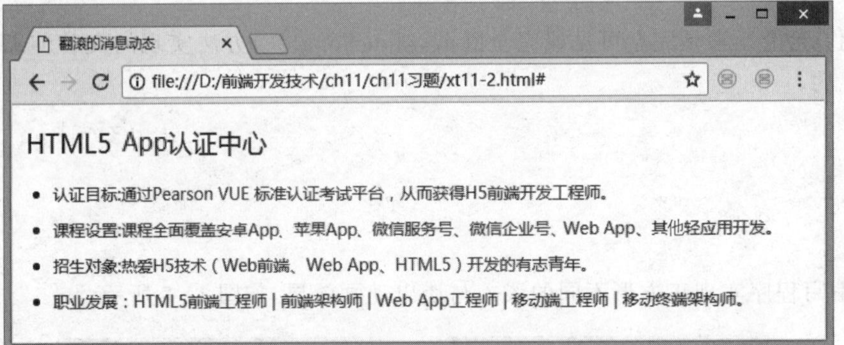

图 11-8　题 2 图

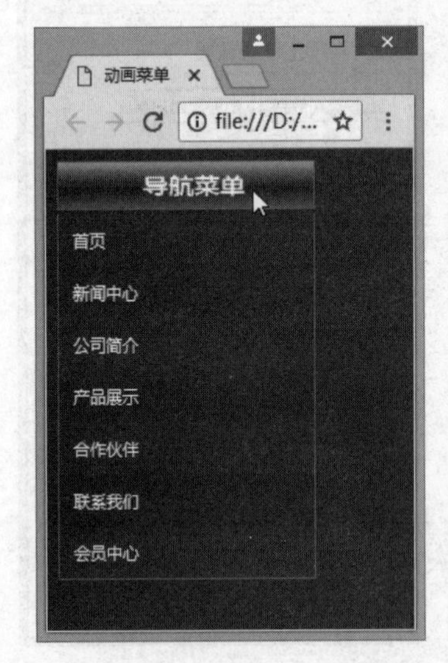

图 11-9　题 3 图

第12章

jQuery UI插件的用法

jQuery UI 是一个以 jQuery 为基础的用户体验与交互库，它是由 jQuery 官方维护的一类提高网站开发效率的插件库。本章将详细讲解 jQuery UI 插件的使用方法，如图 12-1 所示。

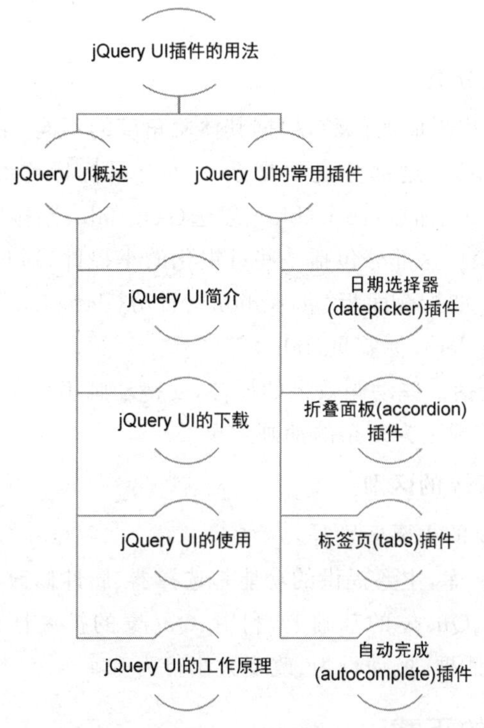

图 12-1　jQuery UI 插件用法学习导图

12.1　jQuery UI 概述

jQuery UI 是一个建立在 jQuery JavaScript 库上的小部件和交互库，它是由 jQuery 官方维护的一类提高网站开发效率的插件库，用户可以使用它创建高度交互的 Web 应用程序。

12.1.1 jQuery UI 简介

1. jQuery UI 的特性

jQuery UI 是以 jQuery 为基础的开源 JavaScript 网页用户界面代码库，它包含底层用户交互、动画、特效和可更换主题的可视控件，其主要特性如下。

(1) 简单易用。继承 jQuery 简易使用特性，提供高度抽象接口，短期改善网站易用性。

(2) 开源免费。采用 MIT&GPL 双协议授权，轻松满足自由产品至企业产品各种授权需求。

(3) 广泛兼容。兼容各主流桌面浏览器。包括 IE 6+、Firefox 2+、Opera 9+、Chrome 1+。

(4) 轻便快捷。组件间相对独立，可按需加载，避免浪费带宽拖慢网页打开速度。

(5) 标准先进。通过标准 XHTML 代码提供渐进增强，保证低端环境可访问性。

(6) 美观多变。提供近 20 种预设主题，并可自定义多达 60 项可配置样式规则，提供 24 种背景纹理选择。

2. jQuery UI 插件的分类

jQuery UI 侧重于用户界面的体验，根据其体验角度的不同，主要分为以下 3 个部分。

(1) 交互(interactions)。这部分主要展示一些与鼠标操作相关的插件内容，如拖动(dragable)、放置(dropable)、缩放(resizable)、复选(selectable)、排序(sortable)等。

(2) 小部件(widgets)。这部分包括一些可视化的小控件，通过这些控件可以极大地优化用户在页面中的体验。如折叠面板(accordion)、日历(datepicker)、对话框(dialog)、进度条(progressbar)、滑块(slider)、标签页(tabs)等。

(3) 动画。这部分包括一些动画效果的插件，使得动画不再拘泥于 animate()方法。用户可以通过这部分插件实现更为复杂的动画效果。

3. jQuery UI 与 jQuery 的区别

jQuery UI 与 jQuery 的主要区别是：

(1) jQuery 是一个 js 库，主要提供的功能是选择器、属性修改和事件绑定等。

(2) jQuery UI 是在 jQuery 的基础上，利用 jQuery 的扩展性设计的插件，提供了一些常用的界面元素，诸如对话框、拖动行为、改变大小行为等。

12.1.2 jQuery UI 的下载

在使用 jQuery UI 之前，需要下载 jQuery UI 库，下载步骤如下。

(1) 在浏览器中输入 www.jqueryui.com，进入如图 12-2 所示的页面。目前，jQuery UI 的最新版本是 jQuery UI 1.12.1。

(2) 单击 Custom Download 按钮，进入 jQuery UI 的 Download Builder 页面(jqueryui.com/download/)，如图 12-3 所示。Download Builder 页面中有可供下载的 jQuery UI 版本、核心(UI Core)、交互部件(Interactions)、小部件(Widgets)和效果库(Effects)。

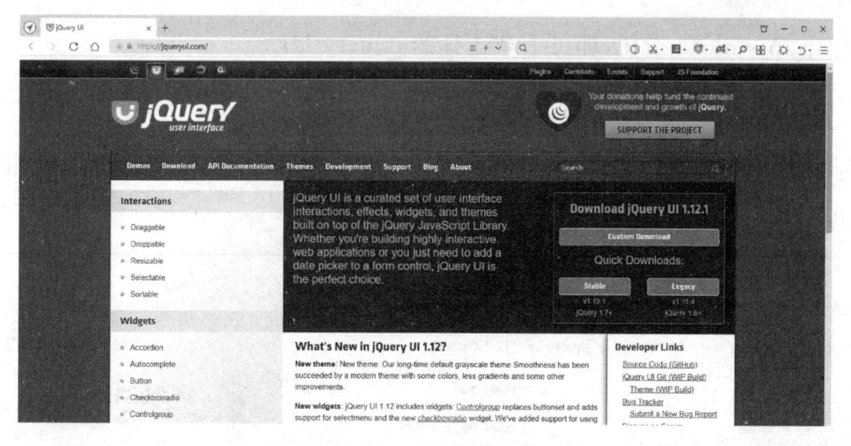

图 12-2　jQuery UI 的下载页面

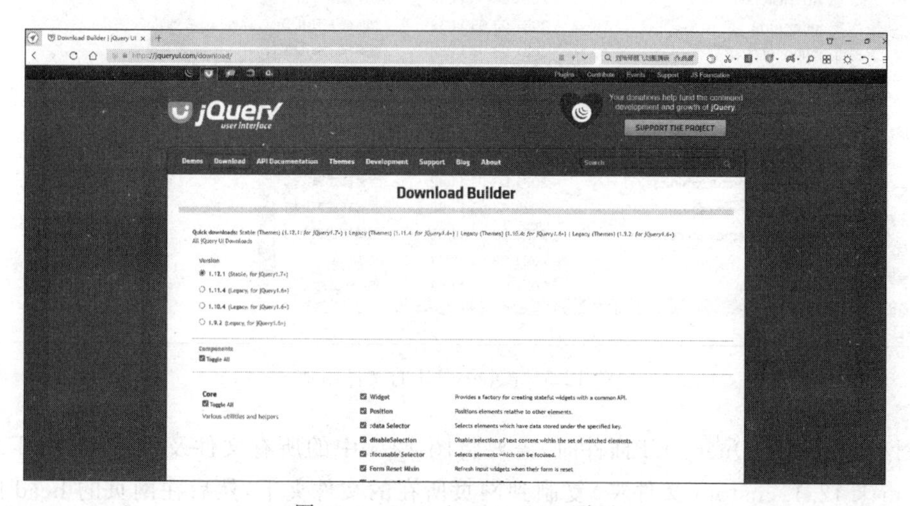

图 12-3　Download Builder 页面

jQuery UI 中的一些组件依赖于其他组件，当选中这些组件时，它所依赖的其他组件也都会自动被选中。

（3）在 Download Builder 页面的左下角，可以看到一个下拉列表框，列出了一系列为 jQuery UI 插件预先设计的主题，用户可以从这些提供的主题中选择一个，如图 12-4 所示。

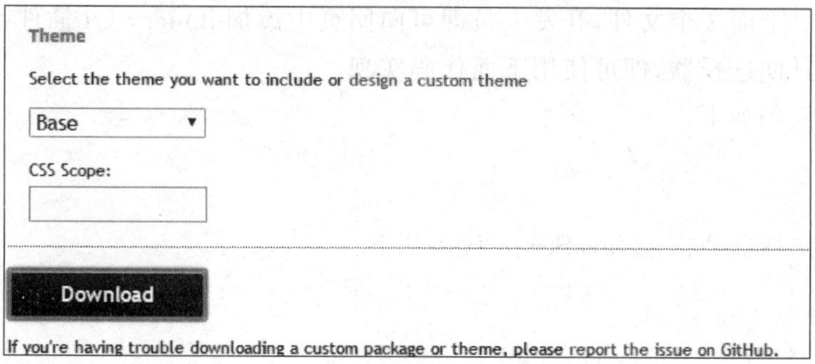

Theme

Select the theme you want to include or design a custom theme

Base

CSS Scope:

Download

If you're having trouble downloading a custom package or theme, please report the issue on GitHub.

图 12-4　选择 jQuery UI 主题

（4）单击 Download 按钮，即可下载选择的 jQuery UI。

12.1.3 jQuery UI 的使用

jQuery UI 下载完成后，将得到一个包含所选组件的自定义 zip 文件（jquery-ui-1.12.1.custom.zip），解压该文件，结果如图 12-5 所示。

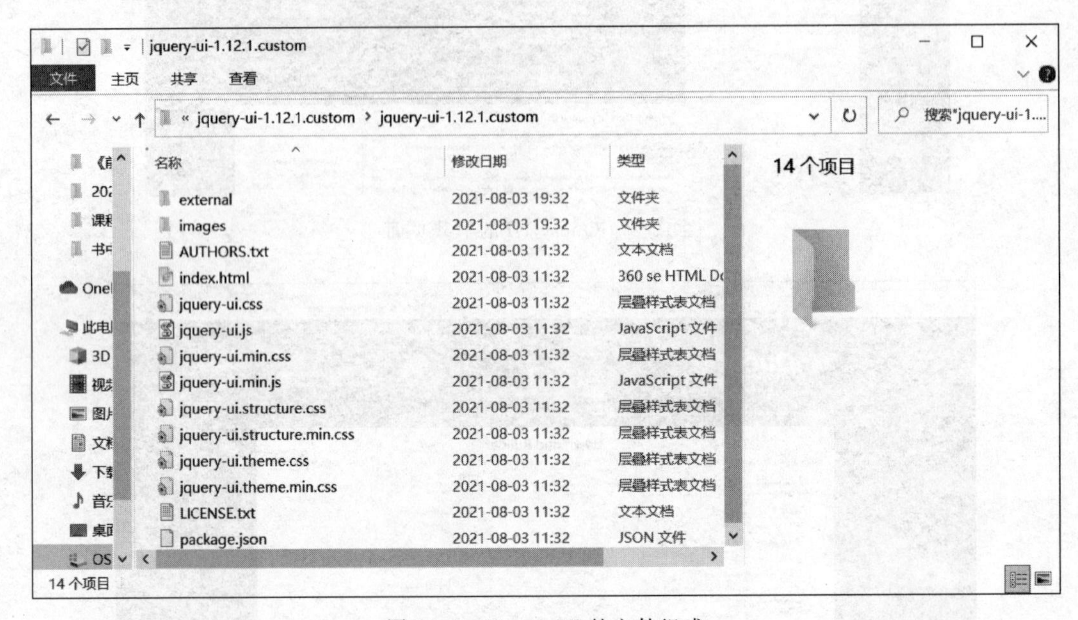

图 12-5　jQuery UI 的文件组成

在网页中使用 jQuery UI 插件时，需要将图 12-5 中的所有文件及文件夹（解压之后的 jquery-ui-1.12.1.custom 文件夹）复制到网页所在的文件夹下，然后在网页的 head 区域添加 jquery-ui.css 文件、jquery-ui.js 文件及 external/jquery 文件夹下 jquery.js 文件的引用。

代码如下：

```
<link rel="stylesheet" href="jquery-ui-1.12.1.custom/jquery-ui.css"/>
<script src="jquery-ui-1.12.1.custom/external/jquery/jquery.js"></script>
<script src="jquery-ui-1.12.1.custom/jquery-ui.js"></script>
```

一旦引用了上面 3 个文件，开发人员即可向网页中添加 jQuery UI 插件。比如，要在网页中添加一个日期选择器，即可使用下面代码实现。

网页结构代码如下：

```
<div id="slider"></div>
```

调用日期选择器插件的 JavaScript 代码如下：

```
<script>
  $(function(){
    $("#datepicker").datepicker();
  });
</script>
```

12.1.4 jQuery UI 的工作原理

jQuery UI 包含了许多维持状态的插件，它与典型的 jQuery 插件使用模式略有不同。jQuery UI 插件库提供了通用的 API，因此，只要学会使用其中一个插件，即可知道如何使用其他的插件。本小节以进度条插件为例，介绍 jQuery UI 插件的工作原理。

1. 安装

为了跟踪插件的状态，首先介绍插件的生命周期。当插件安装时，生命周期开始，只需要在一个或多个元素上调用插件，即安装了插件，比如，下面的代码开始 progressbar 插件的生命周期：

```
$("#elem" ).progressbar();
```

另外，在安装时，还可以传递一组选项，这样就可重写默认选项，代码如下：

```
$("#elem").progressbar({value:40});
```

说明：安装时传递的选项数目多少可根据自身的需要而定，选项是插件状态的组成部分，所以也可以在安装后再进行设置选项。

2. 方法

既然插件已经初始化，开发人员就可以查询它的状态，或者在插件上执行动作。所有初始化后的动作都以方法调用的形式进行。为了在插件上调用一个方法，可以向 jQuery 插件传递方法的名称。

例如，为了在进度条插件上调用 value 方法，可以使用下面的代码：

```
$("#elem").progressbar("value");
```

如果方法接收参数，可以在方法名后传递参数。例如，下面代码将参数 60 传递给 value 方法：

```
$("#elem").progressbar("value",60);
```

每个 jQuery UI 插件都有它自己的一套基于插件所提供功能的方法，然而，有些方法是所有插件都共同具有的，下面分别进行讲解。

(1) option 方法。option 方法主要用来在插件初始化之后改变选项。例如，通过调用 option 方法改变 progressbar 的 value 为 30，代码如下：

```
$("#elem").progressbar("option","value",30);
```

注意：上面的代码与初始化插件时调用 value 方法设置选项的方法 $("#elem").progressbar("value",60);有所不同，这里是调用 option 方法，将 value 选项修改为 30。另外，也可以通过给 option 方法传递一个对象，一次更新多个选项，代码如下：

```
$("#elem").progressbar("option",{
  value: 100,
  disabled: true
});
```

注意：option 方法有着与 jQuery 代码中取值器和设置器相同的标志，就像.css()和.attr()，唯一的不同就是必须传递字符串“option”作为第一个参数。

(2) disable 方法。disable 方法用来禁用插件，它等同于将 disabled 选项设置为 true。例如，下面代码用来将进度条设置为禁用状态：

```
$("#elem").progressbar("disable");
```

(3) enable 方法。enable 方法用来启用插件，它等同于将 disabled 选项设置为 false。例如，下面代码用来将进度条设置为启用状态：

```
$("#elem").progressbar("enable");
```

(4) destroy 方法。destroy 方法用来销毁插件，使插件返回到最初的标记，这意味着插件生命周期的终止。例如，下面代码销毁进度条插件：

```
$("#elem").progressbar("destroy");
```

一旦销毁了一个插件，就不能在该插件上调用任何方法，除非再次初始化这个插件。

(5) widget 方法。widget 方法用来生成包装器元素，或与原始元素断开连接的元素。例如，下面的代码中，widget 将返回生成的元素，因为，在进度条实例中没有生成的包装器。widget 方法返回原始的元素，代码如下：

```
$("#elem").progressbar("widget");
```

3. 事件

所有的 jQuery UI 插件都有跟它们各种行为相关的事件，用于在状态改变时通知用户。对于大多数的插件，当事件被触发时，事件名称以插件名称为前缀。例如，可以绑定进度条的 change 事件，一旦值发生变化时就触发，代码如下：

```
$("#elem").bind("progressbarchange",function(){
  alert("进度条的值发生了改变!");
});
```

每个事件都有一个相对应的回调作为选项进行呈现，开发人员可以使用进度条的 change 选项进行回调，这等同于绑定 progressbarchange 事件，代码如下：

```
$("#elem").progressbar({
  change: function(){
    alert("进度条的值发生了改变!");
  }
});
```

12.2 jQuery UI 的常用插件

jQuery UI 中提供了许多实用性的插件，包括常用的日期选择器、折叠面板、标签页、自动完成、进度条等。本节将对 jQuery UI 中常用的插件及其使用方法进行详细讲解。

12.2.1 日期选择器插件

日期选择器(datepicker)主要用来从弹出框或在线日历中选择一个日期,使用该插件时,可以自定义日期的格式和语言,也可以限制可选择的日期范围等。

默认情况下,当相关的文本域获得焦点时,在一个小的覆盖层打开日期选择器。对于一个内联的日历,只需简单地将日期选择器附加到 div 或者 span 上。

日期选择器的常用方法及说明见表 12-1。

表 12-1 日期选择器的常用方法说明

方　法	说　明
$.datepicker.setDefaults(settings)	为所有的日期选择器改变默认设置
$.datepicker.formatDate(format,date,settings)	格式化日期为一个带有指定格式的字符串值
$.datepicker.parseDate(format,value,settings)	从一个指定格式的字符串值中提取日期
$.datepicker.iso8601Week(date)	确定一个给定的日期在一年中的第几周：1～53
$.datepicker.noWeekends	设置如 beforeShowDay 函数,防止选择周末

注意：不支持在 input type="date"上创建日期选择器,因为这种操作会造成与本地选择器的 UI 冲突。

【例 12-1】 通过使用日期选择器插件选择日期并格式化,显示在文本框中。在选择日期时,同时提供两个月的日期供选择,而且在选择时,可以修改年份信息和月份信息。本例文件 12-1.html 在浏览器中的显示效果如图 12-6 所示。

图 12-6 日期选择器插件的应用

代码如下：

```
<!doctype html>
<html>
  <head>
    <meta charset="gb2312">
```

```
<title>日期选择器(datepicker)插件</title>
<link rel="stylesheet" href="jquery-ui-1.12.1.custom/jquery-ui.css"/>
<script src="jquery-ui-1.12.1.custom/external/jquery/jquery.js"></script>
<script src="jquery-ui-1.12.1.custom/jquery-ui.js"></script>
<script>
  $(function() {
    $( "#datepicker" ).datepicker({
      showButtonPanel: true,              //显示按钮面板
      numberOfMonths: 2,                  //显示两个月
      changeMonth: true,                  //允许切换月份
      changeYear: true,                   //允许切换年月份
      showWeek: true,                     //显示星期
      firstDay: 1                         //显示每月从第一天开始
    });
    $( "#format" ).change(function() {
      $( "#datepicker" ).datepicker( "option", "dateFormat", $( this ).val() );
    });
  });
</script>
</head>
<body>
  <p>日期：<input type="text" id="datepicker"></p>
  <p>格式选项：<br>
    <select id="format">
      <option value="mm/dd/yy">mm/dd/yyyy 格式</option>
      <option value="yy-mm-dd">yyyy-mm-dd 格式</option>
      <option value="d M, y">短日期格式 - d M, y</option>
      <option value="DD, d MM, yy">长日期格式 - DD, d MM, yy</option>
    </select>
  </p>
</body>
</html>
```

12.2.2 折叠面板插件

折叠面板(accordion)是指在一个有限的空间内用于呈现信息的可折叠的内容面板。单击头部，展开或者折叠被分为各个逻辑部分的内容。另外，开发人员可以选择性地设置当鼠标悬停时是否切换各部分的打开或者折叠状态。

折叠面板标记需要一对标题和内容面板，比如，使用系列的标题(H3 标签)和内容 div，代码如下：

```
<div id="accordion">
  <h3>第一标题</h3>
  <div>第一内容面板</div>
  <h3>第二标题</h3>
```

```
    <div>第二内容面板</div>
    <h3>第三标题</h3>
    <div>第三内容面板</div>
</div>
```

折叠面板的常用选项及说明见表12-2。

表 12-2 折叠面板的常用选项及说明

选　项	类　　型	说　　明
active	Boolean 或 Integer	当前打开哪一个面板
animate	Boolean 或 Number 或 String 或 Object	是否使用动画改变面板,且如何使用动画改变面板
collapsible	Boolean	所有部分是否都可以马上关闭,允许折叠激活的部分
disabled	Boolean	如果设置为 true,则禁用该 accordion
event	String	accordion 头部会做出反应的事件,用以激活相关的面板。可以指定多个事件,用空格间隔
header	Selector	标题元素的选择器,通过主要 accordion 元素上的.find()进行应用。内容面板必须是紧跟在与其相关的标题后的同级元素
heightStyle	String	控制 accordion 和每个面板的高度
icons	Object	标题要使用的图标,与 jQuery UI CSS 框架提供的图标(Icons)匹配。设置为 false 则不显示图标

折叠面板的常用方法及说明见表12-3。

表 12-3 折叠面板的常用方法及说明

方　法	说　　明
destroy()	完全移除 accordion 功能。这会把元素返回到它的预初始化状态
disable()	禁用 accordion
enable()	启用 accordion
option(optionName)	获取当前与指定的 optionName 关联的值
option()	获取一个包含键/值对的对象,键/值对表示当前 accordion 选项哈希
option(optionName,value)	设置与指定的 optionName 关联的 accordion 选项的值
option(options)	为 accordion 设置一个或多个选项
refresh()	处理任何在 DOM 中直接添加或移除的标题和面板,并重新计算 accordion 的高度。结果取决于内容和 heightStyle 选项
widget()	返回一个包含 accordion 的 jQuery 对象

折叠面板的常用事件及说明见表12-4。

表 12-4 折叠面板的常用事件及说明

事件	说明
activate(event,ui)	面板被激活后触发(在动画完成之后)。如果 accordion 之前是折叠的,则 ui. oldHeader 和 ui. oldPanel 将是空的 jQuery 对象。如果 accordion 正在折叠,则 ui. newHeader 和 ui. newPanel 将是空的 jQuery 对象
beforeActivate(event,ui)	面板被激活前直接触发。可以取消以防止面板被激活。如果 accordion 当前是折叠的,则 ui. oldHeader 和 ui. oldPanel 将是空的 jQuery 对象。如果 accordion 正在折叠,则 ui. newHeader 和 ui. newPanel 将是空的 jQuery 对象
create(event,ui)	当创建 accordion 时触发。如果 accordion 是折叠的,ui. header 和 ui. panel 将是空的 jQuery 对象

【例 12-2】 使用 Accordion 实现一个折叠面板,默认第一个面板为展开状态。本例文件 12-2. html 在浏览器中的显示效果如图 12-7 所示。

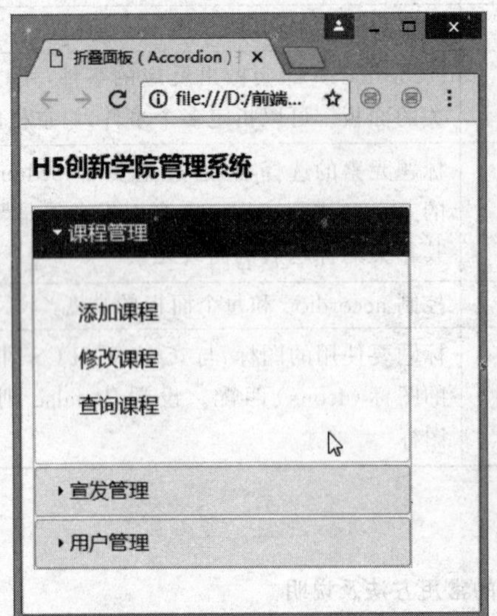

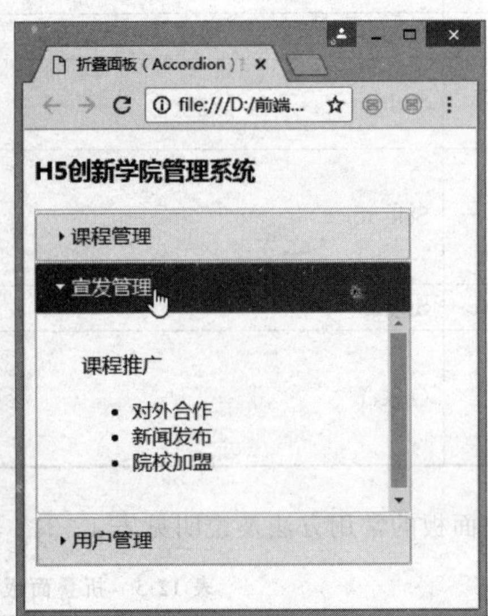

图 12-7 例 12-2 的页面显示效果

代码如下:

```
<!doctype html>
<html>
  <head>
    <meta charset="gb2312">
    <title>折叠面板(Accordion)插件</title>
    <link rel="stylesheet" href="jquery-ui-1.12.1.custom/jquery-ui.css"/>
    <script src="jquery-ui-1.12.1.custom/external/jquery/jquery.js"></script>
    <script src="jquery-ui-1.12.1.custom/jquery-ui.js"></script>
    <script>
      $(function(){
        $("#accordion").accordion({
          heightStyle: "fill"              //自动设置折叠面板的尺寸为父容器的高度
        });
      });
```

```
    </script>
  </head>
  <body>
    <h3 class="docs">天地环保管理系统</h3>
    <div class="ui-widget-content" style="width:300px;">
      <div id="accordion">
        <h3>工程管理</h3>
        <div>
          <p>添加工程</p>
          <p>修改工程</p>
          <p>查询工程</p>
        </div>
        <h3>宣发管理</h3>
        <div>
          <p>工程推广</p>
          <ul>
            <li>对外合作</li>
            <li>新闻发布</li>
            <li>招商加盟</li>
          </ul>
        </div>
        <h3>用户管理</h3>
        <div>
          <p>添加用户</p>
          <p>删除用户</p>
          <p>权限设置</p>
        </div>
      </div>
    </div>
  </body>
</html>
```

说明：由于折叠面板是由块级元素组成的，默认情况下它的宽度会填充可用的水平空间。为了填充由容器分配的垂直空间，设置 heightStyle 选项为 fill，脚本会自动设置折叠面板的尺寸为父容器的高度。

12.2.3 标签页插件

标签页(tabs)是一种多面板的单内容区，每个面板与列表中的标题相关，单击标签页，可以切换显示不同的逻辑内容。

标签页有一组必须使用的特定标记，以便标签页能正常工作，分别如下。

(1) 标签页必须在一个有序的(<ol>)或无序的(<ul>)列表中。

(2) 每个标签页的 title 必须在一个列表项(<li>)的内部，且必须用一个带有 href 属性的锚(<a>)包裹。

(3) 每个标签页面板可以是任意有效的元素，但是它必须带有一个 id，该 id 与相关标签页的锚中的哈希值相对应。

每个标签页面板的内容可以在页面中定义好，这种方式是在基于与标签页相关的锚的 href 上自动处理的。默认情况下，标签页在单击时激活，但是通过 event 选项可以改变或覆盖默认的激活事件。例如，可以将默认的激活事件设置为鼠标指针经过标签页时激活，代码如下：

```
event:"mouseover"
```

【例 12-3】 使用标签页制作了一个关于 H5 创新学院社区介绍的标签页，当鼠标指针经过标签页时打开标签页内容，当鼠标指针二次经过标签页时则隐藏标签页内容。本例文件 12-3. html 在浏览器中的显示效果如图 12-8 所示。

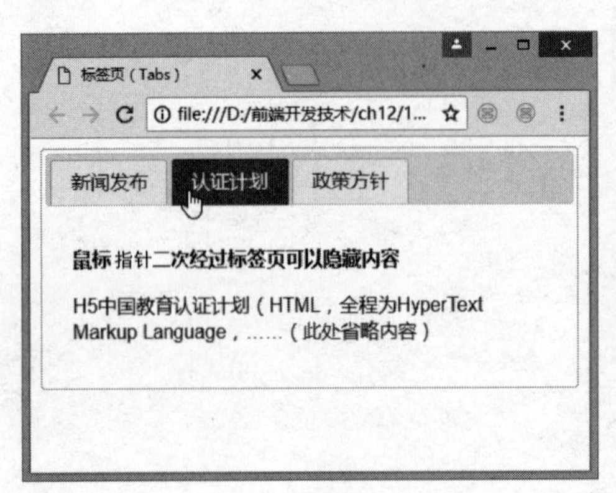

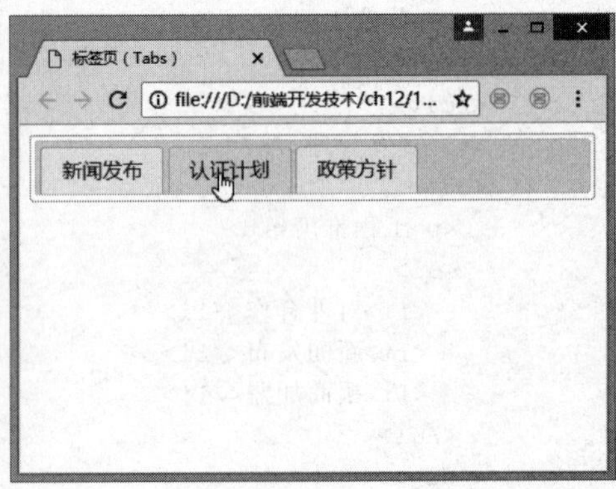

图 12-8 标签页插件应用示例

代码如下：

```
<!doctype html>
<html>
  <head>
    <meta charset="gb2312">
    <title>标签页(Tabs)</title>
    <link rel="stylesheet" href="jquery-ui-1.12.1.custom/jquery-ui.css"/>
    <script src="jquery-ui-1.12.1.custom/external/jquery/jquery.js"></script>
    <script src="jquery-ui-1.12.1.custom/jquery-ui.js"></script>
    <script>
      $(function() {
        $( "#tabs" ).tabs({
          collapsible: true,
          event: "mouseover"      //将默认的单击激活事件设置为鼠标指针经过标签页激活
        });
      });
    </script>
  </head>
  <body>
    <div id="tabs">
      <ul>
        <li><a href="#tabs-1">新闻发布</a></li>
        <li><a href="#tabs-2">认证计划</a></li>
        <li><a href="#tabs-3">政策方针</a></li>
      </ul>
      <div id="tabs-1">
        <p><strong>鼠标指针二次经过标签页可以隐藏内容</strong></p>
        <p>H5 创新学院社区上线启动仪式今日隆重举行,……(此处省略内容)</p>
      </div>
```

```
      <div id="tabs-2">
        <p><strong>鼠标指针二次经过标签页可以隐藏内容</strong></p>
        <p>H5 中国教育认证计划(HTML,全程为 HyperText Markup Language,……(此处省略内
容)</p>
      </div>
      <div id="tabs-3">
        <p><strong>鼠标指针二次经过标签页可以隐藏内容</strong></p>
        <p>旨在推动 H5 系列产品和技术的应用和普及,……(此处省略内容)</p>
      </div>
    </div>
  </body>
</html>
```

12.2.4 自动完成插件

自动完成(autocomplete)插件类似"百度"的搜索框,用来根据用户输入的值进行搜索和过滤,让用户快速找到并从预设值列表中选择。当用户在输入框中输入时,自动完成插件会提供相应的建议。

说明:自动完成插件的数据源,可以是一个简单的 JavaScript 数组,使用 source 选项提供给自动完成插件即可。

自动完成部件使用 jQuery UI CSS 框架来定义它的外观和感观的样式。如果需要使用自动完成部件指定的样式,则可以使用下面的 CSS class 名称。

(1) ui-autocomplete:用于显示匹配用户的菜单(menu)。

(2) ui-autocomplete-input:自动完成部件实例化的 input 元素。

自动完成部件的常用选项及说明见表 12-5。

表 12-5 自动完成部件的常用选项及说明

选 项	类 型	说 明
appendTo	Selector	菜单应该被附加到哪一个元素。当该值为 null 时,输入域的父元素将检查 ui-front class。如果找到带有 ui-front class 的元素,菜单将被附加到该元素。如果未找到带有 ui-front class 的元素,不管值为多少,菜单将被附加到 body
autoFocus	Boolean	如果设置为 true,当菜单显示时,第一个条目将自动获得焦点
delay	Integer	按键和执行搜索之间的延迟,以毫秒计。对于本地数据,采用零延迟是有意义的(更具响应性),但对于远程数据会产生大量的负荷,同时降低了响应性
disabled	Boolean	如果设置为 true,则禁用该 autocomplete
minLength	Integer	执行搜索前用户必须输入的最小字符数。对于仅带有几项条目的本地数据,通常设置为零,但是当单个字符搜索会匹配几千项条目时,设置个高数值是很有必要的

续表

选　项	类　型	说　明
position	Object	标识建议菜单的位置与相关的 input 元素有关系。of 选项默认为 input 元素，但是用户可以指定另一个定位元素
source	Array 或 String 或 Function (Object request， Function response (Object data))	定义要使用的数据，必须指定

自动完成部件的常用方法及说明见表 12-6。

表 12-6　自动完成部件的常用方法及说明

方　法	说　明
close()	关闭 Autocomplete 菜单。当与 search 方法结合使用时，可用于关闭打开的菜单
destroy()	完全移除 autocomplete 功能。这会把元素返回到它的预初始化状态
disable()	禁用 autocomplete
enable()	启用 autocomplete
option(optionName)	获取当前与指定的 optionName 关联的值
option()	获取一个包含键/值对的对象，键/值对表示当前 autocomplete 选项哈希
option(optionName, value)	设置与指定的 optionName 关联的 autocomplete 选项的值
option(options)	为 autocomplete 设置一个或多个选项
search([value])	触发 search 事件，如果该事件未被取消，则调用数据源。当被单击时，可被类似选择框按钮用来打开建议。当不带参数调用该方法时，则使用当前输入的值
widget()	返回一个包含菜单元素的 jQuery 对象。虽然菜单项不断地被创建和销毁。菜单元素本身会在初始化时创建，并不断地重复使用

自动完成部件的常用事件及说明见表 12-7。

表 12-7　自动完成部件的常用事件及说明

事　件	说　明
change(event, ui)	如果输入域的值改变，则触发该事件
close(event, ui)	当菜单隐藏时触发。不是每一个 close 事件都伴随着 change 事件
create(event, ui)	当创建 autocomplete 时触发
focus(event, ui)	当焦点移动到一个条目上(未选择)时触发。默认的动作是把文本域中的值替换为获得焦点的条目的值，即使该事件是通过键盘交互触发的。取消该事件会阻止值被更新，但不会阻止菜单项获得焦点
open(event, ui)	当打开建议菜单或者更新建议菜单时触发
response(event, ui)	在搜索完成后菜单显示前触发。用于建议数据的本地操作，其中自定义的 source 选项回调不是必需的。该事件总是在搜索完成时触发，如果搜索无结果或者禁用了 autocomplete，导致菜单未显示，该事件一样会被触发

续表

事 件	说 明
search(event,ui)	在搜索执行前满足 minLength 和 delay 后触发。如果取消该事件,则不会提交请求,也不会提供建议条目
select(event,ui)	当从菜单中选择条目时触发。默认的动作是把文本域中的值替换为被选中的条目的值。取消该事件会阻止值被更新,但不会阻止菜单关闭

【例 12-4】 通过使用自动完成插件实现根据用户的输入,智能显示查询列表的功能,如果查询列表过长,可以通过为 autocomplete 设置 max-height 来防止菜单显示太长。本例文件 12-4. html 的显示效果如图 12-9 所示。

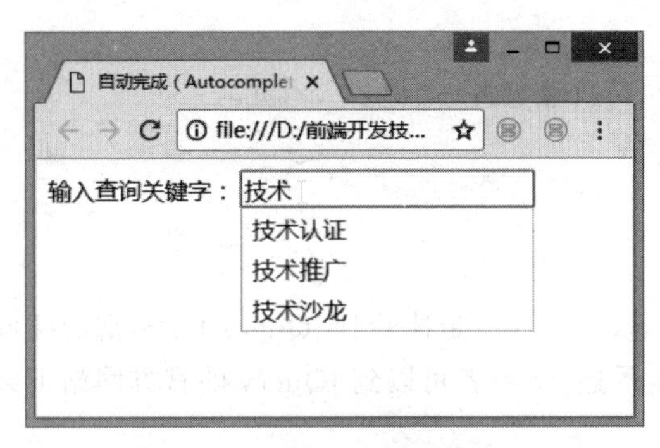

图 12-9 例 12-4 的页面显示效果

代码如下:

```
<!doctype html>
<html>
  <head>
    <meta charset="gb2312">
    <title>自动完成(Autocomplete)插件</title>
    <link rel="stylesheet" href="jquery-ui-1.12.1.custom/jquery-ui.css"/>
    <script src="jquery-ui-1.12.1.custom/external/jquery/jquery.js"></script>
    <script src="jquery-ui-1.12.1.custom/jquery-ui.js"></script>
    <style>
      .ui-autocomplete {
        max-height: 100px;         /*菜单最大高度 100px,超出高度时出现垂直滚动条 */
        overflow-y: auto;          /*垂直滚动条自动适应 */
        overflow-x: hidden;        /*防止水平滚动条 */
      }
      *html .ui-autocomplete {
        max-height: 200px;
      }
    </style>
    <script>
    $(function() {
      var datas =[                 //自定义的菜单项
        "创新学院",
        "技术认证",
        "技术推广",
```

```
                "在线课堂",
                "技术沙龙",
                "信息大学",
                "学院社区",
                "工程师学院"
              ];
            $( "#tags" ).autocomplete({  //当输入内容包含查询关键字时显示用户自定义的菜单
                source: datas
            });
          });
        </script>
      </head>
      <body>
        <div class="ui-widget">
          <label for="tags">输入查询关键字：</label>
          <input id="tags">
        </div>
      </body>
    </html>
```

通过上面案例的讲解，学习者一定体验到 jQuery UI 丰富的插件种类及其强大的功能。由于篇幅所限，这里不能尽述，学习者可以到 jQuery 的官方网站下载学习这些插件的用法。

习题 12

1. 使用 jQuery UI 进度条插件制作如图 12-10 所示的页面。单击“进度条随机值”按钮，进度条显示随机生成的值；单击“进度条随机颜色”按钮，进度条显示随机生成的颜色。

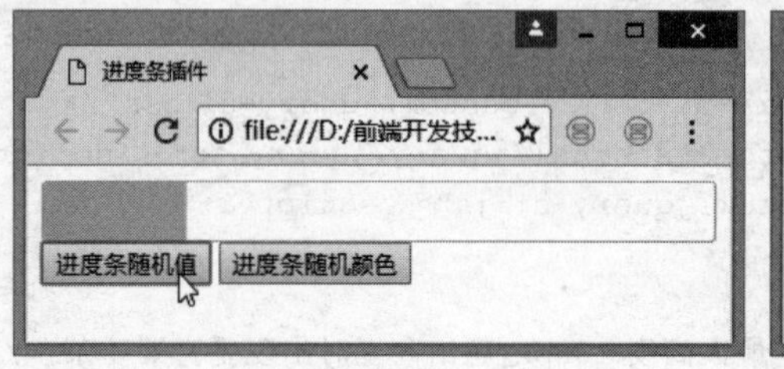

图 12-10　题 1 图

2. 使用 jQuery UI 滑块插件制作如图 12-11 所示的一个简单的 RGB 调色器。

3. 使用 jQuery UI 自动完成插件制作如图 12-12 所示的页面。在文本框中输入关键字，实现“分类”智能查询。

4. 使用 jQuery UI 菜单插件制作如图 12-13 所示的二级菜单。

5. 使用 jQuery UI 折叠面板插件制作如图 12-14 所示的页面。页面加载后，折叠面板中的每个子面板都带有图标。单击“切换图标”按钮，隐藏子面板的图标，可以反复切换图标的显示与隐藏状态。

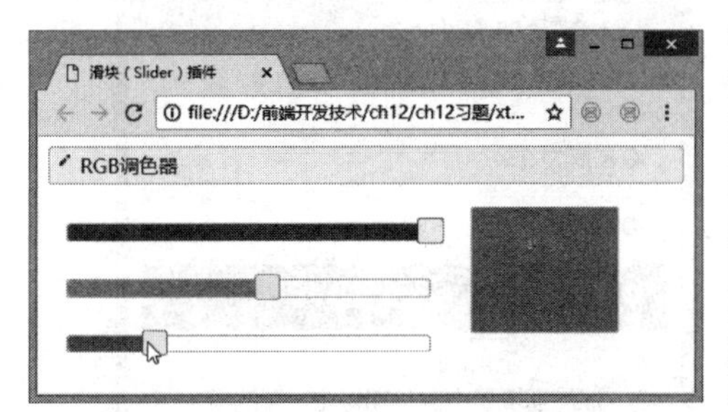

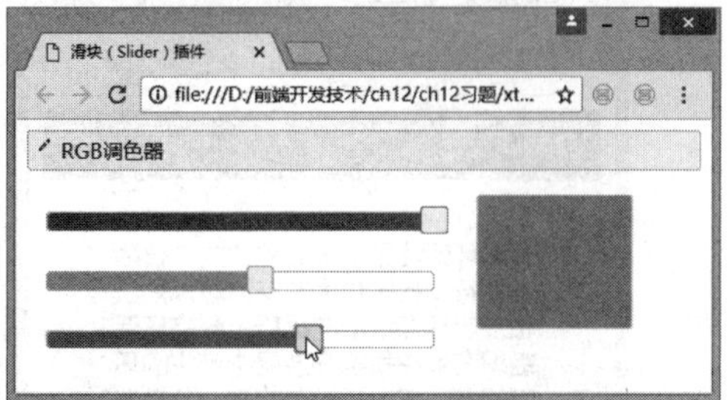

图 12-11 题 2 图

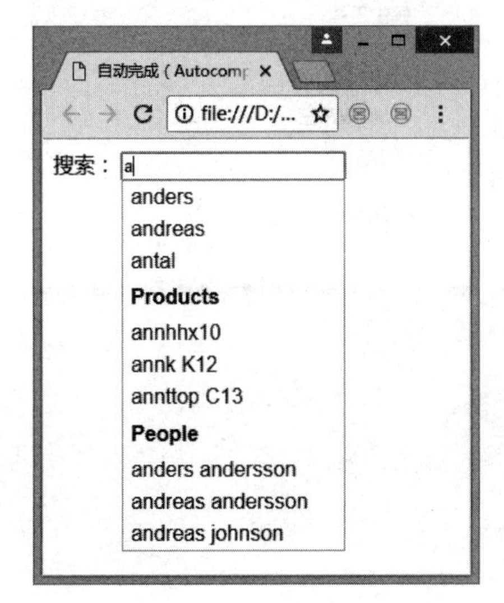

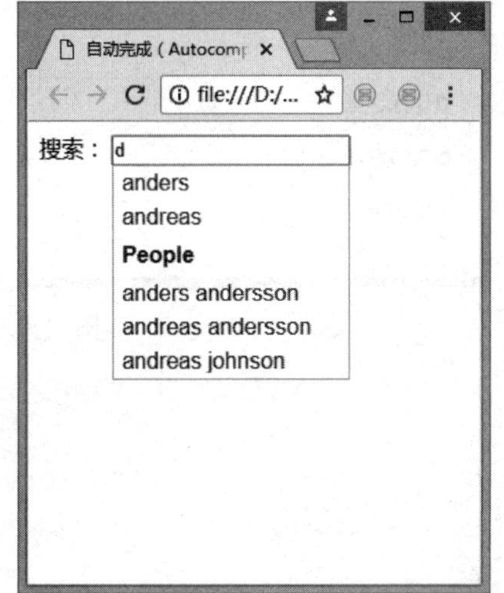

图 12-12 题 3 图

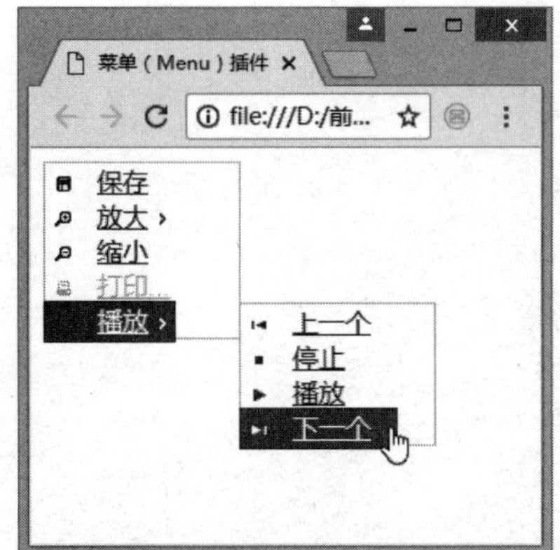

图 12-13 题 4 图

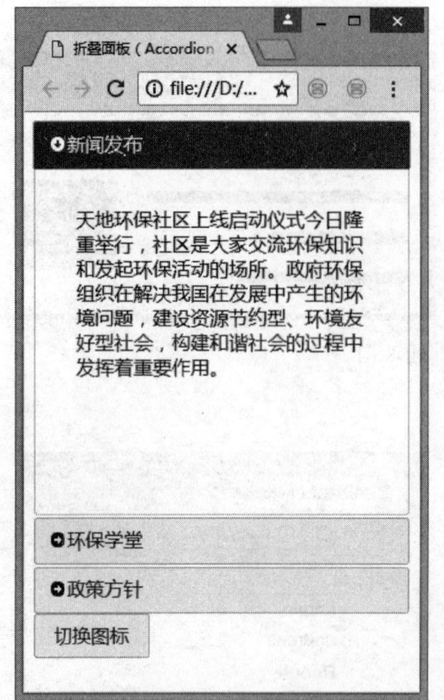
折叠面板（Accordion
file:///D:/...
新闻发布
天地环保社区上线启动仪式今日隆重举行，社区是大家交流环保知识和发起环保活动的场所。政府环保组织在解决我国在发展中产生的环境问题，建设资源节约型、环境友好型社会，构建和谐社会的过程中发挥着重要作用。
环保学堂
政策方针
切换图标

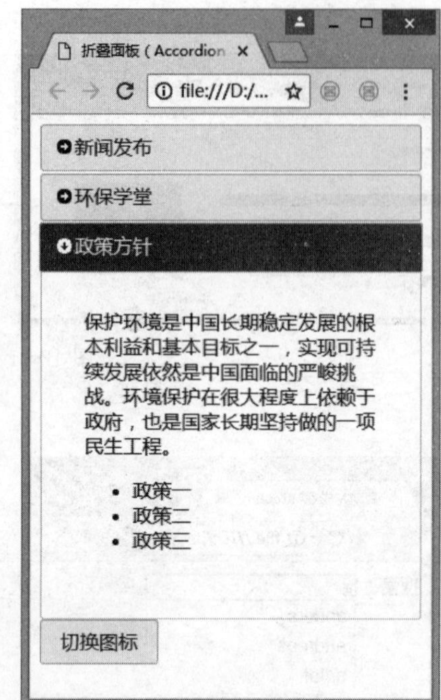
折叠面板（Accordion
file:///D:/...
新闻发布
环保学堂
政策方针
保护环境是中国长期稳定发展的根本利益和基本目标之一，实现可持续发展依然是中国面临的严峻挑战。环境保护在很大程度上依赖于政府，也是国家长期坚持做的一项民生工程。
政策一
政策二
政策三
切换图标

图 12-14 题 5 图

参考文献

[1] 马科. HTML5 App 商业开发实战教程[M]. 北京：高等教育出版社，2016.

[2] 刘德山. HTML5+CSS3 Web 前端开发技术[M]. 北京：人民邮电出版社，2016.

[3] 邓强. Web 前端开发实战教程(HTML5+CSS3+JavaScript)(微课版)[M]. 北京：人民邮电出版社，2017.

[4] 刘瑞新. HTML+CSS+JavaScript 网页制作[M]. 北京：机械工业出版社，2018.

[5] 张兵义. JavaScript 程序设计教程[M]. 北京：机械工业出版社，2018.

HTML5跨平台移动开发实训教程	978-7-302-53386-3
界面设计	978-7-302-54607-8
▶ Web前端开发技术	978-7-302-54585-9

清华社官方微信号

扫 我 有 惊 喜

ISBN 978-7-302-54585-9

定价：54.00元